中国信息经济学会电子商务专业委员会 **推荐用书**

高等院校电子商务专业系列教材

网站建设与管理

主编 李洪心 刘继山

重庆大学出版社

内容提要

本书是根据当前网站建设与管理的理论和技术，以及电子商务等专业教学的实际需要编写而成。本书详细地叙述了电子商务网站的一般性知识和网站建设所涉及的各方面技术和管理问题，为企业构建网站、电子商务以及相关专业的学生掌握商务网站的开发、应用及管理提供了一本操作性很强的参考书。同时，本书从网站建设的实际需求出发，比较系统、全面地讲述了网站建设的相关知识。既有网站建设理论，也有网站建设技术；既有前台页面设计，也有后台服务器编程；信息量大、内容全面充实，知识结构完整，可以满足目前网站建设的教学与实践需要。读者通过本书的学习，能够掌握具体的网页制作和网站开发方法，以及实用的管理措施。

本书可作为高等院校电子商务专业本科生的专业教材，也可供网站开发、维护与管理人员学习参考。

图书在版编目(CIP)数据

网站建设与管理/李洪心，刘继山主编.—重庆：重庆大学出版社，2016.8
高等院校电子商务专业系列教材
ISBN 978-7-5624-9974-9

Ⅰ.①网… Ⅱ.①李…②刘… Ⅲ.①网站—建设—高等学校—教材 Ⅳ.①TP393.092

中国版本图书馆 CIP 数据核字(2016)第 155952 号

高等院校电子商务专业系列教材
网站建设与管理
主　编　李洪心　刘继山
策划编辑：尚东亮
责任编辑：李定群　姜　凤　　版式设计：尚东亮
责任校对：贾　梅　　责任印制：赵　晟
*
重庆大学出版社出版发行
出版人：易树平
社址：重庆市沙坪坝区大学城西路 21 号
邮编：401331
电话：(023) 88617190　88617185(中小学)
传真：(023) 88617186　88617166
网址：http://www.cqup.com.cn
邮箱：fxk@cqup.com.cn (营销中心)
全国新华书店经销
自贡兴华印务有限公司印刷
*
开本：787mm×1092mm　1/16　印张：18.25　字数：433 千
2016 年 8 月第 1 版　2016 年 8 月第 1 次印刷
印数：1—3 000
ISBN 978-7-5624-9974-9　定价：39.00 元

高等院校电子商务专业系列教材编委会

第3版修订和新版序

重庆大学出版社“高等院校电子商务专业系列教材”出版10多年来，受到了全国众多高校师生的广泛关注，并获得了较高的评价和支持。随着国内外电子商务实践发展和理论研究日新月异，以及高校电子商务专业教学改革的深入，促使我们必须把电子商务最新的理论、实践和教学成果尽可能地反映和充实到教材中来，对教材全面进行内容修订更新，增补新选题，以适应新的电子商务教学的迫切需要，做到与时俱进。为此，我们于2015年启动了本套教材第3版修订和增加新编教材的工作。

从2010年以来，中国的电子商务进入新的发展阶段：规模发展与规范发展并举。电子商务三流规范发展与中国电子商务法的制定同步进行：①商流：网上销售实名制由国家工商总局负责管理；②金流：非金融支付服务资质管理由中国人民银行总行负责管理；③物流：快递业务规范管理由国家邮政局负责管理；④电子商务立法：中国电子商务法起草工作由全国人大财经委负责组织。中共中央、国务院及多个部委陆续出台了一系列引导、支持和鼓励发展电子商务的法规和政策，极大地鼓舞了已经从事和将要从事电子商务活动的企业、行业和产业，从而推动了电子商务在我国的稳步发展。特别是李克强总理提出：“互联网+”行动计划以来，电子商务在拉[illegible]业和促进创业的作用正空前显现出来。全国从中央到地方多个层面和行业[illegible]识逐步提高，电子商务这一先进生产力正在成为我国经济社会新的发动机[illegible]

2015年7月28日[illegible]国总创业者1 000万，大学生占618万。其中应届毕业生占第一位，回国留[illegible]在校大学生占第三位。2016年5月5日中央电视台新闻报道：全国大学生就业[illegible]动；全国就业前十大行业中互联网电子商务排名第一。中国的大学正在为中国的崛起提供源源不断的人力支持、智力支持、创新支持和创业支持，互联网、电子商务正成为就业创业的领头羊。

在教育部《普通高等学校本科专业目录（2012年）》中已经把电子商务作为一个专业类给予定义。即在学科门类：12管理学下设1 208电子商务类，120 801电子商务（注：可授管理学或经济学或工学学士学位）。2013年教育部公布了新一届高等学校电子商务类专业教学指导委员会（2013—2017年），共由39位委员组成，是上一届21名委员的近两倍，主要充实了除教育部直属高校以外的地方和其他部委所属高校的电子商务专家代表。

截止到2015年年底，全国已有400多所高校开办电子商务本科专业，1 136所高职院校开办电子商务专科专业，几十所学校有硕士培养，十几所学校有博士培养。全国电子商务专业在校生人数达到60多万，规模全球第一，为我国电子商务产业和相关产业发展奠定了坚实的基础。

重庆大学出版社多年来一直致力于高校电商教材的策划出版,得到了“全国高校电子商务专业建设协作组”“中国信息经济学会电子商务专业委员会”和“教育部高等学校电子商务类专业教学指导委员会”的大力支持和帮助,于2004年率先推出国内首套“高等院校电子商务专业本科系列教材”,并于2012年修订推出了系列教材的第2版,2015年根据教育部“电子商务类专业教学质量国家标准”和电子商务的最新发展启动了本套教材的第3版修订和选题增补,增加了新编教材14种,集中修订教材10种,电子商务教指委有14名委员参与主编,2016年即将形成一个近30个教材品种、比较科学完善的教材体系。这是特别值得庆贺的事。

我们希望此套教材的第3版修订和新编,能为繁荣我国电子商务教育事业和专业教材市场,支持我国电子商务专业建设和提高电子商务专业人才培养质量发挥更好更大的作用。同时,我们也希望得到同行学者、专家、教师和同学们更好更多的意见和建议,使我们能够不断地提高本套教材的质量。

在此,我谨代表全体编委和工作人员向本套教材的读者和支持者表示由衷的感谢!

总主编　李　琪

2016年5月10日

第 1 版总序

从教育部 2000 年首次批准电子商务本科专业开始，到 2003 年年底为止，已有近 200 所高校获得开办电子商务本科专业的资格，该专业全国在校学生也已达几万人。但纵观电子商务本科专业的教材建设，尚有不尽如人意之处。虽然自 2000 年以来，国内不少出版社已出版了单本的或系列的电子商务本科教材，但由于教学大纲不统一，编者视角各异，许多高校在电子商务教材的选用中颇感困惑，教学效果令人不甚满意。

教育部从 2001 年以来，先后在南京审计学院、西安交通大学、华中师范大学和浙江大学等地召开过全国高校电子商务专业建设工作会议和联席会议，并在第一次全国高校电子商务专业建设工作会议和联席会议上成立了全国高校电子商务专业建设协作组，旨在通过协作组实现教育部与全国高校中开办电子商务本科专业的单位紧密联系，在专业建设、教材建设、师资培训、学生学习和实习等多方面起到组织、引导和互助的作用。教育部高教司对电子商务本科专业的师资培训、教材建设等问题给予了极大的关注和指导。2003 年 3 月底，全国高校电子商务专业建设协作组在福建泉州的华侨大学，召开了电子商务专业本科教学大纲研讨会，集思广益，基本形成了电子商务本科教学大纲。

重庆大学出版社在 2002 年的首届电子商务联席会议上，就与协作组常务理事会联系，提出要组织力量编写一套电子商务本科专业的教材。到 2003 年 3 月，经协商决定：由全国高校电子商务专业建设协作组、中国信息经济学会电子商务专业委员会和重庆大学出版社三家，联合组织编写以讨论后的本科电子商务教学大纲为基础的电子商务本科专业系列教材。

从 2003 年 3 月—2004 年 4 月，在重庆大学出版社、全国高校电子商务专业建设协作组和中国信息经济学会电子商务专业委员会的共同努力下，成立了电子商务本科系列教材编写委员会，继而从众多自愿报名和编委会推荐的学校和教师中，选出主编，采取主编负责制。召开写作大纲研讨会，反复征求各方面意见，群策群力，逐步编写出本套电子商务专业系列教材。

该系列教材有如下几点特色：

1.在专家、学者对教学大纲进行研讨的基础上，吸收了众多学者和学校的意见，使系列教材具有较强的普遍适用性。

2.集中了协作组和专业委员会内外在电子商务专业教学方面有丰富经验的许多教师、研究人员的宝贵意见，使系列教材有较好的系统性、科学性和实用性。

3.从教学大纲研讨到编写大纲的讨论，再到按主编负责制进行的编写、审核等，经过一系列较为严格的过程约束，使整套教材趋向严谨和规范。

4.注重电子商务的理论与实践相结合,教学与科研相结合,课堂教学与实验、实习相结合,把最新的科研成果、实务发展同教学内容有机地结合起来,以促进教学水平的提高。

5.较全面地包含了我国电子商务教学中的各种课程。不仅把电子商务教学大纲中的各门必修专业课纳入了编写计划,而且还把一些选修课程也纳入了编写计划,从而使开设电子商务本科专业的学校具有更多的选择余地。

应当承认,在全国范围组织编写电子商务新学科的系列教材,碰到的各种困难确实不少。在各方的共同努力下,有些主要困难已被克服,作为系列教材的丛书即将面世,但仍有待于逐步完善。我们相信各教学单位和教师们,在具体授课过程中是会根据教学大纲更好地把握教学内容的。当然,希望本套系列教材的出版,能给开办电子商务本科专业的学校提供尽可能好的教学用书,在这一过程中,还需得到用书单位的宝贵意见,使编者们与时俱进,不断修改和完善这套系列教材。

乌家培

2004 年 3 月 5 日于北京

前言

本书成稿之际，已是21世纪的第16个年头，当今时代正迎来互联网应用大发展的契机，仅看电子商务就可见一斑。我国电子商务近年来飞速发展，2015年中国电子商务市场交易规模达16.2万亿元，同比增长21.2%；其中，B2B电子商务市场占比超过七成，网络购物等占比超过两成；移动购物市场规模年增速123.2%，而背后支持电子商务发展的则是众多高效、安全运行的网站。2015年3月，第十二届全国人民代表大会第三次会议开幕式上，李克强总理推出"互联网+"国家战略，随着互联网应用的进一步发展，对PC网站及移动平台网站开发及管理人才的需求将日益增加，进而对相关人才的培养提出了更高的要求。

网站是政府和企业等在互联网上宣传和反映其形象和文化的重要窗口，是企业向客户和网民提供信息和服务、实现信息交换和资源共享的一种方式，是企业开展电子商务的基础设施和信息平台，因而网站建设与管理就显得极为重要。

那么，网站所有者如何建设好、管理好自己的网站呢？具体来讲，就是要求网站建设的有关人员要明确网站建设的目标、网站建设的主要内容及功能；了解网站的结构、技术解决方案及网站建设的流程；掌握网站系统总体设计、详细设计技术与方法；并能够使用网站前端页面设计技术、服务器开发技术进行网站开发；熟练运用先进技术、工具与方法进行网站管理与运营。这也是本书进行编写的依据。

本书的主要内容

全书共分3篇、12章。第1篇"网站基础"部分，分3章讲述了网站建设的基础知识和基本技术。其中，第1章介绍了网站的概念、构成，网站的特征和优势；第2章根据网站运营主体、网站技术、网站平台3个标准，讲述了网站的分类；第3章讲述了网站的体系架构，包括网站的逻辑体系架构和网站的物理体系架构两个部分。

第2篇"网站建设"部分，分6章讲述了网站建设的方案、系统分析、系统设计和基本技术。其中，第4章介绍了网站建设的方案与技术，包括自建、购买和外包方案以及网站开发语言、网站开发工具，素材创作和网站测试工具，服务器技术选择和集成化管理软件等。第5章对网站建设的系统分析方法进行了介绍，包括网站的需求分析、网站建设的流程和平台选型分析及网站建设策划书的编制。第6章讲述了网站建设的系统设计，包括系统总体设计、详细设计及网站的数据库设计。第7章"网站建设的页面编程技术"部分，分4节讲述了前端页面设计的主要技术。第8章讲述了网站建设数据库技术，包括数据库概述、结构化查询语言SQL以及数据库访问(连接)技术。第9章在对Web服务器技术作了概述之后，重点讲述了Web架构的新技术，以及Tomcat和IIS服务器的创建与管理。

第3篇“网站管理”部分，分3章讲述了网站的维护、运营和安全管理。其中，第10章讲述了网站的测试、发布、日常管理及性能管理；第11章讲述了网站的推广、客户关系、营销和盈利模式管理；第12章讲述了网站面临的安全问题、网站的安全技术及制度管理等内容。

本书的特点

1.完善的知识结构。本书从网站建设的实际需求出发，比较系统、全面地讲述了网站建设的相关知识。既有网站建设理论，也有网站建设技术；既有前台页面设计，也有后台服务器编程；既有每章开头的案例导入，也有精心设计的思考题目。信息量大、知识结构完整，可以满足目前网站建设的教学与实践需要。

2.丰富实用的示例。为了使读者便于理解和掌握本书讲述的知识要点，在各部分的内容中都配备了丰富的示例。这些示例的设计力求与网站建设的实际需要接近，实用性较强，既有助于读者对相关知识的理解和学习，也为读者提供了大量上机实践的机会。

3.方便自学和使用。考虑目前大多数院校课时压缩、强调学生自学能力培养的实际情况，本书的编写力求方便学生的课后自学和使用。因而，对技术知识、理论原理的讲述比较细致，力求避免大量纯文字性、抽象的描述，避免空洞无物。

4.讲解简洁、条理清晰。由于本书的作者都具有多年为本科生教授相应课程的经验，对“教”与“学”都有较深的感悟，加之书稿又是经多次加工、修改和完善之后形成的，因而，符合学生的阅读和学习习惯。内容结构清晰、易于理解。

5.注重内容的先进性和应用性。本书的写作力求增加最新内容(如HTML5,CSS3技术等)、使用最新资料(包括统计资料、案例)、介绍最新技术(如各种软件和开发工具等)。同时，在案例导入、示例设计、内容讲述、思考题选择等方面紧紧围绕网站建设的主题，突出应用性和实践性。

写作与分工

本书是根据当前网站建设的理论和技术，以及电子商务等专业教学的实际需要编写而成。是在各位编者多年从事网站建设实践，以及相关课程本科教学的基础上，在参考了现有大量同类书刊、资料，吸收众家之长后完成的，是理论与实践相结合的产物，是集体智慧的结晶。

李洪心教授提出了本书的写作思想、设计了全书的整体架构和审校了各章节目录，负责全书的统稿、修改和定稿，并编写了第4章~第6章、第10章~第12章的内容。其余6章内容由刘继山编写。

本书不但可以给学生一个“网站建设”的总体思路，为相关课程的学习指明方向，而且对于企业网站的设计、开发、运营与管理人员也具有一定的参考作用。

致谢与说明

在本书编写过程中得到了重庆大学出版社领导、编辑及同仁的大力支持和帮助，在此向他们表示最诚挚的谢意！东北财经大学的曹培、王云、王雪菲、胡月、孙宏晨、刘莹、邝云馨、乔禹浓、刘梦琦几位研究生为本书的资料收集、整理、编辑做了大量工作，在此对他们的辛勤工作表示衷心感谢！同时本书的编写参阅了许多专家、学者的大量著述，作者从中受益匪浅，这里也对他们所做的工作表示感谢。

在本书的写作过程中，编者始终按照“求真务实、尽善尽美”的宗旨要求自己，不仅在写作前做了充分准备，而且写作时几经修改、润色，最终完稿。尽管在编写过程中力求做到准确无误，但由于作者水平有限，所以不足和疏漏之处在所难免，恳请各位专家、读者不吝赐教。

编 者

2016 年 5 月

目 录

第 3 篇 网站管理

第1篇

网站基础

第1章

网站的概念、构成及特点

学习要求

- 网站的概念。
- 网站的构成。
- 网站的特征及优势。

学习指导

熟悉网站的基础知识,可使学生对网站的概况有一个基本的了解,充分理解网站的概念,包括网站的起源与发展、网站的通信协议、网站的工作原理,对网站有一个概念性的认识。掌握网站的构成,包括网站的域名、空间及软件系统,以使学生对网站有一个结构性的认识。掌握网站的基本特征以及网站所具有的优势。

案例导入

智投网促进大宗商品交易、电子交易的发展①

智投网②成立于2013年9月,改版上线于2015年12月。智投网总部位于浙江省会杭州,主要从事大宗商品交易、电子交易及其咨询服务。公司以原油、白银、钯金、铂金等贵金属现货交易为主营业务,同时推出投资管理、投资咨询、理财咨询等金融服务。

其主机的域名就是智投网的拼音和英文的组合,即“zhitouline.com”,显然域名比IP地址好记多了。

作为各个商品交易中心的规范会员,智投网遵守交易所的规范并接受交易所的监管。智投网确保在公平、公正、客户资金银行三方存管等基本原则下,为客户提供避险抗通胀、资产合理配置的理想渠道,并充分发挥产品交易灵活、24小时连续交易等优势,不断地为客户提升服务价值和投资收益。

智投网致力于打造专业的互联网平台、便捷安全的资金管理系统、及时丰富的行业动态

① 资料来源:搜狐公众平台 http://mt.sohu.com/20160408/n443692950.shtml.

② 智投网 http://zhitouline.com/.

及全天候的咨询服务。同时,公司坚持以风险控制为前提、以客户为中心,将不断提升客户交易体验、持续提供专业的服务品质为长期发展目标。

2015 年 9 月,智投网荣膺“亚洲品牌 500 强”“亚洲最佳金融品牌创新奖”奖项。首次参选“亚洲品牌 500 强”即获此殊荣,充分展现了智投网的品牌影响力。这次获奖是对智投网过去品牌建设努力的肯定和鼓励,也是对智投网未来品牌建设的期许。智投网将站在新的起点继续努力,塑造品牌形象,提升品牌知名度和美誉度,图 1.1 为“智投网”的网站首页。

图 1.1 智投网首页

问题:1.结合案例分析,智投网的域名是什么?有什么特点?

2.智投网拥有哪些优势?

“智投网”是企业向客户,向其他公司展示自己的重要途径,是企业与外界沟通的一个门户。因此,我们需要学习网站的概念、构成、特点及在助推企业商务活动中的优势。

1.1 网站的概念

网站(Website)是在互联网上拥有域名或地址并提供一定网络服务的主机,是存储文件的空间,以服务器为载体。人们可通过浏览器等进行访问、查找文件,也可通过远程文件传输(FTP)方式上传、下载网站文件。

电子商务网站和一般网站的主要区别是其功能方面,它侧重解决商务活动的电子化。电子商务网站是企业发布商务信息、实现商务管理和在线交易的重要方式,是电子商务系统的“窗口”,也是电子商务系统运转的承担者和表现者。

企业有了网站,可以展示产品、服务,宣传企业形象,促进商贸业务发展,加强与客户和消费者的沟通,实现网上或网下的赢利收益。

1.1.1 网站的起源与发展

网站开始是指在互联网上根据一定的规则使用HTML等工具制作的用于展示特定内容的相关网页的集合。

在互联网早期,网站还只能保存单纯的文本。经过几年的发展,使得图像、声音、动画、视频,甚至3D技术可通过互联网得到呈现。通过动态网页技术,用户也可与其他用户或网站管理者进行交流,也有一些网站提供电子邮件服务或在线交流服务。

1961年:美国麻省理工学院的伦纳德·克兰罗克(Leonard Kleinrock)博士发表了分组交换技术的论文,该技术后来成了互联网的标准通信方式。

1969年:美国国防部开始起动具有抗核打击性的计算机网络开发计划"ARPANET"。

1971年:位于美国剑桥的BBN科技公司的工程师雷·汤姆林森(Ray Tomlinson)开发出了电子邮件(E-mail)。此后,ARPANET的技术开始向大学等研究机构普及。

1983年:ARPANET宣布将把过去的通信协议"NCP(网络控制协议)"向新协议"TCP/IP(传输控制协议/互联网协议)"过渡。

1988年:美国伊利诺斯大学的学生(当时)史蒂夫·多那(Steve Dorner)开始开发电子邮件软件"Eudora"。

1991年:CERN(欧洲粒子物理研究所)的科学家提姆·伯纳斯李(Tim Berners-Lee)开发出了万维网(World Wide Web)。他还开发出了极其简单的浏览器(浏览软件)。此后互联网开始向社会大众普及。

1993年:伊利诺斯大学美国国家超级计算机应用中心的学生马克·安德里森(Mark Andreesen)等人开发出了真正的浏览器"Mosaic"。该软件后来被作为Netscape Navigator推向市场。此后互联网开始得以爆炸性普及。

正是因为通过采用具有扩展性的通信协议TCP/IP,才能够将不同网络相互连接。因此,开发TCP/IP协议的UCLA(加州大学洛杉矶分校)的学生(当时)文顿·瑟夫(Vinton G.Cerf)等如今甚至被誉为"互联网之父"。

1.1.2 网站通信协议

网站通信协议即网站之间的网络通信协议,是计算机在网络中实现通信时必须要遵守的约定,也是通信协议。网络通信协议为连接不同操作系统和不同硬件体系结构的互联网络提供通信支持,是一种网络通用语言。而TCP/IP协议是Internet国际互联网络的基础。

1)TCP/IP 的定义

TCP/IP(传输控制协议/网间协议)是一种网络通信协议,它规范了网络上的所有通信设备,尤其是一个主机与另一个主机之间的数据往来格式以及传送方式。TCP/IP是互联网的基础协议,也是一种计算机数据打包和寻址的标准方法。在数据传送中,可以形象地理解为有两个信封,TCP和IP就像是信封,要传递的信息被划分成若干段,每一段塞入一个TCP信封,并在该信封面上记录有分段号的信息,再将TCP信封塞入IP大信封,发送上网。在接收端,一个TCP软件包收集信封,抽出数据,按发送前的顺序还原,并加以校验,若发现差错,TCP将会要求重发。因此,TCP/IP在互联网中几乎可以无差错地传送数据。对普通用户来说,并不需要了解网络协议的整个结构,仅需了解 IP 的地址格式,即可与世界各地进行网络通信。

2)TCP/IP 的模型介绍

TCP/IP 协议是美国国防部高级研究计划局计算机网(Advanced Research Projects Agency Network,ARPANET)和其后互联网使用的参考模型。ARPANET 是由美国国防部(United States Department of Defense,DoD)赞助的研究网络。最初,它只连接了美国境内的四所大学。随后的几年中,它通过租用的电话线连接了数百所大学和政府部门。最终 ARPANET 发展成为全球规模最大的互连网络——互联网。最初的 ARPANET 于 1990 年永久性地关闭。TCP/IP 参考模型分为 4 个层次:应用层、传输层、网络互连层和主机到网络层,如图 1.2 所示。

<table>
<tr><td>应用层</td><td colspan="3">FTP,TELNET,HTTP</td><td>SNMP,TFTP,NTP</td></tr>
<tr><td>传输层</td><td colspan="3">TCP</td><td>UDP</td></tr>
<tr><td>网络互连层</td><td colspan="4">IP</td></tr>
<tr><td rowspan="2">主机到网络层</td><td rowspan="2">以太网</td><td rowspan="2">令牌环网</td><td>802.2</td><td>HDLC,PPP,FRAME-RELAY</td></tr>
<tr><td>802.3</td><td>EIA/TIA-232.449,V.35,V.21</td></tr>
</table>

图 1.2 TCP/IP 参考模型的层次结构

在 TCP/IP 参考模型中,去掉了 OSI 参考模型中的会话层和表示层(这两层的功能被合并到应用层实现)。同时将 OSI 参考模型中的数据链路层和物理层合并为主机到网络层,如图 1.3 所示。下面分别介绍各层的主要功能。

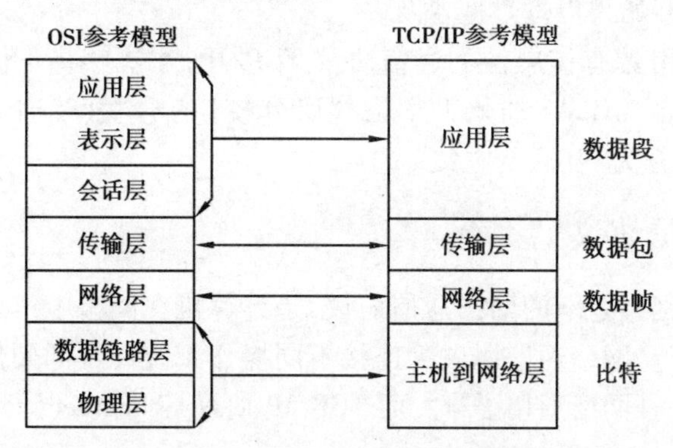

图 1.3 TCP/IP 的模型和 OSI 模型

(1)主机到网络层

实际上 TCP/IP 参考模型没有真正描述这一层的实现,只是要求能够提供给其上层——网络互连层一个访问接口,以便在其上传递 IP 分组。由于这一层次未被定义,因此其具体的实现方法将随着网络类型的不同而不同。

(2)网络互连层

网络互连层是整个 TCP/IP 协议的核心。它的功能是把分组发往目标网络或主机。同时,为了尽快地发送分组,可能需要沿不同的路径同时进行分组传递。因此,分组到达的顺序和发送的顺序可能不同，这就需要上层必须对分组进行排序。网络互连层定义了分组格式和协议，即 IP 协议（Internet Protocol）。网络互连层除了需要完成路由的功能外，也可以完成将不同类型的网络（异构网）互连的任务。除此之外，网络互连层还需要完成拥塞控制的功能。

（3）传输层

在 TCP/IP 模型中，传输层的功能是使源端主机和目标端主机上的对等实体可以进行会话。在传输层定义了两种服务质量不同的协议。即传输控制协议 TCP（transmission control protocol）和用户数据报协议 UDP（user datagram protocol）。

TCP 协议是一个面向连接的、可靠的协议。它将一台主机发出的字节流无差错地发往互联网上的其他主机。在发送端，它负责把上层传送下来的字节流分成报文段并传递给下层。在接收端，它负责把收到的报文进行重组后递交给上层。TCP 协议还要处理端到端的流量控制，以避免缓慢接收的接收方没有足够的缓冲区接收发送方发送的大量数据。

UDP 协议是一个无连接的传输层协议，提供面向事务的简单不可靠信息传送服务，主要适用于不需要对报文进行排序和流量控制的场合。

（4）应用层

TCP/IP 模型将 OSI 参考模型中的会话层和表示层的功能合并到应用层实现。应用层面向不同的网络应用引入了不同的应用层协议。其中，有基于 TCP 协议的，如文件传输协议（File Transfer Protocol，FTP）、虚拟终端协议（TELNET）、超文本链接协议（Hyper Text Transfer Protocol，HTTP），也有基于 UDP 协议的。

3）TCP/IP 的特点

①TCP/IP 协议不依赖于任何特定的计算机硬件或操作系统，提供开放的协议标准，即使不考虑互联网，TCP/IP 协议也获得了广泛的支持。因此，TCP/IP 协议成了一种联合各种硬件和软件的实用系统。

②TCP/IP 协议并不依赖于特定的网络传输硬件，所以 TCP/IP 协议能够集成各种各样的网络。用户能够使用以太网（Ethernet）、令牌环网（Token Ring Network）、拨号线路（Dial-up line）、X.25 网以及所有的网络传输硬件。

③统一的网络地址分配方案，使得整个 TCP/IP 设备在网中都具有唯一的地址。

④标准化的高层协议，可提供多种可靠的用户服务。

4）TCP/IP 的优势

（1）高可靠性

TCP/IP 采用重新确认的方法保证数据的可靠传输，并采用“窗口”流量控制机制使可靠性得到进一步保证。

（2）安全性

为建立 TCP 连接，在连接的每一端都必须与该连接的安全性控制达成一致。IP 在它的控制分组中有若干字段允许有选择地对传输的信息实施保护。

(3)灵活性

TCP/IP 要求下层支持该协议,而对上层应用协议不作特殊要求。因此,TCP/IP 的使用不受传输介质和网络应用软件的限制。

1.1.3　网站工作原理

网站的一般工作原理指 Web 服务器与客户端浏览器交互的基本原理,说白了就是,网站服务器上的文件和数据库最终成为客户所看到的华丽或朴素的页面的过程。这个过程包括 3 个问题:

1)网站的数据如何变成页面数据——网站程序解决

这里的"网站程序"指网站的脚本、脚本解析程序、公用组件和数据库系统的集合。当然,如果网站全是静态页面,当然就不存在脚本和组件的问题了。这些程序相互协作,将原始的网站数据(文件形式或数据库形式)解释(或者说:变换)成特定编码格式的用户数据。网页里最常见的编码格式有:HTML,GIF,BMP,PNG,MIDI("正规"名称为 text/html,image/gif,image/bmp,image/png,audio/mid)。对任何一次客户请求,一旦解释完毕,程序在本次连接中的使命也就结束了,功成身退。

2)如何根据用户请求将指定的数据送达客户端——互联网解决

客户机与服务器之间通过 HTTP 协议进行通信。首先,客户通过浏览器向 Web 服务器发送 HTTP 请求,这个请求通过互联网传送到被访问的服务器,服务器响应请求并进行处理之后生成特定的 HTML 文档,然后再用 HTTP 协议将此 HTML 文档通过互联网返回到客户端的浏览器显示出来。

3)客户端如何将页面数据显示为页面(所谓页面就是图形界面上的文本、图像、图形的集合)——浏览器解决

网站的 Web 服务器接收到的 HTTP 请求通常分为两种情况:一种是请求一个静态的 HTML 网页,此时 Web 服务器在自身服务器上查找到相应的页面并将该页面发送出去即可;另一种是请求一个以.asp 或者.jsp 结尾的动态网页,此时 Web 服务器无法自行直接处理,需要将这个请求转交给应用程序服务器处理,若应用程序服务器也不能自行完成全部处理,则还将根据需要访问数据库服务器进行相应的处理,最终再将处理结果生成 HTML 文档,由 Web 服务器发送回客户端浏览器。

1.2　网站的构成、特征与优势

1.2.1　网站的构成

网站由域名(或说网址),网站软件系统源程序和网站空间 3 个部分构成,如图 1.4 所示。

1)电子商务网站域名

域名(Domain Name)是由一串用点分隔的字母组成的互联网上某一台计算机或计算机

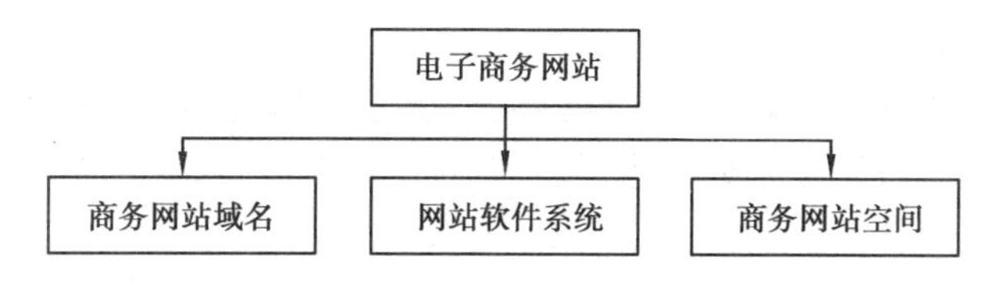

图1.4　电子商务网站的构成

组的名称。用于在数据传输时标识计算机的电子方位(有时也指地理位置),域名已经成为互联网的品牌、网上商标保护必备的产品之一。

DNS规定,域名中的标号都由英文字母和数字组成。每一个标号不超过63个字符,也不区分大小写字母。标号中除连字符(-)外不能使用其他的标点符号。级别最低的域名写在最左边,而级别最高的域名写在最右边。关于网站域名的详细介绍,请参见第5章的内容,这里不再赘述。

2)网站空间与网站软件系统

(1)网站空间

域名注册只是完成了建立网站的第一步。只有拥有了网站空间,即主机后,由主机供应商提供一个IP地址,完成域名解析(将IP地址与域名对应起来)和主机的设置后,用我们的域名构成的网址才能被访问到。网站空间由专门的独立服务器或租用的虚拟主机承担。常见的网站空间有:虚拟主机、虚拟空间、独立服务器、云主机、VPS。关于网站空间,即主机方案的详细介绍请参见第4章的内容。

(2)网站软件系统

软件系统是放在网站空间里的程序文件系统,表现为网站前台和网站后台。关于网站系统前台和后台的详细介绍请参见第6章的内容。

1.2.2　网站的特征

1)一般网站的特点

不同的网站会有不同的特点,一个好的网站往往会具有以下特征:

(1)网站的个性化

个性不是俗气,网站的个性是在界面上大气、美观、布局合理,能体现企业价值观、展现企业文化、充分诠释企业品位;在技术上符合网站建设标准,符合企业产品营销理念。

(2)网站的互动性

网站不论从营销的角度或者展示的角度来讲,都离不开网站的互动性功能,没有互动功能,也不能互动的网站只能称为死的网站或者网页。在技术上互动性主要体现在网站论坛、留言板、商务洽谈等系统模块。

(3)网站的实用性

网站需要大气漂亮,但网站也不能华而不实,尤其对集团性企业来说这点更加重要,500强企业网站在实用这点上都下了大工夫。布局上把常用的东西、重要的东西展现在网站的显眼位置,无论在网站的后台管理或者网站的前台页面浏览都是一目了然。用一句话说,就是“简单而不单调,充实而不烦杂”。

(4)网站的技术性

网站的好不仅限于它的外观漂亮。网站的稳定性、浏览速度、兼容性等也是网站直观重要的组成部分。网站做好后三五天就遭黑客攻击、访问速度慢,添加修改东西都很麻烦这些都是目前很多网站所存在的问题。

(5)网站的扩展性

从计算机仅限于美国国防部到现在的微型计算机家庭普及,从阿里巴巴开启中国的第一个网站到现在的网站普及,时代发展很快,互联网的发展更快,再说互联网的发展也就是网站的发展,随着网站建设的更新换代,一个 1995 年做的网站不可能一直用到 2011 年,随着技术的发展,人们审美观点的变化,网站也得不断改进,这种改进取决于网站扩展性的大小,比如,扩展性大的网站即使在 2012 年制作,到 2020 年还可使用,但有些扩展性不好,升级不方便的网站,与其重新做网站耗时又耗财,还不如一次做到位。

2)电子商务网站的特点

而当今商业贸易趋于电子化,一般而言,电子商务网站具有以下特征:

(1)虚拟性

客户对电子商务网站上的商品只能通过商品的图片、描述来了解其形状、特性、价格和使用方法。因此,对商品的感觉不如在传统的商店里购物那么具体,除非这个商品以前使用过。

(2)商务性

电子商务网站中的"商务"一词就说明了其具有商务性,即做生意的特点。电子商务网站可为买卖双方提供一个交易平台,买卖双方可以不用见面,可以互不认识,也可以相隔千里。网站的拥有者可通过客户留下的信息进行记录并分类整理,了解客户的需求。

(3)便捷性

便捷的操作是使电子商务有别于传统商务的主要特征之一,它充分利用了互联网的处理优势,克服了传统商务中烦琐的操作过程这一弊端,使得网络交易更为迅速、快捷。

(4)整体性

要实现赢利的目的,就要求电子商务网站的各个环节运转良好,如网页设计制作、商品交易、货款支付、物流配送和资金的周转、交易双方的诚信、有关法律的保证和支持均是一个有机的整体。

(5)可扩展性

为了使电子商务网站正常运作,必须考虑访问流量的规模,因此系统要考虑可扩展性,防止系统阻塞。

(6)安全性

在电子商务中,安全性是一个至关重要的核心特征。客户在网上购物将会把安全考虑放在首要地位。非法用户的访问、病毒、黑客的入侵都会给网站带来危害。这就要求网站能提供一种端到端的安全解决方案,如加密机制、签名机制、安全认证、合法注册、存取控制、防火墙、防病毒保护等,这与传统的商务活动有着很大的不同。

1.2.3 网站的优势

在如今的网络时代中,而为什么越来越多的国内外企业和商家踊跃在互联网上建立自己的网站呢？究其原因，是因为利用电子商务网站不仅可以便捷沟通，在进行电子商务活动时，还有着其他方式不可比拟的优势，具体如下：

1）庞大的用户群

到2015年，全球互联网用户已达32亿，占全球人口的43.4%，并且还在以每月15%的速度递增。在欧美国家，网上购物、网上商务操作已相当普遍。

2）覆盖面广

目前，除了非洲少数国家及西亚伊斯兰教国家，互联网已基本上覆盖全球的所有国家和地区。

3）传播便捷

只要在互联网上建立了自己的网站，世界上任何一个角落的人们在计算机前就可以看到你的企业或产品的介绍。从而企业就能将自己的产品或服务信息如此快速、便捷地传播给感兴趣的潜在客户。

4）费用低廉

由于网站是全天候开放的，所以它可以不受时间、气候、地理位置的限制，1年365天，一天24 h都可以随时被访问。与在传统媒体（报纸、电视）上做广告相比，上网建站的投入产出比，远远高于任何传统媒体。

5）沟通便捷

无论是与客户还是与公司销售人员的沟通都无比方便。通过企业网站，可以全天候24 h服务于企业客户，与客户保持售后联系，倾听客户意见，回答客户经常提出的问题。

全国各地的销售人员需要掌握公司总部的最新信息和指令，而公司总部需要了解全国各分公司的销售进度、销售业绩。通过企业网站，仅需花费市话费上网，公司总部和各分公司就能安全、便捷地沟通。

本章小结

本章通过对智投网的网站案例进行导入，引出对电子商务网站的介绍，首先从网站起源与发展、网站的通信协议和网站的软件系统这3个方面对网站的概念进行了介绍；接着，通过对网站域名、网站空间和网站软件系统地了解，可以认识网站的基本构成；同时，本章还介绍了网站的一些特征和优势。

复习思考题

1.什么是网站？一般网站与商务网站的区别是什么？
2.TCP/IP协议的模型是什么，它的主要功能有哪些？
3.简述网站的工作原理。
4.网站的基本特征有哪些？
5.网站有哪些优势？

第2章 网站的分类

📖 学习要求

- 按运营主体划分网站。
- 按网站技术划分网站。
- 按网站平台划分网站。
- 按企业开展电子商务的阶段划分网站。

📖 学习指导

了解网站的分类,明确网站按不同的标准可划分为不同类型的网站。按运营主体划分,可划分为公共及公益网站、企业及商务网站和教育与科研网站;按网站技术划分,可分为静态网站和动态网站;按网站平台划分,可分为 B2C 网站、B2B 网站、C2C 网站和 G2C 网站;按企业开展电子商务的阶段划分,可分为企业内部网站和跨企业网站两大类。

案例导入

我们的生活离不开网站①

现在很多单位和个人都已经或者即将拥有自己的网站,网站各式各样,为了便于对网站进行浏览和理解,我们通常按照一定的规则对网站进行分类和整理,使网站的内容更加清晰明了,以便于发布者与浏览者能够更好地沟通交流。

我们当今的生活已经离不开网络,离不开网站,网站已深深地镌刻在我们的生活中。当我们投身公益事业时,需要浏览一些公共及公益网站,例如,绿色和平公益组织官网(http://www.greenpeace.org.cn/);当我们进行学习时,往往会浏览一些教育网站,例如,沪江网校(http://class.hujiang.com/);当我们需要了解一些政府动态,甚至于与政府进行有效沟通的时候,往往会浏览一些政府公共服务网站,例如,长沙市政府公共服务门户网站(http://www.changsha.gov.cn/ggfw/);当我们需要购买一些产品时,往往会根据产品的价值、价格等

---

① 资料整理来源:http://www.wzyws.com/.

因素，选择适合的电商网站，例如，到 B2C 网站京东商城（http://www.jd.com/）购买家用电器等产品，等等。

网站已在方方面面中影响着我们的生活。应根据不同的需求去选择不同类型的网站，以使我们的生活更加多元化。

问题：1.结合案例分析，说明为什么要对网站进行分类？

2.结合案例，请先自行对网站进行分类，然后进一步学习，进行修正。

网站作为一种信息资源，是有一定的受众面的。网站运营主体不同，其所服务的受众也不同。按照网站的运行主体，即网络内容服务商不同，大致分为政府网站、企业网站、商业网站、教育科研机构网站、个人网站、非盈利性机构网站以及其他类型网站等。这里从“运营主体、技术、平台及电子商务发展阶段”几个方面进行分类，如图 2.1 所示。

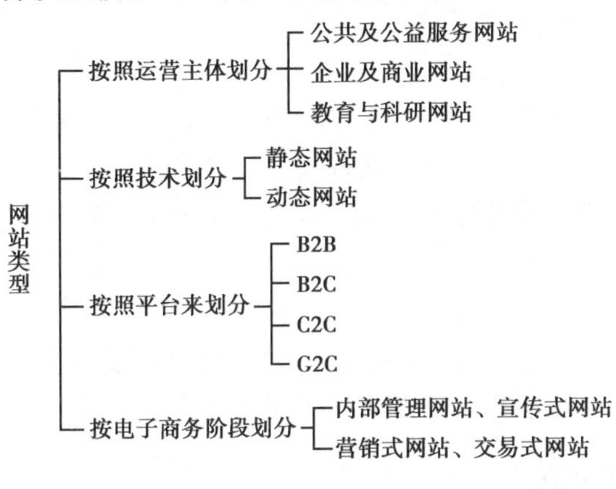

图 2.1　网站的分类

2.1　按运营主体划分

按照网站运营主体划分，可分为公共及公益服务网站、企业及商务网站、教育与科研网站。

2.1.1　公共及公益服务网站

公共及公益服务网站是无偿的服务于社会公益活动、关注居民生活、为企业及个人的公益行为提供展示平台，是供广大人民群众使用并通过互联网传播公益、慈善信息，帮助社会上需要关爱的个人或弱势群体的网络站点。公共及公益服务网站的运营主体是各级政府或相关的组织单位，比较著名的公共及公益性网络有：公益服务网（http://www.ngocn.net）、“12320 卫生热线”（http://www.12320.gov.cn）、公益中国（http://www.pubchn.com）等。

2.1.2　企业及商务网站

企业及商务网站是指一个企业、机构或公司在互联网上建立的站点，该站点主要是宣传企业形象，发布产品信息、宣传经济法规、提供商业服务。企业及商务网站的运营主体往往

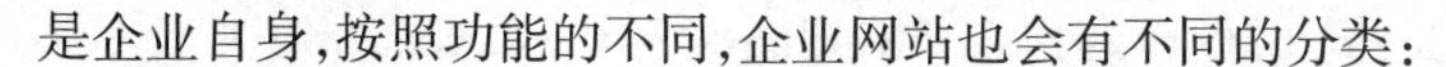

是企业自身，按照功能的不同，企业网站也会有不同的分类：

1）电子商务

电子商务主要面向供应商、客户或者企业产品（服务）的消费群体，以提供某种直属于企业业务范围的服务或交易、或者为业务服务的服务或者交易为主；这样的网站可以说是正处于电子商务化的一个中间阶段，由于行业特色和企业投入的深度广度的不同，其电子商务化程度可能处于从比较初级的服务支持、产品列表到比较高级的网上支付的其中某一阶段。通常这种类型可以形象的称为"网上××企业"。例如，网上银行、网上商城等。

2）多媒体广告

多媒体广告主要面向客户或者企业产品（服务）的消费群体，以宣传企业的核心品牌形象或者主要产品（服务）为主。这种类型无论从目的上还是实际表现手法上相对于普通网站而言更像一个平面广告或者电视广告，因此，用"多媒体广告"来称呼这种类型的网站更贴切一点。

3）产品展示

产品展示主要面向需求商，展示自己产品的详细情况，以及公司的实力。对产品的价格、生产、详细介绍等作最全面地介绍。这种类型的企业站点主要目的是要用最直接有效的方式展示自己的产品。在注重品牌和形象的同时也要重视产品的介绍。

对于网站建设，企业要结合自身情况和行业环境，决定是自建还是委托专业网站制作公司代理制作。如果条件限制，中小企业可选择委托专业网站建设公司代理制作，这样可省去招聘专业网站设计制作人员等费用。但在选择代理公司时要认真考察，要尽可能地多了解代理公司的设计制作能力和信誉。还需要注意域名、虚拟主机的选择。

2.1.3 教育与科研网站

教育与科研网站往往是由教育及科研单位创建及运营的服务型网站。各运营主体在自身的单位中发布相关的教育科研信息，提供教学、招生、学校宣传及相关科研成果等相关信息。其中，比较著名的教育与科研网站有：中国教育科学研究网（http://www.nies.net.cn）、中国教育科技研究网（http://www.cnjyky.com）、北京教育科研网（http://www.bjesr.cn），这些网站为广大科研及教育相关人员提供了一个了解信息的渠道。

2.2 按网站技术划分

按网站使用的技术划分，可分为静态网站和动态网站两大类。

2.2.1 静态网站

静态网站是网站建设初期常常采用的一种形式，网站设计者把内容设计成静态模式，访问者只能被动的浏览网站建设者所提供的网页内容，如企业简介、产品简介等。

静态网站是指全部由 HTML（标准通用标记语言的子集）代码格式页面组成的网站，所有的内容包含在网页文件中。网页上也可出现各种视觉动态效果，如 GIF 动画、FLASH 动画、滚动字幕等，而网站主要是由静态化的页面和代码组成，一般文件名均以 htm，html，shtml

等为后缀。

1) 静态网站的特点

①静态网站每个网页都有一个固定的 URL,且网页 URL 以.htm,.html,.shtml 等常见形式为后缀,而不含有“?”。

②网站内容一经发布到网站服务器上,无论是否有用户访问,每个静态网页的内容都是保存在网站服务器上的,也就是说,静态网站是实实在在保存在服务器上的文件,每个网页都是一个独立的文件。

③静态网站的内容相对稳定,因此容易被搜索引擎检索。

④静态网站没有数据库的支持,在网站制作和维护方面工作量较大,因此,当网站信息量很大时完全依靠静态网页制作方式比较困难。

⑤静态网站的交互性较差,在功能方面有较大的限制。

2) 静态网站的优势

①安全,静态网站从理论上讲是没有攻击漏洞的。

②没有数据库访问或减少服务器对数据响应的负荷,运行速度快。

③优化引擎,易于搜索引擎收录,搜索引擎比较喜欢收录静态页面。

④降低服务器的承受能力,因为其不需要解析就可返回客户端,因此减少了服务器的工作量,同时也减少了数据库的成本。

2.2.2 动态网站

动态网站并不是指具有动画功能的网站,而是指网站内容可根据不同情况动态变更的网站。一般情况下,动态网站通过数据库进行架构。动态网站除了要设计网页外,还要通过数据库和编程序来使网站具有更多自动的和高级的功能。动态网页利于网站内容的更新,适合企业建站。动态是相对于静态网站而言的。

1) 动态网站的特点

①动态网站以数据库技术为基础,可以大大降低网站维护的工作量。

②采用动态网站技术的网站可以实现更多的功能,如用户注册、用户登录、在线调查、用户管理、订单管理等。

③动态网站实际上并不是独立存在于服务器上的网页文件,只有当用户请求时服务器才返回一个完整的网页。

④动态网站中的“?”对搜索引擎检索存在一定的问题,搜索引擎一般不可能从一个网站的数据库中访问全部网页,或者出于技术方面的考虑,搜索蜘蛛不去抓取网址中“?”后面的内容,因此,采用动态网站的网站在进行搜索引擎推广时需要做一定的技术处理才能适应搜索引擎的要求。

2) 动态网站的优势

①更新容易:网站内容更新实现“傻瓜式”,普通工作人员即可完成。

②解决网站建成后的维护问题(长期发展)。

③可扩展升级:网站的内容都记录在数据库,以后网站改版升级,这些内容都可导入,不

会丢失，而且功能也可以搬过去，避免了完全重新建站、重复投入和浪费。

④它将企业网站建设从单纯静态页面制作延伸为企业对信息资源的组织和管理。

2.2.3 动态网站与静态网站的区别

1) 从功能方面来说动态网站与静态网站的区别

①动态网站可以实现静态网站所实现不了的功能，比如，聊天室、论坛、音乐播放、浏览器、搜索等；而静态网站则实现不了这些功能。

②静态网站，如用 FrontPage 或 Dreamweaver 开发出来的网站，其源代码是完全公开的，任何浏览者都可以非常轻松地得到其源代码，也就是说，自己设计出来的东西很容易被别人盗用。动态网站，如 ASP 开发出来的网站，虽然浏览者也可以看到其源代码，但是那已经是转换过后的代码，想盗用源代码那是不可能的，因为它的源代码已经放在服务器上，客户端是不可见的。

2) 从对数据的利用上来说动态网站与静态网站的区别

①动态网站可以直接地使用数据库，并通过数据源直接操作数据库；而静态网站不可以使用，静态网站只能使用表格来死板地实现动态网站数据库表中少有的一部分数据的显示，不能操作。

②动态网站是放到服务器上的，要看到其源程序或对其进行直接的修改都须在服务器上进行，因此保密性能比较优越。静态网站实现不了信息的保密功能。

③动态网站可实现远程数据的调用，而静态网站连本地数据都不可以用，更谈不上远程数据了。

3) 从本质上来说动态网站与静态网站的区别

①动态网站的开发语言是编程语言，如 ASP 用 VBScript 或 JavaScript 开发。而静态网站只能够用 HTML 标记语言开发，它只是一种标记语言，不能实现程序的功能。

②动态网站本身就是一个系统，一个可以实现程序几乎所有功能的系统，而静态网站则不是，它只能实现文本以及图片等的平面性的展现。

③动态网站可实现程序的高效快速性能，而普通静态网站则没有高效快速可言。

以上是对动态网站和静态网站所做的基本分析，而在实际应用中，不同的使用者会有不同的体会，并且其中的细微区别以及本质区别远远多于以上所列。这个就只能靠亲自体验来区别它们了。

4) 从外观上来说动态网站与静态网站的区别

静态网站的网页是以.html，.htm 结尾的，客户不能随意修改，要专用软件。而动态网站大部分是带数据库的，自己可以随时在线修改，网页常以 php，asp 等结尾。交易网站大部分是动态网站。

静态网页是指不应用程序而直接或间接制作成 html 的网页，这种网页的内容是固定的，修改和更新都必须要通过专用的网页制作工具，如 Dreamweaver。动态网页是指使用网页脚本语言，如 php，asp，asp.net 等，通过脚本将网站内容动态存储到数据库，用户访问网站是通过读取数据库来动态生成网页的方法。网站上主要是一些框架基础，网页的内容大都存储在数据库中。

静态网页和动态网页最大的区别就是网页是固定内容还是可在线更新内容。那么如何决定网站建设采用动态网页还是静态网页呢?

静态网页和动态网页各有特点,网站采用动态网页还是静态网页主要取决于网站的功能需求和网站内容的多少,如果网站功能比较简单,内容更新量不是很大,采用纯静态网页的方式会更简单,反之一般要采用动态网页技术来实现。

静态网页是网站建设的基础,静态网页和动态网页之间也并不矛盾,为了网站适应搜索引擎检索的需要,即使采用动态网站技术,也可将网页内容转化为静态网页发布。动态网站也可采用静动结合的原则,适合采用动态网页的地方用动态网页,如果必须使用静态网页,则可考虑用静态网页的方法来实现,在同一网站上,动态网页内容和静态网页内容同时存在也是很常见的事情。

2.3 按网站平台划分

按照电子商务网站的平台来划分,网站可分为B2B,B2C,C2C和G2C这4种类型。

2.3.1 B2B

B2B(Business to Business,商家对商家)网站一般以信息发布与撮合为主,主要建立企业之间商务活动的桥梁。例如,国内著名电子商务网站"阿里巴巴",即是这类网站。

阿里巴巴(Alibaba.com)是全球企业间(B2B)电子商务的著名品牌,是目前全球最大的网上贸易市场。良好的定位、稳固的结构、优秀的服务使阿里巴巴成为全球首家拥有210万商人的电子商务网站,成为全球商人网络推广的首选网站。

图2.2 阿里巴巴中文网站主页

从 2014 年第三季度阿里公布的数据中，B2B 业务实现总营收 24.07 亿元，同比增长 38%，环比增长 11%，占集团总营收约 14.3%。B2B 业务体系中，全球速卖通与 1688 均快速增长，阿里小贷潜力惊人，一达通贡献不明，阿里云增幅达 50%。可以预计的是，在未来的发展中，阿里巴巴 B2B 业务将显示出更大的增长潜力。

阿里巴巴中文网站主页如图 2.2 所示。

此外，著名的“慧聪网”（http://www.hc360.com）、大名鼎鼎的环球资源网（http://www.globalsources.com）及万国商业网（http://www.busytrade.com）等网站也提供这类服务。

2.3.2 B2C

B2C（Business to Customer，商家对个人）网站表示商业机构对消费者的电子商务。这种形式的电子商务一般以网络零售业为主，主要借助互联网开展在线销售活动。例如，经营各种书籍、鲜花、计算机、通信用品等商品。如，著名的京东商城就属于这种站点。

京东（http://www.jd.com）是一家专业的综合网上购物商城，销售超数万品牌、4 000 余万种商品，囊括家电、手机、电脑、母婴、服装等 13 大品类。秉承客户为先的理念，京东所售商品为正品行货、全国联保、机打发票。同时京东也是中国 B2C 市场最大的 3C 网购专业平台。京东网上商城如图 2.3 所示。

图 2.3　京东网上商城主页

此外，当当（www.dangdang.com）、卓越（www.joyo.com）、亚马逊（http://www.amazon.cn）也属于这种站点。

2.3.3 C2C

C2C（Customer to Customer，个人对个人）网站主要是为个人之间提供交易平台，C2C 商务平台就是通过为买卖双方提供一个在线交易平台，使卖方可以主动提供商品上网拍卖，而买方可以自行选择商品进行竞价，C2C 网站从双方的交易中收取中介费。例如，著名的淘宝网即是这类网站。

孔夫子旧书网创建于 2002 年，是全球最大的中文旧书网上交易平台，是传统的旧书行业结合互联网而搭建的 C2C 平台，是 C2C 的精准细分市场。网站目前以古旧书为最大特色，在中国古旧书网络交易市场上拥有 90%以上的市场份额。

孔夫子旧书网是全球图书网站中最大的中文古旧书网站，汇集了全国各地的 7 680 家网上书店与 89 289 个网上书摊，展示多达 5 400 万种图书书籍，为广大书友提供沈阳网上书店大全、沈阳书店、民国旧书书店、民国旧书图书网购等信息，以及珍本拍卖、古籍信札拍卖、艺术品拍卖等功能。该网站提供了买书或卖书，进行网上二手图书和收藏品交易的场所。孔夫子旧书网主页如图 2.4 所示。

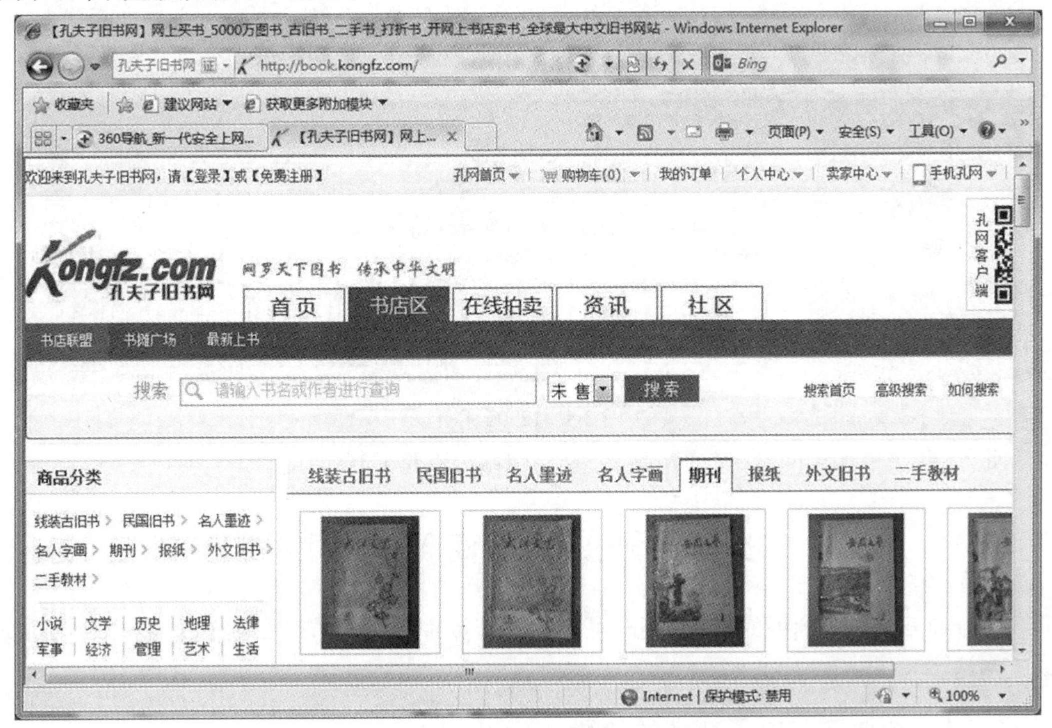

图 2.4 孔夫子旧书网主页

此外，如淘宝、易趣网(eachnet)、雅宝、酷必得等，也属于 C2C 商务网站。目前这类运作流程在电子商务中占的比重较少，这也是电子商务发展的一个重要方面。

2.3.4 G2C 网站

G2C(Government to Citizen，政府对公众)网站是指政府(Government)与公众(Citizen)之间的电子政务，是政府通过电子网络系统为公民提供各种服务的平台。G2C 电子政务所包含的内容十分广泛，主要应用包括：公众信息服务、电子身份认证、电子税务、电子社会保障服务、电子民主管理、电子医疗服务、电子就业服务、电子教育、培训服务、电子交通管理等。G2C 电子政务的目的是除了政府给公众提供方便、快捷、高质量的服务外，更重要的是可以开辟公众参政、议政的渠道，畅通公众的利益表达机制，建立政府与公众的良性互动平台。现在，G2C 网站较为普遍，例如，我们经常使用的 12306 网站就是其中之一，其页面如图 2.5 所示。

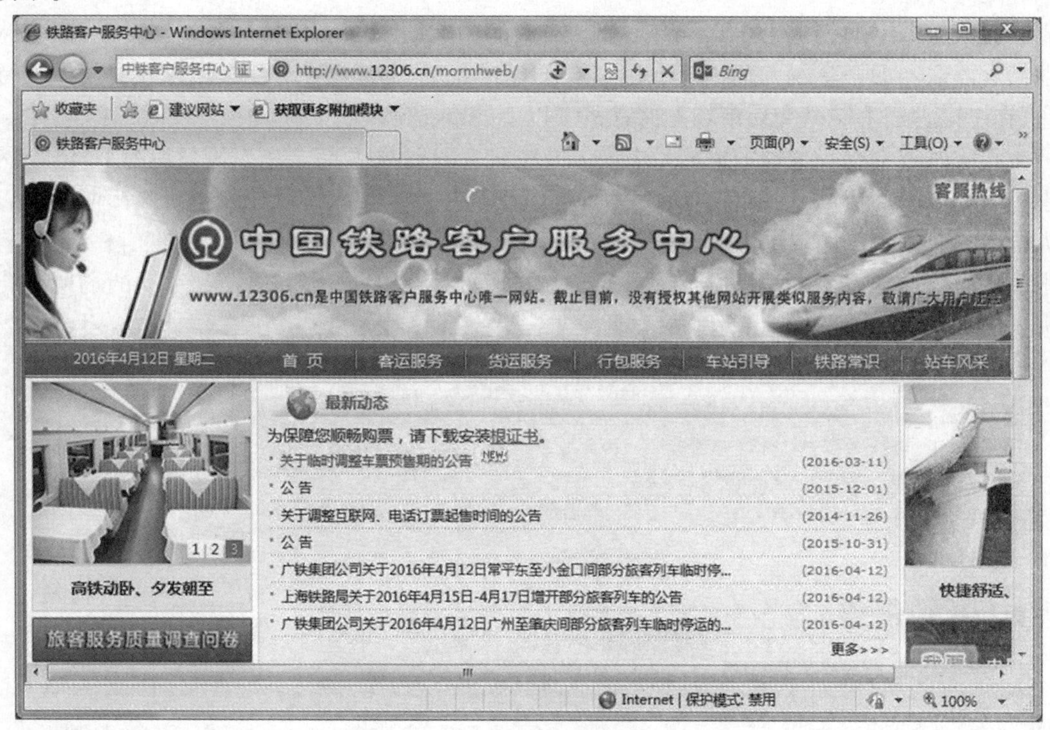

图 2.5　12306 主页

此外，各级税务局网站、交通网站、公安局网站等都是 G2C 网站。

2.4　按企业开展电子商务的阶段划分

按企业开展电子商务的阶段划分，可分为内部管理网站、宣传式网站、营销式网站和交易式网站。

2.4.1　企业开展电子商务的阶段

从企业利用网站开展电子商务活动内容的深度、层次来看，企业电子商务发展一般经历以下几个阶段。

第一阶段：在企业对外开展电子商务之前，可以首先建立将企业内部各个职能部门进行统一管理的系统平台，完成企业内部信息的集成，为企业对外开展电子商务活动做好准备。

第二阶段：在企业开展电子商务的初期，企业可能只是在互联网上建立一个简单的 WWW 服务器，提供一些简单的公司介绍、产品资料展示等静态信息，以达到宣传企业的目的。

第三阶段：随着业务的发展，企业及其供应商、客户希望能够在互联网上进行双向交流，能动态地进行信息交换,完成商品购销。

第四阶段:随着业务的进一步发展,企业不再满足于信息发布、网上营销活动,而是希望能在互联网上开展核心业务,如洽谈订货、转账支付、物流管理等,简化业务流程,提高运作水平,降低运营成本。

第三、第四阶段的电子商务分别称为电子营销、电子交易。最能体现电子商务网站管理软件功能的就是在这两个阶段。

2.4.2 按电子商务各阶段对应的网站分类

按企业利用网站开展电子商务活动的阶段对应,可分为企业内部网站和跨企业网站两大类,具体包括以下几种类型:

1)企业内部管理网站

企业内部管理网站是采用互联网技术在统一的行政和安全控制管理之下构建成的企业内部的信息管理平台。其主要目的是服务于企业的内部管理,将企业内部各个职能部门的管理统一到这个网站平台上。

内部管理网站具有自身的特点。主要包括:①开放性和可扩展性;②通用性和简易性;③经济性;④易于管理和维护;⑤有一定安全性。

企业通过构建自己的内部管理网站,可实现多种功能。主要包括:①办公自动化;②内部协作;③企业人力资源管理;④营销管理;⑤客户服务;⑥员工培训。

2)宣传式网站

宣传式网站是在网上树立企业形象的网站,是为大众客户提供企业宣传,商品信息发布服务、以提高访问率和站点知名度为目标。一般不会开展深层次商业活动,主要以宣传企业为目的。建立宣传网站是利用网站开展商务活动的第一步,也是目前我国许多上网企业采用的网站形式。

3)商业营销式网站

商业营销式网站是以销售商品为目的的赢利性网站。主要利用网站开展商品展示、推广和营销宣传活动,也可接受网上订货,营销式网站是企业利用网站开展商务活动的重要步骤,目前我国已经有许多企业建立了自己的营销网站。

4)交易式网站

交易式网站除了在网上提供企业宣传、商品和服务的有关信息发布,以及网络营销活动功能外,还支持商品交易的全过程,并提供相应的交易服务。

5)行业式网站

行业式网站是社会上各行各业根据自身需要创建的本行业的商务网站,目的是开展行业性的电子商务活动,如化工网站、钢铁网站等。

6)交易中介式网站

交易中介式网站主要用于建立交易平台,让其他企业或个人到此网站进行交易,收取一定的中介服务费用或服务器存储空间租用费用,开展 B2B ,B2C 或 C2C 形式的交易活动。

常见的有网上商城、网上拍卖和网上信息提供等。

在上述网站中，前 4 种属于企业内部网站，后两种则属于跨企业网站。

本章小结

本章主要按照网站运营主体、技术、平台、电子商务发展阶段来划分，将网站分成不同的类型来介绍，使读者能够进一步了解网站，准确把握网站的类型和风格，从而可以有效地进行网站建设。

复习思考题

1.按运营主体可将网站划分成哪几种类型？

2.什么是动态网页？动态网页有哪些特点和优势？与静态网页的区别是什么？

3.什么是 G2C 网站？请举例说明它所包含的应用。

4.与企业利用网站开展电子商务活动的阶段对应，网站可分为哪两种类型，具体包括哪些类型？

5.企业内部管理网站的特点是什么？企业通过构建自己的内部管理网站，可实现哪些功能？

第 3 章 网站的体系架构

📖 学习要求

- 网站的逻辑体系架构的组成。
- 三层逻辑体系架构的优势和劣势。
- 网站的不同物理体系架构的对比。

📖 学习指导

明白网站体系架构所具有的功能，在网站建设中所处的地位。了解网站的体系架构从逻辑和物理两个层面划分的原因，掌握逻辑体系架构与物理体系架构的联系与区别，包括各自的组成与特点以及优势和劣势。在本章主要应掌握逻辑体系架构和物理体系架构各个层次可实现的主要功能，对各个层面所组成的整体能提供的服务有一个总括的了解。除此之外，将会介绍网站的体系架构从逻辑和物理两个层面划分的优势和不足，便于在具体实践中进行应用。

案例导入

开放腾讯基础架构并云化，打造最值得信赖的云①

2015 年 1 月 8 日，第九届中国 IDC 产业年度大会在北京国家会议中心开幕，腾讯公司副总裁邱跃鹏在大会上发表了《打造最值得信赖的云》的主题演讲，并获得“2014 年互联网风云人物奖——最具影响力 CTO 奖”。

在此次大会的主题演讲中，邱跃鹏对外披露了 QQ、QQ 空间等多个腾讯王牌产品支撑亿级用户优质体验背后的网络技术架构。他指出，腾讯云现在在做的事情，正是通过云服务将这些多年来积累的海量技术能力开放出去。此外，邱跃鹏在演讲中还透露，打造最值得信赖的云，腾讯云将重点发力服务市场（Marketplace）建设。他表示，目前已有超过 1 万家客户在使用腾讯云的 API，每天的调动次数已超过 100 万次。

---

① 资料来源：中华网 http://www.china.com/.

邱跃鹏的演讲主要体现了以下两个主题:

1)QQ:同时在线用户突破两亿

这个主题是在构建亿级服务的时候,QQ 是超过两亿在线的服务。通过 QQ 在线的密度图,可以看到在华东、华南、华北这 3 个人口密集区,QQ 在线也是最多的。因此在这 3 个地方部署了非常大规模的服务器去支撑两亿的在线服务。腾讯之所以能够做到过亿人数同时在线,而系统仍不瘫痪是因为:①腾讯拥有非常大规模的机房,这样的机房非常稳定,三地容错,5 000 万在线用户秒级自动切换迁移。对于 CS 结构的机房来说,每次让用户连接时,当出现问题的时候,下一步应该去哪个机房,在多长时间内到达,整个切换是一个平滑的过程。②大数据分析预测连接质量,秒级提升 90%用户体验,在这背后,是一个非常实时的大数据处理平台,不停地分析每个用户的连接质量。

2)QQ 空间:图片日上传峰值达 5.1 亿张

腾讯 QQ 空间的图片上传的最高峰值大概是在 2014 年"五一"节的时候,1 天内上传的图片达到 5.1 亿张,整个腾讯每个月上传的图片超过两百亿张,大部分的上传是来自移动互联网的上传,来自终端的上传。在一天中 5.1 亿张图片的顺利上传要归功于:①全网分布,70+上传加速节点,多端口多连接的上传加速。②场景优化,图片转码、渐进传输、预加载、多终端适配。

腾讯 QQ 与 QQ 空间技术所具有的强大功能,其背后是腾讯云技术的支撑。腾讯云完善了信息产品的技术架构,具有强大的数据库作为支撑,大大提升了用户的访问速率,使用户获得更好的体验。

问题:1.根据腾讯云在信息产品的技术架构中的重要作用,思考网站体系架构的重要性。

2.除了为信息产品提供服务外,良好的网站体系架构还具有哪些功能?

3.1 网站的逻辑体系架构

网站的体系架构设计需要考虑很多因素,例如,可扩展性、可维护性、可靠性和安全性等。一般来说,网站在逻辑上都会分为多个层次,这种逻辑分层是基于功能的,和物理上的结构没有必然的联系。网站在逻辑上通常采用三层体系结构。所谓三层体系结构,就是将一个网站应用系统划分为网站表示层(Presentation Layer)、网站逻辑层(Logic Layer)、网站数据层(Data Access Layer)3 个不同的层次。每个层次之间相对独立,分工合作,共同组成一个功能完整的网站应用系统。三层架构是将用户界面与数据的逻辑完全分开在不同的层面中,用户界面不是直接与数据库连接的,而是与业务逻辑层连接,业务逻辑层再与数据访问层连接,这样就实现了用户界面与 SQL 语句的分离,便于系统的扩展。当系统数据库更换时,只需修改数据访问层即可,前台显示相关页面不需要任何修改,从而方便网站的维护和修改。三层体系的应用程序将业务规则、数据访问、合法性校验等工作放到中间层进行处理。通常情况下,客户端不直接与数据库进行交互,而是通过 COM/DCOM 通信与中间层建立连接,再经由中间层与数据库进行交互。如图 3.1 所示为网站逻辑层次结构。

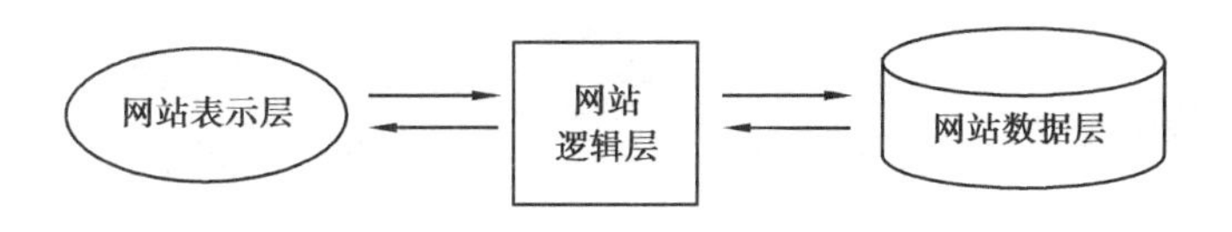

图3.1　网站逻辑层次结构

3.1.1　网站表示层

表示层是网站系统的“脸面”，无论是代码的编辑还是数据库信息的返回，甚至是网站系统的综合功能，都需通过表示层进行体现。该层依赖于网站逻辑层和网站数据层，将网站逻辑层执行的业务操作的结果进行输出。表示层最重要的用途是向用户展示网站的功能和系统的核心理念。而对表示层的要求主要体现在实用性和美观度两个方面。

实用性：要想做到成为一个用户友好的界面，首先应满足方便操作、简单易用这一条件，使得在使用时无须浪费时间和精力去辨别各项的功能和所包含的信息，而是用最短的时间找到用户所需的内容。

美观度：网络表示层的另一个要求是美观度。舒适的颜色搭配，能够吸引用户，合理的网页布局易于实现良好的用户体验和服务，使用户方便快捷地利用应用服务和查询信息。

1）网站表示层的功能

网站表示层位于最外层即最上层，是展示给用户的直观界面，它向用户展示了网站的功能、内容与美感，是离用户最近的网络层次。该层的主要功能是用于显示数据和接收用户输入的数据，为用户提供一种交互式操作的界面，同时对用户业务操作结果进行展示，这是用户可直接获取的。它主要以 WEB 方式表示，也可以表示成 WINFORM 方式，如果逻辑层相当强大和完善，无论表现层如何定义和更改，逻辑层都能完善地提供服务。网站表示层可以使用 Java Servlet，JSP 或者 Java Applet 等进行开发。

2）网站表示层的设计原则

网站表示层的设计遵循结构和外观分离的原则，即页面文件只包含结构信息，如页面控件布局、位置等；而所有与外观相关的信息存储在 CSS 文件中，如字体、颜色、边框等。这样就保证了页面的结构不会错位，外观显示不会混乱。DIV+CSS 布局方法是目前一种比较方便和实用的网页布局方法，它使用 div 标签作为容器，使用 CSS 技术排布 div 标签，使用这种方法能高效快捷地设计各种网页。网站的设计应符合具体应用部门的理念、风格以及思想，根据其所处的行业不同，设计出满足行业需求的网站。网站表示层是企业形象的直观展示，良好的页面设计有利于给用户留下好的印象，便于以后进一步交流与合作。详细的网站设计原则将在下面章节中详细讲述。

百度是大多数人上网搜索的首要选择，是一款功能非常强大的搜索引擎。如图 3.2 所示是百度搜索的主界面，这里是百度的表示层。可以看到在该界面中有网页、新闻、贴吧、知道、图片以及文库等内容板块。它向用户清楚地展示了百度的搜索功能，且页面简洁，便于查询。如此简洁的页面背后是强大的数据库的支持。

图 3.2　百度的表示层

3.1.2　网站逻辑层

网站逻辑层是三层逻辑体系架构的中间层,处于网站表现层和网站数据层之间,是进行数据交换的桥梁,这两者是依赖与被依赖的关系,起中转表示层数据到数据层数据的作用,它的研究与设计在网站的系统软件的开发过程中是系统实现的核心环节。网站逻辑层包括解决具体问题的组件,可以是多个协同问题的组件,是为了实现业务的具体逻辑功能,是针对数据层的操作,对数据业务逻辑的处理。业务逻辑层设计就是将涉及业务逻辑操作的类抽象出来,按照面向对象的设计方法对类进行详细设计,界面表示层和数据访问层通过业务逻辑层中的对象的方法和属性得到数据传递和信息交互。

1)网站逻辑层的功能

网站逻辑层定义了各个业务的名称,主要描述各个业务的逻辑规则。它根据业务需求调用网站数据层中的方法,并实现相应的业务逻辑处理请求,最终将处理结果传递回用户界面层。

(1)定义业务名称,设计逻辑规则

根据网站的具体功能和使用网站的行业或企业的不同,逻辑层结合 C++,JAVA 等功能强大且稳定的语言进行设计开发。业务逻辑即是和某一行业相关的数据处理,并且该数据处理遵循本行业的业务规则。业务逻辑层设计需要有业务领域专家参与,设计业务流程,实现业务目标。

(2)对表示层数据进行处理

网站逻辑层可以对表示层输入的数据进行处理和有效验证、完成对多个表的事务处理等。当表示层发生数据请求时,需通过逻辑层来进行处理。辨别所请求的数据的类型和内容，在该层进行逻辑处理，再向数据层的不同模块进行数据转达。

(3)对数据层中的数据进行传输

当数据层完成了用户的请求，在庞大的数据库中确定了用户的所需信息之后，将该数据信息传达给逻辑层，逻辑层再选择相关的数据表或视图进行相应的逻辑编译，最终将数据信息向用户进行输出，展示在网站的表示层。

(4)对数据进行逻辑处理

有时对用户界面层某些数据请求不能立即通过网站逻辑层传给网站数据层来处理，需要网站逻辑层作相应的处理。逻辑层在这个过程中起到缓和的作用，避免因实务操作造成的资源浪费和数据库访问的拥挤现象。

2)网站逻辑层的使用意义

网站逻辑层绝不是可有可无的，随着项目业务逻辑复杂性的增强，网站逻辑层在事物的逻辑处理中也会发挥越来越重要的作用。如果在功能实现中不使用网站逻辑层来处理，而放在网站数据层来处理，业务逻辑和数据访问逻辑就会混在一起，造成代码混乱，加大后期的维护难度，造成不必要的浪费，并带来诸多麻烦。

在网站框架设计时因业务逻辑要根据具体的业务流程来决定，因此在软件框架中该部分的设计主要是设计通用的业务接口，通过这些接口来访问网站数据层，从而完成相关业务操作。可以发现不管是什么对象和业务，只需要选择相关的数据表或视图，然后根据数据表或视图的数据字段就可以用相同的开发思想自动的生成不同数据表的业务层通用操作代码。

3.1.3 网站数据层

网站数据层处于三层逻辑体系架构中的最底层，它用于实行信息系统对数据库的操作，包括增加、删除、修改、查找记录等，是网站中相对稳定持续的部分，它向网站逻辑层提供数据，原则上不涉及网站逻辑层的设计。网站数据层通常由一个或多个数据库系统组成，如SQL Server 2014，Oracle，DB2等。

1)网站数据层的功能

当网站的逻辑层获取从表示层得到的数据请求之后，完成对业务逻辑的编译，将这种信号以SQL语句的形式传输给网站的数据层。网站数据层主要是对原始数据的操作层，而不是指原始数据，也就是说，是对数据的操作，而不是数据库，具体为网站逻辑层或表示层提供数据服务。数据层从SQL语句中获取相应的参数，该参数是以对象的方式传递的，即在用户界面层获得一系列数据，把这些数据以对象属性的方式进行封装，然后仅将对象传递给网站逻辑层即可，网站逻辑层将对象的属性进行相应的处理操作，最后将对象传递给网站数据层。数据层将对象的各个属性作为SQL参数参与执行，该层将执行结果返回给网站逻辑层，执行结果是以某条或多条数据记录或者一个或多个数据表的形式呈现的。

2)网站数据层的工作理念

在网站系统中用户操作相关界面完成对应的业务流程的操作，但无论是什么业务流程最终反映到软件系统中则是对数据库中相关数据表单的数据进行操作，所在网站框架中可以将数据访问进行深入抽象，将其分为数据库的查询运算、插入运算、修改运算及删除运算。

这样对应的每个业务流程只需指定相关的数据表或视图,就可根据表中的数据项自动生成相关数据操作。

3)网站数据层的设计原则

网站数据层的设计原则应时刻与网站的总体思想相一致,所设计的各个环节或板块应做到为整个系统更好地提供服务,在网站的三层逻辑体系架构中,各个层次之间相互协作。在数据库中包含有不同的层次以及不同的功能模块,各部分的主要职责不同。尽量降低系统各部分之间的耦合度,提高模块内部的聚合程度是网站数据层设计的重要原则。将各个层面的数据进行明确分工,有助于减少因数据的混乱所造成的损失。总之,网站数据层设计的核心思想是要做到“高内聚,低耦合”。

将网站应用系统在逻辑上划分为不同的层次,有利于各个层次之间的相互独立。在每一层发生改变时而不影响其他层的正常运行。这种网站的三层逻辑体系结构划分的优点有:

①开发人员可以只将其中的某一层作为操作对象,在不影响其他各层的情况下完成对整个网站系统的完善和优化。网站的项目结构会更加清晰,分工明确,有益于后期的维护和升级。

②将各个层次进行划分,使得它们之间相互独立,可以很容易的用新的实现替换原有层次的实现而不用考虑对另外两个层次的影响。

③将整个网站的架构划分为3个层次,每一层有各自的主要使命和作用,相互之间的功能耦合性减少,便于系统的维护和操作,降低了各层之间的相互依赖性。

④扩展性强。不同层负责不同的层面,具有不同的用途。在一个层的内部进行扩展,不会对其他层造成影响,且因为每层的作用相同,在此基础上进行相关内容的添加是非常便捷的。

⑤安全性高。要想从用户端的表示层获取来自数据层的数据信息,必须通过网站逻辑层的传输。避免用户与数据库的直接接触,减少了入口点,把很多危险的系统功能都屏蔽了。

⑥从开发角度和应用角度来看,网站的三层逻辑体系架构适合群体开发,每人可以有不同的分工,协同工作使效率倍增。开发双层或单层应用时,每个开发人员都应对系统有较深的理解,能力要求很高,开发三层应用时,则可以结合多方面的人才,只需少数人对系统全面了解,从一定程度上降低了开发的难度。

当然,网站的三层逻辑体系架构的划分不可避免地具有一些不足:

(1)与单层或双层架构的划分相比,该模式不可避免地降低了网站的运行性能。如果跳过中间层的网站逻辑层,用户可直接对数据库进行访问,可大大减少获取相应数据的时间。实现更好的用户体验,提升用户的满意程度。

(2)三层逻辑体系架构的设定,有时可能会导致级联的修改。例如,表现层如果想更改或增加每一项功能,就必须对网站逻辑层和数据层的代码进行相应的修改或增加。三层体系架构表面看是分离的,但其内部有不可忽视的关联性。

(3)网站层次的增加必然会导致代码的增加,加大了系统的运行负担,增加了工作量,从而增强了网站内部的复杂程度。

3.2 网站的物理体系架构

网站在物理上的分层与在前面讨论的逻辑分层不同,它是将逻辑上的三层结构物理的分成两层、三层甚至多层体系架构。

3.2.1 两层体系架构

在现阶段,使用较多的两层体系架构是基于C/S的。

1)基于C/S的两层体系架构简介

基于C/S的两层体系架构,是将逻辑上的三层结构物理的分隔成两层,组成"客户机/服务器"(Client/Server)的体系架构,这是一种软件系统体系结构,通过这个系统可以保证对两端硬件环境的充分利用,将任务在Client端和Server端进行合理的分配,它主要应用于局域网中。基于C/S的两层体系架构可以将表示层和商务逻辑层组合到客户层中,而将数据层作为一个独立的层面放到服务器端,构成数据库层,从而形成"胖"客户端、"瘦"服务器端的C/S架构,如图3.3所示。

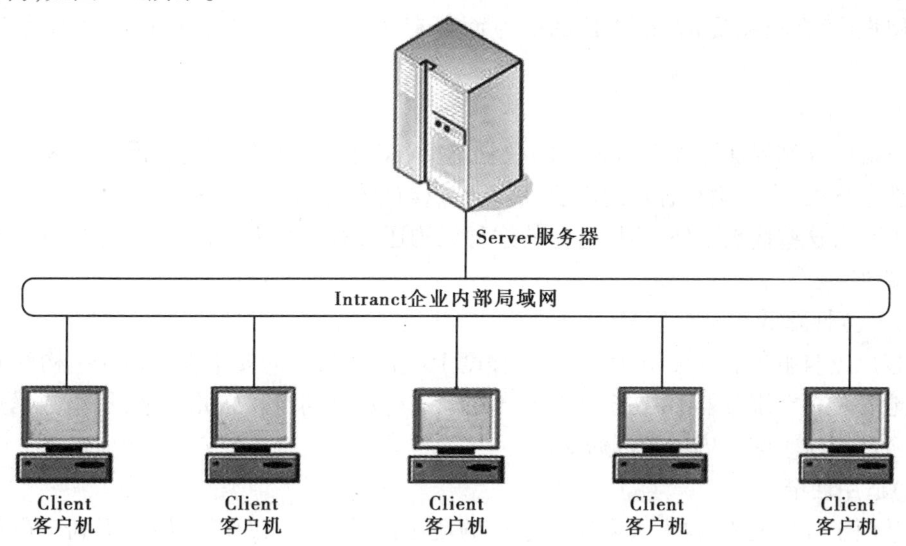

图3.3 基于C/S的两层体系架构

2)基于C/S的两层体系架构的运行原理

在这种两层C/S架构下,当用户需要访问数据库服务器中的数据时,由客户机的应用程序通过网络向数据库服务器发送查询服务请求,数据库服务器则根据客户机的服务请求自动完成查询任务,然后通过网络再将查询结果返回给客户机。在这个过程中,客户机与数据库服务器之间只需要传输服务请求与查询结果,而不需要传输任何数据库文件。

客户机和数据库服务器是直接相连的,这两个组成部分都承担着重要的角色,客户机并不是只有输入输出、运算、发送请求、接收结果等功能,它还具有处理一些计算、数据存储等方面的业务逻辑事务的功能;数据库服务器主要承担事务逻辑的处理工作,在客户机可以分担一些逻辑事务的情况下，在一定程度上减轻了服务器的运行负担，使得网络流量增多，提高了用户数量与服务质量。

在基于C/S的两层体系架构中，也可以将商务逻辑层的一部分和数据层组合到服务器端，从而形成"瘦"客户端、"胖"服务器端的C/S架构。

3）基于C/S的两层体系架构的优点和缺点

在计算机技术发展如此迅速的今天，C/S的两层体系架构仍能够屹立不倒，可见其与其他架构技术相比，有自身独特的优势，这些优势包括：

（1）点对点

客户端和服务器直接相连，构成了一种点对点的模式，用户在客户端就可以获取一些重要的信息，而不需通过中间层的传输与运算，从而减少了获取信息的时间和精力，减少了通信流量从而节省了费用，增加了响应速度与工作效率。

（2）设备利用率提高

将一些逻辑事务交于客户机来处理，增加了客户端和数据库服务器端的硬件使用率，减少了资源的浪费，从而充分利用了两端设备；客户机为服务器分担了一些逻辑事务，除了基本的数据传输外，还可进行数据处理和数据存储以及一些复杂的事务流程；客户机有一套完整的应用程序，在出错提示、在线帮助等方面都有强大的功能，并且可以在子程序间自由切换。

（3）个性化

客户端的操作界面可以提高客户的视觉体验，满足客户的各种基本需求。客户端操作界面可随意排列，充分满足客户的需要，展现特点与个性。

除了具有这些优点之外，不可避免的这种架构还具有一些不足，或者说是自身架构所具有的弊端。

（1）安全性降低

将客户机与服务器直接相连，在一定程度上降低了系统的安全性。C/S结构的软件必须在各地安装多个服务器，并在多个服务器之间进行数据同步。如此一来，每个数据点上的数据安全都影响了整个应用的数据安全。

（2）适用面窄

通常用于局域网中，这大大限制了系统的使用范围与影响的广泛性。不利于市场的开拓与创新。

（3）成本较高

基于C/S的两层体系结构的网站开发，不论是前期的开发费用还是后期的维护成本都是非常高昂的。在前期开发中，需要聘用高素质的工作人员，并对其进行培训和教育，这些费用是非常高的；初次开发需要配备高性能的客户机和服务器，这就需要有高专业水准的技术人员，所以成本是很高的。在后期的系统维护中，升级维护工作、业务扩展或变更、客户端界面的重新调整等都是很麻烦的，需要对大量程序进行更改，投入的精力和金钱也是不容忽视的。

（4）用户受限

基于C/S的两层体系结构对用户的身份进行了限制，只有安装了客户端的用户才能够进行访问,并且由于受数据库的限制,用户的数量也是不易扩展的。用户范围过小,不利于网站的进一步发展。

如今,基于 C/S 的两层体系架构的应用仍十分广泛,从办公的 Office,WPS,WinRAR 到杀毒软件(如金山、瑞金)再到娱乐软件(如播放器,QQ,微信等)无处不见 C/S 架构。

3.2.2 多层体系架构

多层体系架构是将原本属于某一层或基层的功能进行分散,使其分别由不同的层次来分担。各层的功能越来越单纯,系统架构越来越灵活,不同模块之间的耦合越来越松散、系统的可扩展性可维护性越来越好。这是网站系统发展的必然趋势。在现阶段,使用较多的是基于 B/S 的三层体系架构。

1)基于 B/S 的三层体系架构简介

基于 B/S 的三层体系架构是将逻辑上的三层结构中的每一层,划分到 3 个物理上分开的层面中,即 Web 服务器层、应用程序层和数据库服务层。三者组成"浏览器/服务器"的体系架构。它主要是利用了不断成熟的 WWW 浏览器技术,用通用浏览器代替原来需要复杂专用软件才能实现的强大功能,打破了基于 C/S 的两层体系结构的平台限制并节约了开发成本。其主要特点如下:

①表示层在由一个或多个 Web 服务器构建的空间里运行。

②商务逻辑层在由一个或多个应用服务器构建的空间里运行。应用服务器是必不可少的,它们为商务逻辑层组件提供了运行环境,以及可靠的和必要的支持,而且还能够管理这些组件。

③数据层由一个或多个数据库系统组成,其中可能包括由存储过程组成的和数据存取相关的逻辑模块。

基于 B/S 的三层体系架构如图 3.4 所示。

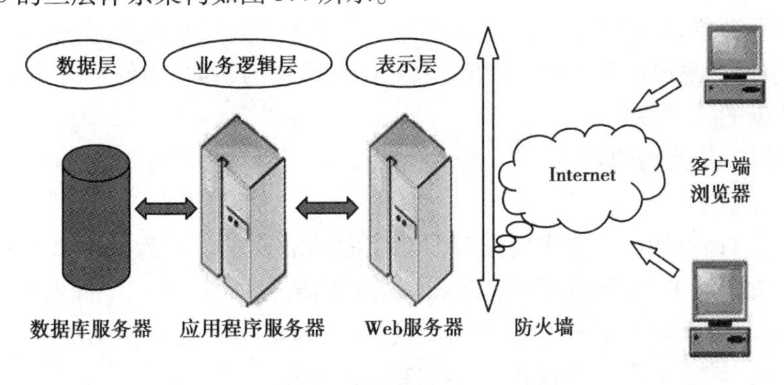

图 3.4 基于 B/S 的三层体系架构

2)基于 B/S 的三层体系架构的运行原理

在网站的 B/S 模式下,客户机与服务器之间通过 HTTP 协议进行通信。首先,客户通过浏览器向 Web 服务器发送 HTTP 请求,这个请求通过互联网传送到被访问的服务器,服务器响应请求并进行处理之后生成特定的 HTML 文档,然后再用 HTTP 协议将此 HTML 文档通过互联网返回到客户端的浏览器显示出来。

网站的 Web 服务器接收到的 HTTP 请求通常分为两种情况:一种情况是请求一个静态的 HTML 网页,此时 Web 服务器在自身服务器上查找到相应的页面并将该页面发送出去即可;另一种情况是请求一个以.asp 或者.jsp 结尾的动态网页,此时 Web 服务器无法自行直接处理,需要将这个请求转交给应用程序服务器处理,若应用程序服务器也不能自行完成全部处理,则还将根据需要访问数据库服务器进行相应的处理,最终再将处理结果生成 HTML 文档由 Web 服务器发送回客户端浏览器。

3)基于 B/S 的三层体系架构的优点和缺点

B/S 的三层体系架构的优点:

(1)分布性

该结构具有分布性特点,可随时随地进行查询、浏览等业务处理。这种体系架构是在 WWW 和互联网技术的流行性中发展起来的,使得用户的访问不再受到平台和软件的限制,大大增加了网站系统的适用范围,满足了用户信息可见和信息共享的要求。

(2)扩展性

该结构业务扩展简单方便,通过增加网页即可增加服务器功能。基于 B/S 的三层体系架构,工作人员只需使用既定的模式和方法,通过增加网页即可达到完善功能模块、提升用户体验、提高服务质量的目的。

(3)易维护

该结构维护简单方便,只需要改变网页,即可实现所有用户的同步更新。基于 B/S 的三层体系架构比较全面地体现了网站的逻辑体系结构,在表现层与数据层之间又添加了逻辑层。正是由于逻辑层的存在,降低了网站系统对客户端和服务器端的依赖性。许多逻辑处理工作都交予中间层来完成。在后期的维护工作中,无须对三层结构中的每一层都更改,因此维护起来较简单。

(4)共享性

该结构开发简单,共享性强。将逻辑处理工作交予中间层来处理,降低了开发建设工作的难度,增强了网站系统的操作性,使用浏览器进行数据的访问,降低了对访问软件的限制,加强了信息数据的共享性。

B/S 的三层体系架构的缺点:

(1)个性化欠缺

个性化特点明显降低,无法实现具有个性化的功能要求。因为基于 B/S 的三层体系架构是以浏览器为访问平台,降低了对特定软件访问的依赖性,这在一定程度上增强了应用的广泛性,但是同时也降低了用户的个性化特点,无法满足用户的个性化功能要求,使系统的功能性大大弱化,难以实现传统模式下的特殊功能要求。

(2)跨平台受限

B/S 的三层体系架构是以浏览器为访问平台的,但是现今的浏览器在兼容性方面并不能做到统一,在跨浏览器上,B/S 架构并不尽如人意。

(3)成本较高

在速度和安全性上需要花费巨大的设计成本,这是 B/S 架构的最大问题。与两层架构相比,增加了中间的逻辑处理层,在一定程度上影响了系统的运行速度,降低了运行效率。

要想实现网站系统的速度和安全性,必定要花费更大的成本。

(4)响应速度较低

页面动态刷新,响应速度明显降低。客户端/服务器端的交互是请求-响应模式,通常需要刷新页面,这并不是客户乐意看到的。

基于B/S的三层体系架构,以其特有的优势在现在的社会中应用十分广泛。从日常办公的OA系统到城市的消防联网都是用到了B/S系统架构。虽然B/S系统架构有其独特的优势,但是不可否认,它所具有的缺点和不足也会影响进一步发展和应用。

本章小结

本章主要是对网站的体系架构进行讲解,从逻辑体系架构和物理体系架构两个方面进行讲述。网站的逻辑体系架构通常采用三层体系架构,即网站表示层、网站逻辑层、网站数据层。采用三层的网站的逻辑体系架构使网站的项目结构会更加清晰,分工明确,有益于后期的维护和升级。三层的逻辑体系架构是现今网站建设中比较常用的架构方式,虽然在访问速度和效率上会有一些不足,但是它强大的安全支撑、高效的后期维护与管理,使其在网站建设中占据重要地位。网站的物理体系架构不同于逻辑上的分层,可以是两层甚至多层。物理层更满足了我们对网站的理解。其中基于C/S的两层体系架构和基于B/S的三层体系架构较常见,在网站架构的设计中具有重要意义。

复习思考题

1.简要介绍网站的三层逻辑体系架构划分的优点有哪些?

2.基于C/S的两层体系架构的缺点有哪些?

3.基于B/S的三层体系架构是由哪几个部门组成的?并简要介绍各部分的主要内容。

4.简述基于B/S的三层体系架构的运行原理。

第2篇 网站建设

第 4 章

网站建设的方案与技术

学习要求

- 熟悉网站建设的几种方案。
- 了解几种服务器的技术选择。
- 熟悉几种网站开发语音。
- 能熟练掌握几种经典的网站开发工具。
- 了解几种素材创作工具。
- 掌握几种经典的网页文件上传工具。
- 熟悉几种常见的数据库软件。
- 了解并学习几种网站测试工具。

学习指导

了解网站建设的几种方案,并会根据实际情况选择相应的建设方案。要很好地理解服务器的几种技术选择,掌握基本的网站开发语言和网站开发工具,对常见的几种素材创作工具有一定的了解和学习,掌握几种常见的网页文件上传工具。重点学习并了解几种常见的数据库软件的性能及特点,练习使用各种网站测试工具。

案例导入

信息技术在沃尔玛中的应用①

沃尔玛公司的创始人最初是第二次世界大战后在美国某小镇经营零售业,开办了一个廉价商店,当时只是当地一个名不见经传的小超市。沃尔玛以较低的价格、周到的服务向消费者提供各种优质商品。其经营的核心是:天天平价,物超所值,服务卓越。

正如沃尔玛的创始人沃尔顿所言:“我们从我们的计算机系统中所获得的力量,成为竞争时的一大优势。”比如,沃尔玛的机动运输车队是其供货系统的一个无可比拟的优势。经

① 资料来源:梁露,林亚,等.电子商务案例[M].北京:清华大学出版社,2009.

营传统零售店的沃尔玛之所以如此辉煌，主要靠的就是电子商务的支撑。

沃尔玛很早就开通了网站，但是早期在网上零售业的排名曾一度落到第43名，因此被有些人称为电子商务领域的侏儒。但是沃尔玛并没有被公司网站一段时间以来的萧条而吓到，开始仔细研究网络竞争者的特性，并制订了一系列针对性的计划，尤其是它着力发展的越来越强大的技术力量令积极拓宽网上零售业的沃尔玛如虎添翼。

首先，沃尔玛将全美的3 000家超市进行联网，采用统一的采购和配送网络，并将该网络与其供应商联网。

其次，积极稳定与供应商的关系。沃尔玛公司的电子商务系统可以让公司根据零售店的销售情况来制订商品补充和采购计划，然后通过网络把采购计划立即发给供应商，同时供应商适时送货到零售商店。

最后，沃尔玛通过互联网进行全球采购，斥巨资建设信息系统。

现在的沃尔玛已经发展得极为成熟，其网络应用在行业内也是数一数二。

从沃尔玛的发展轨迹中，我们可以清晰地看到信息技术发展在企业运营管理中的作用，无论是对客户的及时信息服务，还是公司内部管理，沃尔玛都处于同行业公司中的领先地位。作为零售企业的龙头老大，直接参与电子商务对整个行业起到了积极的带头作用。同时也应该看到，电子商务和信息技术的发展在零售企业并不是一帆风顺的，需要进行长期的摸索才能最终获得期望的结果。

问题：1.结合案例分析，为什么沃尔顿说“我们从计算机系统中所获得的力量，成为竞争时的一大优势”？

2.请简述建立网站对沃尔玛产生的深远影响。

4.1 网站建设的方案

一个电子商务网站应该至少有一台用于存放网站主页的服务器，即为主机。对于一个电子商务网站的主机解决方案有多种，包括企业自建网站、购买套餐软件建设以及外包专业网络公司建设等方案。

4.1.1 企业自建网站

对于大型企业而言，由于设计的网站比较大，功能也齐全，则需要申请独立的域名建立网站，投资至少一台价格较高的服务器，也需要架设专线，由专人维护。这种方式称为自建主机方式。自建主机需要自行建设机房，配备专业人员、申请专线、购买服务器、路由器等硬件设备，并安装相应的网络操作系统，建立自己的数据库查询系统，开发使用Web程序，设定Internet服务的各项功能，包括DNS服务器及WWW，FTP服务设置等。这种方式的优点是自主性强，不会因为共享主机，而引起的主机负载过重，导致服务器性能下降或瘫痪。在独立主机的环境下，可以对自己的行为和程序严密把关、精密测试，将服务器的稳定性提升到最高。

一般情况下，如果企业属于大型企业，有充足的资金储备和良好的技术条件，还需要和外界进行大量的信息交流与沟通，那么适合自建网站。这种方式最大的优势在于使用方便，也可使企业与外界充分沟通,实现信息整合优化。

自建网站有很多优势,主要包括:

①随时引入新技术,维护方便,便于扩充和升级。

②更易于控制网站,易于更新与管理。

③拥有自己的网站管理员,对网站的安全性更有保证。

④可作为企业内部的网络,直接连接到大型数据库和外部网络。

自建网站也存在一些缺点,其中最大的缺点就是成本较高,投入硬件及相关费用较高,电力保障设备以及机房环境成本高,防火墙等网络设备投入高。除此之外,还存在一些其他劣势,包括需要更多的时间来建设网站,需要水平较高的专业人员来管理和维护网站,需要向电信部门支付通信费用等。

自建网站需要重点考虑一些问题,包括硬件(如计算机、网络设备等);服务器的操作系统;企业接入网络的方式;网站选用的数据库系统;用来保障企业安全的安全策略;人员配备等。

4.1.2 购买套餐软件建设

由于一般情况下企业自建网站需要极大的投资,这在一定程度上制约了很多中小企业的建站过程,因此,对于一些对信息量要求不高的中小企业可考虑购买套餐软件建设。具体可包括租用虚拟主机、服务器托管等方案。

1)虚拟主机方式

虚拟主机适合于一些小型、结构较简单的网站。虚拟主机是利用相应的软件和计算机技术,把一台运行在互联网上的服务器主机分成很多台"虚拟"的主机,每一台虚拟主机都具有独立的域名和IP地址,如同一个独立的主机一样具有完整的互联网服务器(WWW,FTP,E-mail等)功能,虚拟主机之间完全独立,并可由访问者自行管理。因为是多个虚拟主机共享同一个主机的资源,这就使得分摊到每个虚拟主机上的各项费用都得到了显著的降低,因此,虚拟主机一个明显的优点就是成本较低,适合一些中小型企业。

租用者不需要管理和维护硬件设备,全部由ISP即虚拟主机的提供者来承担。同时网站使用和维护服务器的技术问题由ISP服务商负责,企业就可以不用担心技术障碍,更不必聘用专门的管理人员。一般情况下,ISP能够提供高质量的通信线路以及优良的系统维护,同时租用虚拟主机方便由租用的企业自行管理。虚拟主机的优点有:经济实惠;适合于访问量不大的网站;不用自己投入硬件或人力去维护服务器。但是虚拟主机方式也存在缺点,最重要的就是不能支持较大的访问量,因而不适合大型企业或其他需要独立主机的程序。

虚拟主机提供的主要服务包括互联网服务商必须提供存储空间、独立的IP地址、长期全天候的服务以及速度的保障等多项内容。

在国内,虚拟主机一般有国内虚拟主机和国外虚拟主机两种,区别就在于虚拟主机放置的地点不同:一种在国内;一种在国外(一般指美国)。虚拟主机放在国内,国内用户访问速度快,但国外用户访问速度慢;虚拟主机放在国外,一般国外用户访问速度快,国内用户访问速度较慢。如果想让国内、国外的用户访问速度都快,就需要做双镜向,即在国内、国外同时租用虚拟主机,虚拟主机提供商会根据用户访问地点不同做自动解析,当企业的主页更新时,只需在当地上传,镜向虚拟主机会自动更新。

虚拟主机提供商,就是以向企业提供虚拟主机空间为主要业务的网络服务商,有人也称之为“Internet 平台提供商”(Internet Presence Provider,IPP)。实际上,虚拟主机提供商向企业提供的服务不仅仅是虚拟主机,还有域名注册、网页设计、网站推广,一直到电子商务的企业建网全流程服务。

公司建立自己的网站就好比建造一栋办公大楼一样。虚拟主机就是大楼的主体,网页就是大楼的装修,楼有大有小,装修有好有坏,因此要请专业的建筑公司和装修公司来施工,也就是要选择好的虚拟主机提供商和网页制作商。当然建楼之前还要请设计人员设计。也就是根据公司实力、业务量确定虚拟主机的大小、位置、价格、服务等内容。当大楼建好之后还要请物业管理公司来管理维修大楼,也就是委托主页制作商定期或不定期的维护修改主页。这样即便企业人员不懂建筑、不懂装修、不懂管理也可建立自己的大厦,甚至比自己亲手建立的还要好,因为毕竟是专业公司在为您服务。

各个虚拟主机提供商大多依据空间大小、服务器的性能、服务器的存放位置(中国、美国)、用户操作系统等把虚拟主机划分为不同的级别或类型,不同级别或类型的虚拟主机其租用价格、硬件配置、网络速度和提供服务都不相同。一般虚拟主机提供商都能向用户提供50,80,100,1 000 MB 直到一台服务器的虚拟主机空间。用户可视网站的内容设置及其发展前景来选择。一页网页所占的磁盘空间为20~50 KB,10 MB 可放置200~500 页。但如果企业对网站有特殊的要求,如图片较多、动画较多、需要文件下载或有数据库等,就需多一些空间。因此一般用户有 50~100 MB 虚拟主机空间就够了。

在美国,90%以上的企业采用虚拟主机的方式建立网站,在我国,像中化总公司、青岛海尔、青岛啤酒这样的大企业的网站也是采用这种方式建立的。目前,这种建立网站的方式被越来越多的企业、事业单位所采用。

2)主机托管方式

如果企业的网站需要主机提供更多的服务,或登录网站的速度有更高的要求,也可选择服务器主机托管的方式来建立电子商务站点。企业自行购买服务器后,可以将自己的服务器托管在 ISP 的机房里,实现其与 Internet 的连接,由 ISP 的专业工作人员精心负责这些服务器,从而省去用户自行申请专线接入 Internet 的麻烦。这就是主机托管方式,即用户将自己的独立服务器寄放在互联网服务商的机房,日常系统维护由互联网服务商进行,企业自己进行主机内部的系统维护及数据更新,可为企业节约大量的维护资金。与虚拟主机方式相比,企业有了更大的网络空间与更高的管理权限。主机托管可减轻企业缺少网站设计与管理人员所带来的压力,解决网站建设后在技术支持及维护等方面可能出现的各种问题,适用于技术实力欠缺的企业构建中型网站。这种方式的优势主要体现在成本和服务方面。

在这种方式下,用户必须支付一定的费用。只要用户能上网就可以对托管的服务器进行控制,从而实现对远端服务器的管理与维护,十分方便与灵活。

ISP 对企业提供的服务包括出租各种级别的机位,提供各种网络资源如带宽等,提供网络监控等机房管理以及消防设备、通信系统等其他服务。而企业自身则需要负责主机内部的系统维护与网站信息的更新等。

在选择主机托管方式时,应注意服务商务必要可信任;网站的速度务必要达到要求;机房务必提供全天候网络服务;用户能完全控制托管主机;联系起来十分方便等。

这种方式具有灵活、稳定、安全、快捷等特点,对企业来说,此种方式可以节省大量成本,而且具有很高的网络访问速度。主机托管适合于一般的企业电子商务活动,这些活动要保证访问率高但是对安全性没有高要求。

4.1.3 外包专业网络公司建设

应用服务提供商(Application Service Provider,ASP)是指那些通过Internet或VNP(虚拟专用网络)将运行在自己服务器上的应用系统出卖或租给需要使用这些应用系统的公司而收取租金的公司。ASP外包方式是指企业不再负责与应用系统有关的任何管理工作,将整个信息系统的建设、维护等工作全部外包给ASP,只是每月付给ASP租金以使用该应用系统。在ASP外包方式下,客户公司不再拥有某个应用系统,也不需要负责系统的维护工作。只需要一个简单的PC机,加上浏览器软件及很小的客户端软件(如果有的话),连通Internet或VNP,登录到位于远端的集中式服务器上的特定应用系统中去,就可在本地使用该应用系统。

ASP外包方式的优势有:利用ASP外包方式,企业只需买上几台PC机、拉上网线,再进行简单的系统配置或安装(如果需要的话)就可以开始电子化办公了。这种由于简单方便而带来的企业信息化的快速实现无疑是ASP大受欢迎的重要原因之一。很多企业因为信息化建设的费用太高而且还具有不确定性,而迟迟未能实现企业信息化建设的目标。利用ASP外包方式可以大大地降低企业网站的开发成本,可以帮助企业解决未能实现企业信息化建设这一问题。企业利用ASP外包后能集中更多的人力、物力专注于自身核心竞争力的发掘,提高工作效率。

这种方式的本质其实就是各种处理的流程及软件都由供应商提供,并且由供应商进行维护、管理及更新。在此种服务模式下,应用软件被放置在ASP提供商的系统中,并由ASP维护、更新和管理这些软件。这种服务模式相对更加实用,成本也更低。

ASP外包方式出现的原因有很多,如Internet的发展与广泛应用、带宽成本的降低以及电子商务解决方案的潜力等。

ASP服务模式具有一些显著特点,例如它的管理十分集中,具有很大的资源优势;此种服务模式是基于网络的,也就是说,用户只要上网就可以获得所需的软件;这种服务方式可以为企业面临的一系列问题提供综合性的服务,十分全面与灵活;此种服务模式提供的服务是较为标准化的,这样就具有一定的规范性。

进行ASP外包应注意的问题:企业要充分利用ASP外包方式的优势,首先得作好必要的准备工作,处理好诸如本企业数据的安全与保密性、通信网络性能的可靠性、与ASP之间责权关系的明确性等问题。

4.2 网站建设的技术

4.2.1 服务器技术的选择

企业想要自行创建商务网站,必须要有作为网站服务器的计算机。并且服务器作为网站的核心在整个网站建设中起着极为重要的作用。在挑选服务器时应尽量选择性能良好,安全性极高的服务器。具体在选购服务器的过程中可以参考一些服务器的性能指标,包括前面提到的安全性;必不可少的高可用性,即服务器出现故障的概率低且处理故障的时间短、速度快;重要的可管理性,对服务器进行管理时必须方便、灵活;良好的可扩展性;最为关键的综合性能,包括存储空间、运行速度等。

1)网站服务器的分类

网站中的服务器根据不同的分类方法会得到不同的结果,这里主要讨论根据用作网站服务器的计算机来分类,网站服务器可分为两种类型,即选取UNIX操作系统的服务器和PC服务器。

在性能方面,UNIX服务器具有很大的优势,适合一些大型企业和较为高端的用户。在输入/输出等多种性能层面,UNIX服务器比PC服务器更为合适和先进一些;在性价比方面,PC机的集群服务器就应更胜一筹了。

2)服务器的技术选择

选择服务器时要特别考虑服务器的技术性能。目前存在许多服务器的主流技术,具体说明如下:

(1)磁盘冗余阵列技术

RAID是"Redundant Array of Independent Disk"的缩写,即独立磁盘冗余阵列。

RAID是把多块独立的硬盘按不同的方式组合起来形成一个硬盘组,从而提供比单个硬盘更高的存储性能和提供数据备份技术。根据以往的经验,计算机通常只将信息存储在单个磁盘中,具有极高的不确定性和风险性,主要是由于硬盘本就是计算机系统中的薄弱项目,易出故障,极易被损坏。RAID技术就是为解决这一问题而产生的技术,RAID通过提供一个廉价和冗余的磁盘,通过冗余阵列减少它带来的威胁。

它的工作原理就是将数据同时写入多个廉价磁盘,使得数据传输速率得到大幅度提高并缩短了相应的磁盘处理时间。

由于这种系统的可信任性相当于录入磁盘中拥有最低可信任性的单个驱动器,因此这种技术的可靠性及可信任性很差。

(2)智能输入/输出技术

由于计算机技术的迅速发展和处理性能的提高,服务器的作用越发显著。它的数据传输量非常惊人,在这种需要传输大量数据的情况下,输入/输出的过程就显得非常重要和关键了,并且通常会遇到难题。而智能输入/输出技术通过把任务分配给智能输入/输出系统,在接收到任务的各个智能输入/输出系统中,会有专用的输入/输出处理器来负责数据传输等所有烦琐而分散的任务,这样,系统的传输能力就得到了显著提高,服务器的主处理器也能被解放出来去处理更为重要的任务。因此,这种情况下的服务器能处理更多重要的任务,性能也会得到提高。

总的来说,这项技术主要是为了适应不同节点对网络流量及速率的需要,同时考虑相应网络设备的带宽限制,使得服务器能够根据局域网中各节点对输入/输出速率的要求进行自动调整,以满足节点的工作需求。

(3)智能监控管理技术

智能监控管理技术就是使用计算机图像视觉分析技术,通过将场景中的背景和目标分离进而分析并追踪摄像机场景内目标。用户可根据分析模块,通过在不同摄像机的场景中预设不同的非法规则,一旦目标在场景中出现了违反预定义规则的行为,系统会自动发出告警信息,监控指挥平台会自动弹出报警信息并发出警示音,并触发联动相关的设备,用户可通过单击报警信息,实现报警的场景重组并采取相关预防措施。

很容易想到,智能监控管理技术主要是为了方便专业工作人员对服务器的管理与维护。服务器一旦具有这项技术,就能自动识别处理中心的各种状态以及各方面情况,这些状态通过相应内置软件可以明显地在显示屏上显示出来,方便专业的管理工作人员及时进行必要的维护。

(4)热插拔技术

热插拔(hot-plugging 或 Hot Swap)技术就是允许用户在不关闭系统,不切断电源的情况下取出和更换损坏的硬盘、电源或板卡等部件,从而提高了系统对灾难的及时恢复能力、扩展性和灵活性等。

由于当服务器的某个部件出现故障时很可能会造成关机状态,从而会为服务器正常和持续的工作带来负面影响,并且相对来说某个部件出现故障的概率并不低。在这种情况下,热插拔技术就应运而生了。热插拔技术允许在开机状态下更换损坏的部件,这就大大减少了部件故障对服务器工作的负面影响和威胁。通常在正常工作时,一台服务器有两台电源同时供电,两台电源各输出一半功率,从而使每一台电源都工作在轻负载状态,这有利于电源稳定工作。当其中一台发生故障时,理论上短时间内另一台能接替其工作,同时报警以提醒相关的专业人员,确保整个网络在短时间内能正常运行,使网络数据不因断电而丢失。另外,通常会有相应监控软件,便于网络管理人员对电源供电情况进行监控并及时作出相应地决定。

4.2.2 网站开发语言

1) ASP

ASP 是 Active Server Page 的缩写,意为“动态服务器页面”。ASP 是这样一种应用,它由微软公司开发,用来代替 CGI 脚本程序,是一种服务器端的动态网页开发技术。它是一个服务器端的运行环境而非一种单独的语言,它能够跟多种程序进行交互,是一种简单、方便的编程工具。

ASP 自从面世以来就获得了巨大的成功,因为它简单灵活、容易操作的特点更是广受欢迎。但是它也存在很多缺点,其中最显著的就是 ASP 的代码不够结构化,掺杂了很多标记、注释文字等,因此,为网页程序的管理和调试带来了很多不方便。

除此之外,ASP 还存在很多缺点,简单列举如下:

(1)没有良好的程序设计语言

ASP 不接受功能强大的众多编程语言,仅仅只选取 VBScript 和 JavaScript 作为其编程语言,十分不灵活。

(2)页面逻辑和业务逻辑掺杂,管理混乱

由于ASP网页中的页面逻辑和业务逻辑混合在一起,显得十分混乱,不仅给页面维护和管理带来了挑战,而且也使代码难于读懂。

(3)系统欠缺良好的可扩展性

当网站的用户数量较大,一台服务器不能服务所有用户而需要将多台主机组织在一起提供服务时,此缺陷尤其突出。其根本原因在于ASP支持的Session状态信息不能跨主机使用,这就使得当网站的使用用户数大幅增大时,网站不能将多台主机组织在一起提供服务,也就是说欠缺良好的可扩展性。

2)ASP.NET

ASP.NET并不是人们通常理解的ASP的升级版,而是一种全新的技术,为了建立动态Web应用程序。ASP.NET具备一些超越以前Web开发模式的优点。

(1)性能得到极大提升

ASP.NET采取本地优化和缓存服务等来使性能得到极大提升。

(2)语言兼容

ASP.NET平台是很强大而富有弹性的,该平台各种数据访问的解决方案都可与Web进行集成。另外,在该平台上可自由选择语言,十分方便灵活。在使用ASP制作网页时只能使用VBScript和JavaScript作为其编程语言,而ASP.NET则允许使用多种编译式语言,提供了更好的执行效率和跨平台的兼容性。

(3)简化应用程序的开发

ASP.NET使日常的工作变得很容易,它的代码也显得更加易读和简洁。

(4)易于管理,分离程序代码和网页内容

与ASP相比,ASP.NET在编写程序代码方面的最大特色是将页面逻辑和业务逻辑分离,并将程序代码与用户界面内容彻底分开。除此之外,ASP.NET简化了服务器端环境和Web应用程序的设置。所有配置信息都采取纯文本的方式来存储,新的设置不需要本地管理工具的支持。这就是非常方便而强大的"零本地支持"的理念。

(5)可扩展性

ASP.NET中随时可以插入其他独立的代码,甚至可以用任意适当的组件替换ASP.NET运行时的子组件,因而提供了极大的方便。

(6)提高执行效率

由于ASP.NET的程序代码是先编译后执行,因此,当ASP.NET网页被第二次访问时就可以不用再编译直接执行,从而可以大幅度提高效率。

3)PHP

PHP是一个嵌套的缩写名称,是英文超级文本预处理语言(Hypertext Preprocessor,PHP)的缩写。PHP与微软的ASP十分相似,都是一种在服务器端执行的嵌入HTML文档的脚本语言,现在被很多的网站编程人员广泛地运用。

PHP最初是由勒多夫在1995年开始开发的;现在PHP的标准由the PHP Group维护。PHP以PHP License作为许可协议,不过因为这个协议限制了PHP名称的使用,所以和开放源代码许可协议 GPL 不兼容。

PHP 的执行效率非常高,因为它是将程序嵌入 HTML 中来执行;另外,PHP 不同于 JavaScript,它是在服务器端执行,能够充分利用服务器的性能;PHP 极高的执行效率的另一个重要体现在于它的执行引擎,执行引擎将用户经常访问的 PHP 程序长期保存在内存中,这样当这个程序再次被访问时就不需重新编译了,可以直接执行代码,因此极大地提高了它的执行效率;最值得一提的是,PHP 具有非常强大的功能,它甚至能实现所有的 CGI 或 JavaScript 的各项功能,而且支持大部分常用的数据库以及操作系统。

总的来说,PHP 具有以下一些特点:

①语法简单。PHP 的语法十分简单,只要掌握某种适用于它的简单的语言(如 ASP)即可操作与掌握它的语法。

②可以连接数据库。PHP 可被编译成这样一种函数,它能够与多种数据库进行连接。

③可扩展性。由于技术的飞速发展,PHP 扩展附加功能早已不再是问题。

④可伸缩性。CGI 程序的伸缩性一直存在问题,为了解决这一问题,可将 PHP 编译进 Web 服务器,因为 PHP 是经常用来编写 CGI 程序的语言的解释器。这种 PHP 内嵌的方式具有很好的可伸缩性,十分灵活。

⑤面向对象。

4)JSP

JSP 全称 Java Server Pages,是由 Sun Microsystems 公司倡导和许多公司参与共同创建的一种使软件开发者可以响应客户端请求,而动态生成 HTML,XML 或其他格式文档的 Web 网页的技术标准。JSP 技术是以 Java 语言作为脚本语言的,JSP 网页为整个服务器端的 Java 库单元提供了一个接口来服务于 HTTP 的应用程序。JSP 使 Java 代码和特定的预定义动作可以嵌入静态页面中。JSP 句法增加了被称为 JSP 动作的 XML 标签,它们用来调用内建功能。

JSP 存在很多优势。

(1)JSP 能够分离内容的生成和显示

当运用 JSP 技术时,生成内容的逻辑被封装在标识和 JavaBeans 组件中,被捆绑之后运行在服务器端。同时核心逻辑被封装在标识和 Beans 中,那么专业的工作人员就能处理和编辑 JSP 页面,同时还能完全不干预内容的生成。

(2)简化页面开发

这一优点的实现就需要用到标识了。标准的 JSP 标识能够访问 JavaBeans 组件,设置组件属性,执行各种较为复杂和困难的功能。这一优点可以被强化和利用起来,如果能创建自己的标识库,那么会为 JSP 技术带来更强大的功能与更灵活方便的操作。

(3)使组件能够被重复和广泛使用

绝大多数 JSP 页面依赖于可重用的、跨平台的组件来执行一些复杂而烦琐的程序。专业的工作人员能使得这些组件能够被更广泛地、为更多的用户使用。

(4)与 Java 的部分特点重合

因为 JSP 页面的内置脚本语言是基于 Java 编程语言的,所以不难想象,JSP 技术与 Java 技术的大部分优点都能完全重合,包括强大的存储管理和安全性等。

5) XML

这是一种可扩展标记语言,标准通用标记语言的子集,是一种用于标记电子文件使其具有结构性的标记语言。在电子计算机中,标记指计算机所能理解的信息符号,通过此种标记,计算机之间可以处理各种信息,如文章等。它可以用来标记数据、定义数据类型,是一种允许用户对自己的标记语言进行定义的源语言。它非常适合万维网传输,提供统一的方法来描述和交换独立于应用程序或供应商的结构化数据。是 Internet 环境中跨平台的、依赖于内容的技术,也是当今处理分布式结构信息的有效工具。早在 1998 年,W3C 就发布了 XML1.0 规范,使用它来简化 Internet 的文档信息传输。XML 有自己特别的特点和优点。

(1)搜索十分方便灵活

数据可被 XML 唯一的标识。这样很容易按照各种分类标准来搜索所需的信息。

(2)能够集成不同来源的数据

因为搜索各种不同的数据库事实上没有可操作性,而 XML 可以集成不同来源的数据,软件代理商可以在中间层的服务器上对从后端数据库和其他应用处来的数据进行集成。

(3)能描述多种数据

XML 本身就具有扩展性和灵活性,这使得它能够描述多种软件中的数据。同时,由于基于 XML 的数据是自我描述的,数据不需要有内部描述就能被交换和处理。

(4)本地计算和处理

XML 格式的数据发送给客户后,客户可利用各种软件对数据进行解析和处理,这个过程之中还可应用各种不同的方法。XML 中数据计算不需要回到服务器就能进行。

(5)数据能够以多种方式显示

由于数据显示与内容是分离的,XML 定义的数据能够允许多种不同的方式来被显示出来,使数据更加切合实际。

(6)压缩性良好

XML 压缩性能很好,主要体现在用于描述数据结构的标签可以重复使用。但是具体处理时 XML 数据是否要压缩还要取决于实际情况。

(7)大大增强服务器的升级性能

XML 使得客户计算机同使用者间的交互活动变得很少,降低了服务器所需要的响应时间,在很大程度上减少了服务器的工作量,从而大大增强了服务器的升级性能。

6) CGI

CGI(Common Gateway Interface),即公共网关接口,是 WWW 技术中最重要的技术之一,有着不可替代的重要地位。CGI 是外部应用程序(CGI 程序)与 Web 服务器之间的接口标准,是在 CGI 程序和 Web 服务器之间传递信息的规程。CGI 规范允许 Web 服务器执行外部程序,并将它们的输出发送给 Web 浏览器,CGI 将 Web 服务器的一组简单的静态超媒体文档变成一个完整的新的交互式媒体。它是网页服务器与应用程序之间传递资料的接口规范,使用 CGI 程序可以读取使用者的输入并产生动态的 HTML 网页。

7) Perl

Perl 具有高级语言的强大能力和灵活性。事实上,我们将看到它的许多特性是从 C 语言中借用来的。与脚本语言一样,Perl 不需要编译器和链接器来运行代码,我们要做的只是写出程序并告诉 Perl 来运行而已。这意味着 Perl 对于小的编程问题的快速解决方案和为大型事件创建原型来测试潜在的解决方案是十分理想的。Perl 提供脚本语言(如 sed 和 awk)的所有功能,还具有它们所不具备的很多功能。Perl 还支持 sed 到 Perl 及 awk 到 Perl 的翻译器。

一般对于一个客户来说,语言的选择并不是很重要,实现预期的功能是最重要的,况且这几种编程语言都可以实现复杂的功能。但是,不同的编程语言的安全性、执行效率和成本是不一样的,通俗地说,ASP 最简单,但是安全性和执行效率很一般;PHP 稍复杂,安全性和执行效率较高,而且 PHP 有着很多自身的优势,例如跨平台应用等;JSP 则属于电子商务级别的,执行效率最高,但 JAVA 语言学习起来难度较大,开发周期也较长,服务器环境复杂,技术要求较高,对电子商务要求不高的中小企业不推荐采用该编程语言。

4.2.3 网站开发工具

随着计算机技术的不断发展与网页开发技术的不断成熟,为方便网站开发,一些制作网页的软件就应运而生了,如 FrontPage, Dreamweaver, Flash, Fireworks 等。其中的 Dreamweaver,Flash 和 Fireworks 被称为网页制作的"三剑客"。其中,Front Page,Dreamweaver 是软件网站管理的网页编辑器,它们不需要用户掌握很深的网页制作技术知识,甚至也不需要了解 HTML 的网页制作和基本语法,采取可视化的编辑方式就可以很方便地进行网页设计。同时,它们也都支持对源代码的直接编辑,功能十分强大。Flash 是一种交换式矢量多媒体技术,可以用于生成动画、在网页中加入声音。Fireworks 是一种图像处理软件,能把矢量图像编辑功能和点位图像编辑功能融合在一起。以下是关于这些软件的介绍:

1) FrontPage

FrontPage 是同时具备网页制作和网站管理两种功能的一个编辑工具,它可以编辑网络上以 HTML 格式保存的所有文件,还可以编辑处理图像和动画,此外,还可以在网页中插入各种插件,产生各种特殊效果。

FrontPage 2000 是一个管理站点的工具,是使得整个站点逻辑严密清晰的关键,因为它可以查看各个网页之间的关系,调整站点的组织结构。FrontPage 2000 的功能除了毫无意外的制作网页外,还可建立和管理站点。尤其重要的是,FrontPage 2000 实现了"所见即所得"的一种境界,就算不懂专业的 HTML 语言同样也可以制作出精良的网页。

这之后推出的 FrontPage 2002 同样是一个网页编辑器,而且同样实现了"所见即所得"的方式。FrontPage 2002 较 FrontPage 2000 的功能更加强大,它将网页管理器和网页编辑器合二为一,更加方便灵活,但是操作上并没有很复杂,因此,FrontPage 2002 往往是许多初学者的首选。

FrontPage 2002 的功能具体包括站点管理工具,即 FrontPage 2002 不需要站点服务器就能创建站点,这是十分方便的;另外,FrontPage 2002 可以将 HTML 源代码进行保存,而且保证准确性;FrontPage 2002 还能在网页层次进行控制,发布网页;使用户对发布那些网页有更高的控制权;FrontPage 2002 还在数据库中集成了很多优秀的功能,包括简易的数据库发布、扩充性和可程序化等。

2) Dreamweaver

Dreamweaver 也是一个网页编辑工具,它同样不需要用户掌握很深的网页制作技术知识,采取可视化的编辑方式很方便地就可以进行网页设计。同时,它也支持对源代码的直接编辑,功能十分强大。使用 Dreamweaver 可以轻易制作出跨平台和跨浏览器的精美网页,是专门针对专业的网页设计师的网页开发工具。更关键的是,它能同时兼顾视觉化网页开发和对 HTML 原始码的控制。

Dreamweaver 还具有以下功能:

①视觉式的页面设计。

②增强的网站管理。

③团队合作式的网页编辑。

④动态式出版的视觉编辑。

⑤最佳的制作效率。

⑥强大的控制能力。

⑦全方位的动态呈现。

3) Flash

Flash 是一种交互式矢量多媒体技术,它的前身是 Future Splash,是早期网上流行的矢量动画插件。现在网上已经有成千上万个 Flash 站点,可以说,Flash 已经渐渐成为交互式矢量的标准,也是未来网页的一大主流。

Flash 具有的功能特点如下:

(1)灵巧的绘图工具

Flash 本身具有极其灵巧的图形绘制功能,更重要的是它能导入专业级绘图工具。

(2)向量透明效果应用

Flash 可以创建透明的图形,也可以任意改变层次间透明的不同效果,如透明度及透明的颜色等。

(3)具有动画效果的按钮和菜单

Flash 采用精灵动画的方式,在 Flash 中可以随意创建按钮、多级弹出菜单、复选框以及复杂的交互式字谜游戏。

(4)物体的变形和形状的渐变

在 Flash 中产生物体的变形和形状的渐变非常容易,其发生完全由 Flash 自动生成,无须人为地在两个对象间插入关键帧。

(5)增强对图像的支持

Flash 不但可以对导入的图像产生翻转、拉伸、擦除、倾斜,改变颜色、亮度等效果,还能利用新的套索工具或魔术棒在图像中选择颜色相同的区域并创建遮罩,将图像打碎分成许多单一的元素进行编辑,设置图像的属性,如产生平滑效果和质量损失压缩等。

(6)声音插入

Flash 支持同步 WAV 和 AIFF 各式的声音文件和声音的链接,可以用同一个主声道中的一部分来产生丰富的声音效果,而无须改变文件量的大小。

(7)自定义主体

Flash 可以处理自定义的字体及其颜色、大小、字间距、行间距、缩进等多种格式,而且还可加入眼花缭乱的标题和动态的文本。

(8)模拟传输

Flash 提供了一幅设置动画播放方式的图表。可以在此设置目标 Modem 速度,然后进行模拟传输,检验其播放是否流畅,在参照图中找出发生间断的位置,并进行优化。

(9)独立性

Flash 可将制作的影片生成独立的可执行文件,在不具备 Flash 播放器的平台上,仍然可运行该影片。

4) Photoshop

Photoshop 是由美国 Adobe 公司开发的图形图像处理软件。自 Photoshop 3.0 中文版投放市场以来,由于其丰富的内容和强大的图形图像处理功能而深受国内广大用户的欢迎。

Photoshop 是一种功能非常强大的图像编辑处理软件。它提供了多种图像涂抹、修饰、编辑、创建、合成、分色和打印的方法,并给出了许多增强图像的特殊手段,在互联网高速发展的今天,Photoshop 是网页设计人员的得力助手。

4.2.4 素材创作工具

1) Fireworks

Fireworks 是 Macromedia 公司发布的一款专为网络图形设计的图形编辑软件,它大大简化了网络图形设计的工作难度,无论是专业设计家还是业余爱好者,使用 Fireworks 不仅可以轻松地制作出十分动感的 GIF 动画,还可轻易地完成大图切割、动态按钮、动态翻转图等。因此,对于辅助网页编辑来说,Fireworks 将是最大的功臣。借助于 Macromedia Fireworks 8,创作者还可以在直观、可定制的环境中创建和优化用于网页的图像并进行精确控制。

它的图像优化采用预览、跨平台灰度系统预览、选择性 JPEG 压缩和大量导出控件,针对各种交互情况优化图像;另外,该软件是高效集成的,导入 Photoshop (PSD)文件,导入时可保持分层的图层、图层效果和混合模式。将 Fireworks (PNG)文件保存回 Photoshop(PSD)格式。导入 Illustrator(AI)文件,导入时可保持包括图层、组和颜色信息在内的图形完整性;它的滤镜效果应用灯光效果、阴影效果、样式和混合模式(包括源自 Photoshop 的 7 种新的混合模式),增加文本和元件的深度和特性。

2) Authorware

Authorware 最初是由 Michael Allen 于 1987 年创建的公司,而 multimedia 正是 Authorware 公司的产品。20 世纪 70 年代,Allen 参加协助 PLATO 学习管理系统(Learning Management System,PLM)的开发。Authorware 是一种解释型、基于流程的图形编程语言。Authorware 被用于创建互动的程序,其中整合了声音、文本、图形、简单动画,以及数字电影。

它是美国 Macromedia 公司(现已被 Adobe 公司收购)开发的一种多媒体制作软件,在 Windows 环境下有专业版(Authorware Professional)与学习版(Authorware Star)。Authorware 是一个图标导向式的多媒体制作工具,使非专业人员快速开发多媒体软件成为现实,其强大的功能令人惊叹不已。它无须传统的计算机语言编程,只通过对图标的调用来编辑一些控制程序走向的活动流程图,将文字、图形、声音、动画、视频等各种多媒体项目数据汇在一起,就可达到多媒体软件制作的目的。Authorware 这种通过图标的调用来编辑流程图用以替代传统的计算机语言编程的设计思想,是它的主要特点。

Authorware 的主要功能如下:

①编制的软件具有强大的交互功能,可任意控制程序流程。

②在人机对话中,它提供了按键、按鼠标、限时等多种应答方式。

③提供了许多系统变量和函数以根据用户响应的情况,执行特定功能。

④编制的软件除了能在其集成环境下运行外,还编译成扩展名为.exe 的文件,在 Windows 系统下脱离 Authorware 制作环境运行。

Authorware 程序开始时,新建一个"流程图",通过直观的流程图来表示用户程序的结构。用户可以增加并管理文本、图形、动画、声音以及视频,还可开发各种交互,以及起导航作用的各种链接、按钮、菜单。通过变量、函数以及各种表达式,Authorware 的功能可以进一步地被开发。

3) 3D Studio Max

3D Studio Max,常简称为 3ds Max 或 MAX,是 Discreet 公司开发的(后被 Autodesk 公司合并)基于 PC 系统的三维动画渲染和制作软件。其前身是基于 DOS 操作系统的 3D Studio 系列软件。在 Windows NT 出现以前,工业级的 CG 制作被 SGI 图形工作站所垄断。3D Studio Max + Windows NT 组合的出现一下子降低了 CG 制作的门槛,首先开始运用在计算机游戏中的动画制作,后更进一步开始参与影视片的特效制作。它的主要特点如下:

①基于 PC 系统的低配置要求。

②安装插件(plugins)可提供 3D Studio Max 所没有的功能以及增强原本的功能。

③强大的角色(Character)动画制作能力。

④可堆叠的建模步骤,使制作模型有非常大的弹性。

4) Cool Edit

Cool Edit Pro,又称 Adobe Audition,是美国 Adobe Systems 公司(前 Syntrillium Software Corporation)开发的一款功能强大、效果出色的多轨录音和音频处理软件。它是一个非常出色的数字音乐编辑器和 MP3 制作软件。不少人把 Cool Edit 形容为音频"绘画"程序。你可以用声音来"绘"制:音调、歌曲的一部分、声音、弦乐、颤音、噪声或是调整静音。而且它还提供有多种特效为你的作品增色:放大、降低噪声、压缩、扩展、回声、失真、延迟等。你可以同时处理多个文件,轻松地在几个文件中进行剪切、粘贴、合并、重叠声音操作。使用它可以生成的声音有:噪声、低音、静音、电话信号等。该软件还包含有 CD 播放器。其他功能包括支持可选的插件;崩溃恢复;支持多文件;自动静音检测和删除;自动节拍查找;录制等。另外,它还可以在 AIF,AU,MP3,Raw PCM,SAM,VOC,VOX,WAV 等文件格式之间进行转换,并且能够保存为 RealAudio 格式。如果觉得这些格式都不能满足需求的话,可以将 Cool Edit 和格式工厂配合使用,确保格式问题得以解决。

4.3 网站建设的实用工具

4.3.1 网页文件上传工具

网站上传,也称为网站的发布,一般都是通过FTP(File Transfer Protocol)软件,以远程文件上传方式将网站上传到服务器空间。

网页文件的上传工具十分丰富,多种多样,这里只简单介绍几种。包括FlashFXP,LeapFTP,CuteFTP等工具。

1)FlashFXP

在这些上传工具中,FlashFXP传输速度比较快,但有时对于一些教育网FTP站点却无法连接。总的来说,FlashFXP是一款功能强大的FXP/FTP软件,集成了其他优秀的FTP软件的优点,如CuteFTP的目录比较,支持彩色文字显示;又如BpFTP支持多目录选择文件,暂存目录;再比如LeapFTP的界面设计。支持目录(和子目录)的文件传输、删除;支持上传、下载,以及第三方文件续传;可以跳过指定的文件类型,只传送需要的本件;可自定义不同文件类型的显示颜色;暂存远程目录列表,支持FTP代理及Socks 3&4;有避免闲置断线功能,防止被FTP平台踢出;可显示或隐藏具有"隐藏"属性的文档和目录;支持每个平台使用被动模式等。

2)LeapFTP

LeapFTP传输速度稳定,能连接绝大多数FTP站点(包括一些教育网站点)。它的特点很显著,与Netscape相仿的书签形式,连线非常方便。下载与上传文件支持续传。可下载或上传整个目录,也可直接删除整个目录。可让你编列顺序一次下载或上传同一站点中不同目录下的文件。浏览网页时若在文件连接上按鼠标右键选"复制捷径"便会自动下载该文件。具有不会因闲置过久而被站点踢出的功能。可直接编辑远端Server上的文件。可设定文件传送完毕自动中断Modem连接。

3)CuteFTP

CuteFTP虽然相对来说比较庞大,但其自带了许多免费的FTP站点,资源丰富。但是CuteFTP在下载或上传文件时容易遇到下载错误或上传错误,此类问题一般是服务器上的文件正在使用或文件过大导致的。解决此类问题我们可以用一些辅助软件(如网络人软件)来解决。网络人软件可以直接上传下载服务器上的文件,即使服务器正在使用此文件,或者是上G的大文件都可以下载。总的来说,上述三者各有所长。

功能强大的FTP客户端,在具有大多数FTP客户端的常见功能的基础上,新版主要添加了以下功能:支持FTP,FXP,FTP/SSL,SFTP/SSH以及HTTP/HTTPS传输,支持设置传输计划,内置多达13种代理服务器类型,支持标签形式同时浏览多个FTP站点,引入规则设置以对目录进行高级过滤并处理副本文件,支持制作SSL证书,支持限速传输,支持搜索远程文件以及离线浏览,支持以浏览器远程控制。程序提供了无缝导入CuteFTP Pro,WS_FTP 6,FlashFXP全系列以及LeapFTP旧版站点数据的功能以方便用户。

4.3.2 数据库开发工具

数据库(Database)是指以一定的结构存储在计算机外部存储器上的相关数据集合。在数据库的数据集合中,数据的“结构化”就是指数据库的数据必须按照固定的逻辑结构来存储,使得数据冗余度较低,保证数据安全性、完整性和一致性。数据库技术是一种用来管理大量数据的技术方法。它通过将复杂的信息以合理的结构组织起来,可以简化对数据的处理和查询操作,提供了极大的方便。

常见的 Web 数据库有很多种,这里简单介绍以下几类型:

1) Oracle

Oracle 数据库最早是 1979 年提出的,而 Oracle PC 版在 1984 年完成。Oracle 公司是全球最大的数据库系统软件供应商,多年来,它提供了多种版本的 Oracle 大型数据库软件,其中,Oracle 5 支持分布式数据库,Oracle 6 公布了行锁定模式以及多处理器支持等。之后推出的 Oracle 8i 系列数据库软件,更是提供了一种 Internet/Intranet 数据库应用解决方案。

事实上,以往的数据库指的仅仅只是提供后台数据管理与操作的数据库服务器,但现在逐渐发展为一整套的网络数据库应用解决方案,Oracle 公司的发展战略也转为提供面向应用系统集成的战略。它是一种基于 Web 的数据库产品,该产品具有以下一些特性:

①基于 Web 的信息管理。

②支持电子商务应用。

③支持数据仓库应用。

④易于管理。

⑤适用于移动计算环境。

⑥适用于分布式计算和联机处理。

⑦可管理 Web 上的各种多媒体数据。

通过 Oracle 8i 系列数据库产品,可建立各种基于 Internet 的数据库应用,开展在线商务、政务处理、在线购物和服务等。此外,通过该产品还可以十分方便地在 Internet/Intranet 上构建企业的数据仓库,极大地方便用户提高企业的整体管理水平。

2) DB2

DB2 是由 IBM 公司推出的,是知名的大型数据库软件,可运行在多个流行的服务器平台上。它几乎支持所有与数据有关的业内标准,通过内部数据的复制等操作,可以在任何网上存放数据。DB2 的并行数据库和查询优化技术是行业内数一数二的,尤其是利用数据挖掘技术使其提供信息,能帮助用户获得更好的竞争优势和能力。其中,由 IBM 公司推出的 DB2 V8 作为面向下一代电子商务的新型关系型数据库,存在很多优势,如有极高的可靠性、极高的扩展性以及很多强势的高端性能。另外,它能同时支持当今的各种主流操作系统,已发展成为多种应用领域中首要选择的数据库方案。

DB2 V8 能够最大限度地自动运行,极大地降低了数据管理的复杂性和总拥有成本。它提供的既独立又便于综合的架构可以让用户方便地管理、分享、归档及再利用所有类型和不同来源的数据,包括 HTML 和 XML 网页内容、文件映像、电子文档以及各种数字音频和视频文件。另外,由 IBM 新近推出的 IBM DB2 系列软件还支持大型 Web 数据仓库应用,包括对 OLTP、决策支持和数据挖掘等应用的支持。

3) Informix

Informix 公司是全球著名的数据库管理系统软件供应商,它的产品通常运行在 UNIX 平台上,占用的系统资源很少、非常简单方便易于使用,主要适用于中小型公司的数据库需求。Informix 作为支持大多数网络协议和多媒体的数据库管理软件,能保证数据库具有无限的可扩展性,以及强大的安全性和稳定性,还能提供与 Web 服务器的集成。Informix 公司的数据库系统产品系列主要包括数据库服务器、网络连接软件、数据库应用系统开发工具和最终用户实用工具等。

4) Sybase

Sybase 是一个关系型数据库管理系统,它能处理和存储大量数据,支持并行备份的机制,备份方便灵活,易于操作。

Sybase 公司同样是一个知名且历史较久的数据库软件供应商。该公司的软件产品可以从 3 个方面来分析,包括数据库服务器层、中间件层和应用程序开发工具层。

(1)数据库服务器层

在数据库服务器层,Sybase 提供了多种服务器,集成了多种数据库服务的功能,如 SQL Server 等数据库服务器,因此性能上更加强大。

(2)中间件层

从中间件层方面来分析,Sybase 为各种数据的计算与处理环境提供需要的服务器,有利于数据库系统的开放性。

(3)应用程序开发工具层

在应用程序开发工具层,Sybase 也提供了多个知名产品,如著名的 PowerBuilder 软件。

5) SQL Server

SQL Server 是由 Microsoft 公司和 Sybase 公司等合作开发的,是一种基于结构化查询语言和多线程机制的关系型数据库管理系统。针对后端系统与跨防火墙数据传送的操作过程,利用 XML 的方式实现简化,针对来自远程多维数据集的信息进行分析与处理,可同时处理结构化与非结构化的数据资料。

1992 年,Microsoft 开始作为项目的主导者,先后推出了 SQL Server 6.5,SQL Server 7.0 和 SQL Server 2000 等多种版本。其中,SQL Server 2000 继承了 SQL Server 7.0 具有的多种优点,例如高性能、高可靠性和易扩充性等。

SQL Server 2000 还有许多特性,包括能够运行在多种操作系统平台上,也就是说,SQL Server 2000 数据库引擎可以运行在多个不同的系统平台上;另外,SQL Server 2000 包含数据仓库的功能,这一功能大大方便了数据的提取和分析;SQL Server 2000 的另一个重要特性是它可以与 Internet 实现无缝集成。

6) MySQL

MySQL 是一种运行在 Linux 操作系统平台的数据库软件,而且能够与 Linux 操作系统平台完美结合,满足了网络应用对数据驱动和动态交互的需求。

尽管 MySQL 最初的开发目的十分简单。只是为了能快速处理大量的数据,但是它经过不断地发展已经具备了十分强大的功能。MySQL 不仅能支持多种数据类型、有能力处理大数据库、支持多平台,还能为客户端提供出错信息,且支持多种语言。最重要的是,MySQL 近乎免费,应用广泛,尤其是在中小型网站中它已占据了很大的份额,还有快速扩张的趋势,尤其是 PHP 和 MySQL 结合使用,得到极好的效果。

国内很多大型知名网站(如网易等)的分布式邮件系统就选取 MySQL 来担当其数据库管理平台,其各方面性能都十分出色。

7) Access

Access 是 Microsoft 公司 Office 套装软件中的一个数据库管理系统,是 Office 套装软件中一个重要的组成部分,它主要广泛应用在 PC 上,适用于中小型企业的数据管理。最初的时候微软本来想将它作为一个独立的产品进行销售,但是后来发现它绑定在 Office 套装软件中能够获取更大的利益。于是它现在成为了 Office 套装软件中一个不可缺少的部分。

Access 的功能十分强大,不仅存储数据的功能十分强大,而且数据管理功能非常灵活。无论是处理公司的员工信息数据,管理个人的通讯录数据还是需要记录处理的科研数据,都可利用它来实现数据的管理过程。

Access 有一些重要的特性需要注意,它与 Windows 操作系统密切结合,方便安装和使用。另外,系统开销不大,还可与 Word,Excel 等软件交换数据,非常方便灵活。

4.3.3 网站测试工具

电子商务网站发布前的测试工作必须得到足够的重视,如果没有很好地重视这一问题,有可能会产生很多意想不到的后果,会带来很大的损失,因此网站测试阶段的工作显得十分重要。在这种情况下,我们就有必要对一些常见的网站测试工具作一些简单的介绍。

1)利用 Dreamweaver MX 测试网站

Dreamweaver MX 对网站的测试可以从多个层面来介绍,主要分为以下几个层面:

(1)对访问者不同版本的浏览器的测试

虽然进行网站的设计与开发时往往使用最先进的软件,但是访问者访问网页的浏览器却是各种各样的,并不能统一。在这种情况下,需要统一照顾到使用旧版浏览器和使用先进浏览器的客户,这就需要对不同版本的浏览器进行相应的测试。

Dreamweaver MX 在进行不同浏览器的测试过程中提供了针对不同浏览器的不同功能设计,还可将测试出的问题整理成一个清单,以方便修改,最后修改、解决存在的问题。功能十分强大,保证了访问者的正常访问。

(2)不同操作系统的测试

因为在不同的操作系统中可能会出现不同的结果,在某些操作系统中也许会存在一定的问题,因此,在此过程中需要在不同操作系统中进行测试,以保证网页能够运行在任意操作系统中而不出现问题。即使有问题出现也可做到及时解决。

(3)链接测试

链接测试主要是为了利用 Dreamweaver MX 的功能检查站点范围中存在的错误链接等,

及时处理可能出现的问题。

(4)检测下载时间

可以想象,当用户访问一个网站需要等待很长时间下载页面的话,用户通常会缺乏耐心继续等待下去,往往就终止了对网站的访问。因此,清楚掌握和改进自己网站所需的下载时间是很必要的。

(5)站点报告

在 Dreamweaver MX 的站点管理中设置有站点报告,详细记录了站点的各种详细信息。

值得注意的是,Dreamweaver MX 中只能进行本地网站测试。它不如一些专业的网站测试工具,具有的测试功能还不完善,因此还需要了解一些专业的网站测试工具。

2)RSW **公司的** e-Test Suite

RSW 公司的 e-Test Suite 是一种易于使用的 Web 应用测试工具,可以和被测试应用无缝结合,实现强大的测试功能。

(1)e-Test Suite 工具的组成

e-Test Suite 套件是当前较好的 Web 应用测试工具。它主要包含 3 个部分:e-Load,e-Tester和 e-Monitor。

其中,e-Tester 能自动测试每天都在变化着的 Web 应用程序。同时 e-Tester 也是整个 e-Test Suite 的脚本记录器。e-Tester 将访问的每一页上的所有对象记录下来,利用可视脚本技术用图形化的方式表示出来,通过可视脚本的回放从而使得任何差异都能凸显出来,达到测试 Web 应用的功能;e-Load 也提供了十分巨大的作用,由于 Web 应用程序允许同时大规模的访问,因此优良的性能就十分重要了。e-Load 可创造出一种模拟真实访问的情况,对促进性能的测试和提高,起到了十分巨大的作用;e-Monitor 起到的作用也很重要,因为 Web 应用必须保证能够对用户提供不间断的服务,因此维修人员必须实时监控运行情况。e-Monitor的作用在于可以 7×24 h 地调度在 e-Tester 中产生的可视脚本,以便当出现问题时,可以迅速作出反应。

(2)e-Test Suite 的主要特点

①可视脚本的自动生成。当应用程序中的页面较多时,用户很难点击所有的页面组合。用户可以通过点击进入某一页面,e-Tester 能够自动生成此页面下的一个全面的 Baseline 脚本,该脚本可以被用于测试该页面下的所有点击组合。因此,如果用户进入的是主页面,则可生成测试整个 Web 应用的可视脚本。该图形化的可视脚本不仅可以显示每一个 Web 页面的内容,而且可以用图形方式显示测试的过程和结果。所有测试中遇到的错误在图形中可以被明显的标示出来。

②模拟真实的用户访问。在实际环境中,系统运行的某一时刻,系统接受的用户请求可能多种多样。测试时如何模拟这种情况并使测试样例与实际情况一致是很难的。使用 e-Tester产生的可视脚本可以分配不同的用户同时执行不同的测试任务。

③支持 HTTP 和 SSL 以及所有流行的保密协议和安全认证,可对有安全传输要求的应用程序进行测试。

④提供应用性能报告。在模拟用户访问的过程中,e-Load 可以提供各种实时的性能分析报告,报告的主要内容为随着时间和用户数量的变化,应用响应的变化等相关的统计

信息。

3)Service Metrics 公司的 SM WebPOINT

Server Metrics 公司的 SM Web POINT 主要的服务对象就是各个网站的经营者,例如各企业等,它可用于测试处在不同地区的网络用户访问系统。这种技术不仅可以收集网站的各类实时性能指标,还能对收集到的数据进行分析处理,为网站经营者的经营提供决策支持。

4.3.4 网站集成化管理软件

1)微软的 Visual SourceSafe 6.0

众所周知,微软公司的 Web 网站十分庞杂,包罗万千,管理和维护这样的大网站并不是一件容易的事情,费时又费力。在这种情况下,我们要介绍的 Visual SourceSafe 就应运而生了。Visual SourceSafe 中本身已经具有一定的管理能力,在此基础上又开发了一种可以跟踪小组的 Web 网站内容的管理软件。

Visual SourceSafe 自从发布以来就广受欢迎,应用广泛。很多网站的工作组都采用这一软件来管理相应的网站。Visual SourceSafe 也由早期最简单的一些功能发展的越来越完善。现在 Visual SourceSafe 这一管理软件实现了对文件共享、关键字内嵌、链接检查、内容发布、网站地图生成以及影像目录功能对 Web 网站的内容进行管理。值得注意的是,Visual SourceSafe 主要从文件管理的角度来对网站进行管理。

在使用 Visual SourceSafe 作为 Web 管理工具之前,必须将站点项目层次化、条理化。即在 Visual SourceSafe Explorer 中创建这个文件夹结构,然后将 Web 文件加入 Visual SourceSafe 项目树中,这样就完成了对目录树的镜像。在 Visual SourceSafe 中,这些关系是用一个精确镜像目录结构的 Visual SourceSafe 项目树表示。Visual SourceSafe 以一种高效磁盘方式来追踪使用文件的老版本,这样可以很容易地恢复一个文件或者整个项目的较早状态。

Visual SourceSafe 6.0 具有一些显著的特点,主要介绍如下:

(1)多个 Web 站点的文件是彼此共享的

也就是说,Visual SourceSafe 的同一个文件可以在不同的项目中保存并显示出来。同时值得注意的一点是,当其中任意一份文件经过修改后,修改会体现在另外一个项目的同一文件中。因此,说多个 Web 站点的文件是彼此共享的,这种共享是自动实现的,不需要刻意为之。

(2)可以测试超链接

Visual SourceSafe 使得企业在发布一些特定的网络内容之前能够首先对超链接进行检查,这些超链接都是断开的,如果发现有错误的超级链接存在,那么 Visual SourceSafe 会生成一个报告专门用于记录检查到的错误链接,最后进行提交。这样就可以达到测试超级链接的准确性的目的。

(3)自行创建超链接的清单

在 Visual SourceSafe 6.0 中,创建 Web 网站中超级链接的清单十分简单,只需要执行一个菜单命令。即选取 Create Site Map 命令,Visual SourceSafe 系统就会产生一个新的 HTML

文件,它包括一个可跳转到其他 HTML 文件的所有序列清单。

(4)自动向 Web 发布信息

专业的工作人员可以自动更新服务器上的文档,只需通过配置 Deploy 这条命令就可以实现。这一 Deploy 命令可以穿过企业的防火墙。Visual SourceSafe 专业的工作人员给 Visual SourceSafe 项目设置标签于程序内部来表示一个 Web 站点。这样的话工作人员就可以为服务器设置一些选项,从而使得有权限的用户就可以通过操作 Visual SourceSafe 中的按钮来向目标服务器发布文件。

2)IBM WebSphere **应用服务器** 5.0 **版**(WebSphere Application Server 5.0)

IBM 公司的 WebSphere 应用服务器 5.0 版产品更加强大与灵活,它不仅能够提供完善的应用程序所处环境,还提供了全面的服务体系,包括保证安全、性能优良、可用性和伸缩性高等多个出色的服务功能,不仅仅只适用于简单管理的单服务器,甚至是集群的、高度可用的大容量环境都足以胜任。总的来说,WebSphere 应用服务器基于 Java,功能十分强大,能帮助处理多种状况,无论是简单的管理站点还是提供电子商务解决方案都可胜任。

WebSphere 应用服务器可以看成是 Web 服务器与后台数据应用之间的网关软件,能支持各种网络协议传输。它还可以处理基于各种语言的应用环境,并将它们扩展到面向对象处理环境。最新版的 WebSphere 应用服务器更是能方便地管理不同的用户群。它可以支持运行多个 Java 应用程序,而且每个应用程序均可使用自己的 Java 虚拟机。这样,应用服务供应商就可以在不影响当前用户的情况下在同一个服务器上部署一种应用软件的不同版本,显然这有助于满足电子商务中最大客户群的需要。此外,开发人员还可利用这种软件包的管理工具将组成一个应用的多个 EJBs(Enterprise Java Beans)保存到一个批文件中。用户可通过直接使用该公司的 JVM 或通过目标浏览器,在 IBM 网络工作站瘦客户机上运行 Java 应用。不难看出,IBM 的 Web 网站管理主要是建立在 Java 平台上的。除了平时人们常说的 Java Application 及 Java Applet 外,还广泛的用到了 Servlet,JSP(Java Server Page),Java Bean 等。Java 的使用使得 IBM 的 Web 管理工具实现了轻松跨平台管理。

除了 WebSphere 应用服务器,IBM 还提供了 Tivoli 网络管理工具,功能也十分强大。

3)**精英企业上网在线管理系统** JY-IPP2000

精英企业上网在线管理系统 JY-IPP2000 是由深圳市国信通网络技术有限公司推出的一套在线企业管理系统,它的功能十分强大,综合了各种管理功能和系统,在网站管理方面起到了巨大的作用。其功能十分广泛,包括企业网站管理、员工管理、网站流量统计、网站与数据库的维护等。它不仅为各个企业提供了一套企业网站的管理方法,也提供了一整套电子商务解决方案用于处理企业面对的众多挑战。JY-IPP2000 采用 Linux 操作系统,主要适用于中小型企业对电子商务应用系统进行开发。该系统包括以下几个子系统:

(1)用户管理系统

JY-IPP2000 系统不仅能为企业建立一个完整的企业网站,还可为员工提供一个展示与专属的平台。JY-IPP2000 可以为每个员工建立自己的个人网站,该网站设置有用户名和密码,只有员工自己可以登录自己的私人空间。在个人网站中,员工可以进行管理,上传图片等信息来充分展示自己的风采,是一个十分人性化的系统,广受欢迎与好评。

(2)企业集团邮箱系统

JY-IPP2000 的这一子系统可以为每位员工提供个人邮箱,不仅仅方便了员工的对外交流、相互交流,甚至能够对企业形象的宣传起到一定的作用。主要是由于当员工对外交流的时候会使用这一邮箱,而邮件地址中又包含了企业的网站域名,这无形之中就可以为企业的宣传起到积极作用。

(3)网站数据恢复

JY-IPP2000 对网络数据进行恢复的方法就是通过备份在本地的压缩文件。只需要在网站的数据恢复系统上单击恢复按钮,即可选择本地压缩文件,并且想要恢复何时损坏的文件很清晰明了。恢复前系统会自动列出该压缩文件在网站上的原始目录结构,方便用户有针对性地进行恢复。

(4)邮寄列表管理系统

邮寄列表是拥有电子邮箱的用户为某一共同关心的话题而建立的一个信息共享的系统,组内任何一个用户向一个公共的信箱标题发送邮件时,该组的用户会同时收到该信,以实现信息共享。JY-IPP2000 的邮寄列表包括话题管理、用户管理、订阅管理 3 个部分功能。

(5)站点使用量统计系统

JY-IPP2000 的站点使用量统计系统是一项功能强大的网站使用情况统计系统,系统从 Web 页面、FTP、E-mail、磁盘空间这 4 个方面对网站使用情况进行统计。其功能非常完善,可以对某一个页面或某一个员工的电子信箱等具体情况,进行某一特定时间段的访问量统计,统计结果以数字化和图表化的形式显示出来。

(6)数据加密系统

数据加密是电子交易不可缺少的保护手段,但是中小型企业难以承受开发一套加密体系的开支。基于这种情况,JY-IPP2000 为企业提供了强大的数据加密系统。这项技术可以全面保护企业的各方面安全尤其是信息安全,使得企业资料和客户信息不会被第三方窃取,保障客户资金的支付安全。

(7)网站数据备份

JY-IPP2000 的数据备份系统是一个方便、强大的工具,该工具将网站的数据以压缩格式复制到本地硬盘,所需时间非常短,并且恰好是用系统时间给该文件命名,这样就十分方便系统管理者区别不同的网站版本,方便以后可以随时恢复网站。

本章小结

本章是关于电子商务网站建设基础知识的简要介绍,具体包括网站建设的方案,即由自己公司建设、购买套餐软件建设和外包专业网络公司建设 3 种网站建设方案。本章还介绍了电子商务网站建设的主要技术,包括服务器技术的选择,具体有磁盘冗余阵列技术、智能输入/输出技术、智能监控管理技术以及热插拔技术等;主要技术的介绍还包括 ASP,JSP,XML,PHP 等多种网站开发语言;另外,还介绍了常见的网站开发工具,具体有 FrontPage,Dreamweaver,Flash 以及 Photoshop 等;此外,还说明了 Fireworks,Authorware 等多种常见的素材创作工具;除此之外,还介绍了 LeapFTP,CuteFTP,FlashFxp 等文件上传工具;以及常见的数据库开发工具，包括 Oracle，DB2，Informix 等；本章介绍的主要技术还包括一些常见的网站测试工具，具体有 Dreamweaver MX 测试网站工具、RSW 公司的 e-Test Suite，Service Metrics 公司的 SM WebPoint 等；最后，还介绍了一些经典的网站集成化管理软件。

复习思考题

1.试述网站建设的几种主要方案。
2.试述几种常见的网站开发语言。
3.试述常见的网站开发工具。
4.试列举几个网站建设中的素材创作工具。
5.试分别阐述几种经典的数据库开发软件。

第 5 章
网站建设的系统分析

学习要求

- 网站建设的可行性分析。
- 网站建设的前期准备。
- 网站的操作系统选型分析。
- 网站建设策划书的编制。

学习指导

本章主要对网站建设系统分析的内容进行了介绍。首先,通过对网站的需求分析、网站的作用与功能的了解、对网站建设的流程分析的把握,掌握《网站功能描述书》的内容的编写过程;了解网站操作系统和平台的选型;最后通过对网站建设策划书的编制过程和内容的详细讲解,要求会撰写网站建设策划书。

案例导入

腾讯拍拍网的系统分析①

2006 年 9 月 12 日,拍拍网上线满一周年。通过短短一年时间的运营,拍拍网成长迅猛,已经与易趣、淘宝共同成为中国最有影响力的三大电子商务平台。2007 年 9 月 12 日,拍拍网上线发布满两周年,在流量、交易、用户数等方面取得了更全面的飞速发展。目前,拍拍网的注册用户数已超过 5 000 万,在线商品数超过 1 000 万,迅速跃居国内 C2C 网站排名第二的领先地位。凭借丰富多样的商品类别和高人气的互动社区,拍拍网已成为国内成长最快、最受网民欢迎的 C2C 电子商务交易平台之一。

1.网站建设目的

腾讯拍拍网总经理湛炜标先生表示:"拍拍网从诞生开始,就一直致力于降低电子商务门槛,打造一个用户自我管理的互助诚信社区。我们对于 C2C 的定义有独特的理解,即'沟通达成交易(Communicate To Commerce)'。我们认为,拥有互动顺畅的用户沟通是打造成

① 资料来源:http://www.docin.com/.

功电子商务平台的基础,这正好与腾讯所倡导的‘在线生活’理念紧密融合在一起。拍拍网还特别推出了‘精品团购一条街’专区,在这里,用户可以方便、快捷地选购到价廉物美的精品推荐货物,并且通过不断推出一些结合社区特点的市场活动,让用户最大限度地体验到在线交易的乐趣,从而更进一步地了解电子商务,逐渐习惯并让它融入自己的生活中来。拍拍网将努力创造一个团结互助、年轻时尚的健康诚信社区,为用户提供最有价值的C2C服务。”

2.网站内容及功能规划

拍拍网主要有“女人、男人、数码、手机、网游、运动、生活、母婴、玩具”九大频道,其中的QQ特区还包括QCC、QQ宠物、QQ秀、QQ公仔等腾讯特色产品及服务。拍拍网还拥有功能强大的在线支付平台——财付通,能为用户提供安全、便捷的在线支付服务。

3.服务创意

拍拍网作为腾讯“在线生活”战略的重要业务组成,在创立之初就定位于“中国电子商务的普及者和创新者”,希望通过不断努力降低电子商务门槛,促进电子商务在中国的全民普及和发展。基于腾讯QQ以及腾讯其他业务的整体优势,拍拍网在经营理念、产品技术等方面提出了很多创新。例如,在业界首次研发的“边聊边买”“买家与卖家信用分离制度”等创新专利均获得了业界的广泛认可和采纳。

4.总体设计

腾讯拍拍网是最经典的电子商务网站,总体设计既符合电子商务网站的特征,又创意独特。仔细对比分析就会发现,目前国内很多中小型电子商务网站大部分都是模仿拍拍网设计的。该网站无论是从结构设计上,还是从风格设计上都独具特色,符合电子商务网站设计的标准。

5.风格设计

拍拍网以蓝白色为主色调,风格清新自然,色彩整体和谐统一,动感十足。页面层次清晰、主次分明、重点突出、布局合理。网站设计方案主题鲜明,版式设计恰到好处,内容虽然繁多,但多而不乱。网页形式与内容高度统一。字体使用符合网页制作标准。

6.页面设计的实现

拍拍网页面采用规则的CSS布局,由于内容众多,在实现上采用了以下措施:

(1)宝贝类栏目巧妙地利用了红、灰、蓝3色。其中,总分类及需要突出的重点子栏目用了红色,而其他的子栏目及分类则用了蓝色与灰色两种,字色的变化与字号的变化相配合,设计得分外得体。

(2)热卖单品,则用了浅灰色的细线框将各种形状的商品规范化。

(3)关键之处全部使用了红色,例如标题、商品总分类、价格。

(4)Flash动画的使用,使网站增添了动态效果。

拍拍网一直致力于打造时尚、新潮的品牌文化,希望与千百万网民一起努力共同建立一个“用户自我管理的互助诚信社区”,为广大用户提供一个安全健康的一站式在线交易平台,最终成为最受网民欢迎、中国最大的电子商务民族品牌。

问题:1.结合案例分析,建设电子商务网站需要做哪些系统分析?

2.分析网站的功能与作用,并对网站项目规划书提出建议与策略。

5.1 网站建设的需求分析

网站建设的需求分析是成功实施网站规划与设计的最重要、最关键的环节，建设网站的首要步骤就是确立目标，而具体的目标来源则是实际的需求分析。普通网站的建设就好比建设一座楼房，需要在建楼之前，对建楼的目的有个准确的定位，所建楼房要迎合用户的需求，再根据需求完成进一步的设计。企业推出的任何产品或服务都不能一厢情愿，必须在开发和生产该项产品或服务之前，了解客户的需求。这才能做到本企业的产品和服务可以真正迎合客户的需求，并易于推向市场，赢得客户的认可。同样，建设网站之前，要对网站今后的目标客户进行需求分析，有了这样的需求分析，建立的网站才能够为客户提供最新、最有价值的信息或服务。企业在网站上增加每一项功能、每一种服务都是建立在全面的客户需求分析的基础之上的。需求分析就是要挖掘客户的真实需求，包括需求的内容、需求的表达方式、客户浏览或检索的习惯和客户的喜好等。因此需求分析是网站建设系统分析的首要环节，也是贯穿整个网站建设过程的重要步骤。

网站系统需求分析方式主要包括：网站建设前，通过网络市场的调查，对网站将来的潜在用户进行可能的需求分析，并提交需求分析报告。根据分析报告的结论对网站的功能设计进行规划和实施。网站开通后，通过客户在本网站访问和购物的情况和提出的需求意见，结合当时网络市场的调查，定期对本网站现有客户及潜在用户需求进行分析，写出分析报告，以指导网站的维护和管理，调整网站的营销策略，实施更好的营销创意。

5.1.1 网站的作用

电子商务网站在软、硬件基础设施的支持下，由一系列网页、编程技术和后台数据库等构成，具有实现电子商务应用的各种功能，可起到广告宣传、经销代理、银行与运输公司中介以及信息流运动平台等方面的作用。

1）宣传企业形象

（1）新形象

在这个竞争激烈的数字化信息时代，企业建立自己的网站已经刻不容缓。无论大、中、小型企业，都决不能被时代所淘汰，因此，建设网站是企业把握时代脉搏，衡量企业是否跟上时代的标准。精明的经营者懂得并善于用最先进的互联网技术，树立企业形象，宣传企业产品。企业建立网站，是企业在网络时代的舞台中展现自身实力和寻求发展的重要途径。企业通过简单幽雅、特征鲜明的网页来表达自己的产品信息和服务，并可及时、全面地接受用户的信息查询和信息反馈。

（2）信息量大

一本宣传册充其量做到几十页，但网站却可做到几百上千页。例如，在介绍一个项目时，我们在宣传册上最多放上一两张照片，一段简短的文字介绍，但在网站上却可以详细介绍项目的背景、技术难度、施工情况等，这种效果显然比宣传册好很多。

（3）更新及时

例如，某企业新接到一个大型项目时，一般很少立刻重印企业宣传册，通常一年或更长时间才更换一次宣传册,因此许多人看到宣传册时,不仅企业架构变了,甚至连地址、电话都可能变化,而网站却不同,它可以每天更新甚至随时更新,可及时反映企业的最新情况。

(4)新时代的要求

新时代要给客户一个强烈的印象。如果一个大企业连网站都没有或者做得很差,给客户的印象是:这不是一个现代的正规企业,是一个跟不上形势发展的企业。如果网站做得好,给客户的感觉是:这企业领导意识先进,技术走在前列,管理科学化、智能化,因此顾客感觉会完全不同,信任度也会高很多。

(5)打造品牌

网站可以提高企业的知名度和品牌。经过一段时间互联网的热潮,尽管很多人批评互联网经济的不是,但是它在提高企业的知名度和品牌的作用是有目共睹的,例如搜狐、新浪、网易等,他们就是很好地借助互联网,把他们的品牌做到过亿人民币之巨。

(6)形式丰富

企业通过公司简介、组织结构、企业文化来展示企业的背景、规模以及当前经营情况,这些对于国内外买家了解公司的基本情况是非常重要的。网站则可帮助企业通过电子邮件、电子名片、三维产品演示、360度环绕效果等形式展现企业及其产品的风采。

2)扩展往来业务

(1)充分利用网络资源

Internet是强有力的工具,能以低代价,方便快捷的方式把产品或服务的信息发向全世界的每个角落。全世界所有客户都能通过网站了解企业。Internet已经连接了相当多的网民、企业、机构和政府,而且向着更广阔的范围发展。Internet在中国正以几何级数的速度发展,因此,任何一家企业都不应置身于互联网之外,否则将会脱离企业发展最基本的资源和环境。

(2)无时空限制

网站没有时空限制,可随时随地实现沟通。在没有环境上网的情况下还可将网站下载至笔记本电脑里作脱机演示,或者制作成光碟,派发给客户。事实上现在社会上流行的光碟名片,大部分安装的就是企业网站,方便实用。

(3)与客户互动来往

企业建立网站,将信息咨询站开设到网上,专人值守,提供信息服务。可与外部建立实时的、专题的或个别的信息交流渠道。一些企业在网站上公开电子邮件地址,使客户能够通过电子邮件向企业发表意见。因为电子邮件的传递速度很快,企业能迅速得到客户信息并及时给予答复。一些企业的网站以BBS或公告板的形式联系客户,客户可以发表意见,同时也能够看到其他客户的信息和从前的信息。可以使客户全面和客观地了解企业和企业的服务及产品。又因为是直接对话,具有增进感情的作用。

(4)双向沟通

超越时空、真正的双向沟通,顾客看到企业网站产生进一步洽谈的意向后可即时联系,有效地留住产生了“购买冲动”的客户,增加了交易成功的概率。另外,客户对公司的意见或建议也可通过网站得以收集。

(5)挖掘潜在客户

网站可以帮助企业寻找新客户,而宣传册却无能为力。通过搜索引擎、网站链接等手段,可以把贵公司的信息传到世界各地,为企业挖掘出潜在客户。

(6)主动抢占先机

企业上网是时代发展的必然,任何一家企业要想跟上时代发展的潮流,必须尽快上网。为了不被竞争对手建立网站抢占先机,为了不落后于时代潮流,应考虑建站的必要性。

(7)网上广告

企业可利用自己或别人的网页在网上打广告。网上广告通常以一个醒目的图形贴在网页上,通过该图形可以链接更多的和更具体的广告信息,其信息量可以很大。企业网站本身就是广告,一些企业在网上建立自己的网页,或者开设自己的网站,把企业信息集中起来,分类分栏,方便浏览。现代社会中的所有著名企业都在网上建立了自己的网页或网站。

(8)电子商务

电子商务是未来经营销售发展的大趋势,目标是实现交易信息的网络化和电子化,如使用电子货币,开网上商店,进行网上商务谈判和使用电子签名签合同等。企业上网通常都会加入网上的某个行业协会网站或商业网站中成为会员。在行业协会网站或商业网站上发布供求信息,获取有关政策和市场信息,享受其他的服务。企业建立网站,从销售的观点看,可以减少交易的中间环节,降低成本。企业网站还可扩建成为网上销售和售前售后咨询服务中心。

3)提高内部效率

(1)提高效率

网站还可帮助企业提高效率、减少中间环节、规范管理、降低管理成本的作用。这种例子比比皆是。中国有海尔、联想;美国有 cisco,dell 等,他们通过全球性的网络化管理真正获得提高效率、降低成本的好处。利用互联网低廉的通信成本,统一开放的技术平台,简单实用的前端界面,企业可把内部的管理应用放到网上,实现真正的低成本、高效率的企业管理。利用软件应用借助互联网,可将企业内部、企业和分支机构、企业和客户、企业和供应商、企业和政府建立起前所未有的紧密联系,为企业带来了实实在在的效益。

(2)分布式管理

互联网的应用首先是传统软件应用的延伸。如一个企业在一座大楼里办公,为提高工作效率,用局域网就可以了。如果这个系统管理范围覆盖全国的分公司、加盟店、连锁店和网上商店,那么这种对网络的应用就是管理软件功能的延伸。

5.1.2　网站的功能

电子商务是未来企业主要的商业运营方式,而建立网站是企业通向电子商务的第一步。同时,网络是企业进行形象宣传、产品展示推广、与客户沟通、信息互动的阵地,建立网站有利于企业树立自己的品牌,对企业的长远发展、企业文化和品牌建设都有非常重要的意义。电子商务网站的功能关系到电子商务业务能否具体实现,关系着企业对用户提供的产品和服务项目能否正常开展,关系到用户能否按照企业的承诺快速地完成贸易操作。因此,网站功能的设计是网站建设实施与运作的关键环节,是电子商务应用系统构建的前提。下面就对企业网站包括的主要功能进行简要说明。

1)企业形象宣传与推荐功能

这是一个非常重要的功能。对于目前大多数企业来说,电子商务业务的开展还处于初始阶段,因此,抢占未来商业竞争的制高点,建立自己的商务网站并率先打造与树立企业形象,是企业利用网络媒体开展业务的最基本的出发点。企业在电子商务网站中可通过自己的 Web 服务器、网络主页(Home Page)和电子邮件(E-mail)在全球范围进行广告宣传。与其他各种广告形式相比,网上的广告成本最为低廉,而给顾客的信息量却最为丰富。

2)信息编辑功能

企业在电子商务网站中不仅可以用文字、图片和动画等方式宣传自己的产品,而且可以介绍自己的企业、发布企业新闻、介绍企业领导、公布公司业绩、提供售后服务以及举办产品技术介绍等。网站上的信息更新比任何传统媒介都快,通常几分钟之内就可以做到内容更新,从而使企业在最短的时间内编辑和发布最新的消息。

3)咨询洽谈功能

企业在电子商务网站中可借助非实时的电子邮件、新闻组和实时的讨论组来了解市场和商品信息、洽谈交易事务,如有进一步的需求,还可用网上的公告板(BBS)来交流即时信息。在网上的咨询和洽谈能超越人们面对面洽谈的限制,提供多种方便的异地交谈形式。网上的资料 24 h 全天候地向用户开放,用户只要使用电子商务网站提供的信息搜索与查询功能,即可在电子商务数据库中轻松快捷地找到所需的信息。

4)网上商品订购功能

企业在电子商务网站中通过 Web 服务器和电子邮件的交互传送实现产品的网上订购。企业的网上订购系统通常都是在商品介绍的页面上提供十分友好的订购提示信息和订购交互式表格,可通过导航条实现所需功能。当用户填完订购单后,系统回复确认信息单表示订购信息已收悉。电子商务的用户订购信息采用加密的方式使用户和商家的商业信息不会泄漏。

5)网上支付功能

企业在电子商务网站中实现网上支付是电子商务交易的重要环节,用户和商家之间可采用信用卡、电子钱包、电子支票和电子现金等多种网上支付方式进行网上支付。网上支付能够节省交易的开销。对于网上支付的安全问题,现在已有实用的 SET 协议等来保证。银行、信用卡公司及保险公司等金融单位会提供电子账户管理等网上操作的金融服务。电子账户通过用户认证、数字签名、数据加密等技术措施来保证电子账户操作的安全性。

6)用户信息管理功能

企业在电子商务网站中通过用户信息管理系统可以完成对网上交易活动全过程中的人、财、物及本企业内部的各方面进行协调和管理,实现个性化服务和管理。

7)服务传递功能

企业在电子商务网站中通过服务传递系统将商品传递到已订货并付款的用户手中。对于有形的商品,服务传递系统可以对本地和异地的仓库在网络中进行物流的调配并通过物流完成商品的传送；而无形的信息产品（如软件、电子读物、信息服务等）则能立即从电子仓库中将商品通过网络直接传递到用户手中。

8）销售业务信息管理功能

销售业务信息管理功能的实现，从而使企业能够及时地接收、处理、传递与利用相关的数据资料，并使这些信息有序且有效地流动起来，为组织内部的ERP，DSS或MIS等管理系统提供信息支持。该功能依据商务模式的不同，包括的内容也是有区别的。如分公司销售业务管理功能应包括订单处理、销售额统计、价格管理、货单管理、库存管理、商品维护管理和客户需求反馈等；经销商销售业务管理功能应包括订单查询、处理，进货统计和应付款查询等；配送商销售业务管理功能应包括库存查询、需求处理、收货处理和出货统计等。

9）信息搜索与查询

这是体现网站信息组织能力和拓展信息交流与传递途径的功能。当网站可供客户选择的商品与服务和发布的信息越来越多时，逐页浏览式的获取信息的途径，显然已无法满足客户快速获得信息的要求，因此，商务网站如何提供信息搜索与查询功能，如何使客户在电子商务数据库中轻松而快捷地找到需要的信息，是电子商务网站能否使客户久留的重要因素。由于电子商务数据库比一般的数据库复杂，因此该功能的实现，除了运用比较先进的信息存储与检索技术外，还要充分考虑商务交易数据的复杂性。

5.2 网站建设的流程分析

网站建设的流程是指网站建设过程中必须遵循的先后顺序。每一个成品网站都必须按标准流程进行建设。这类似于企业产品生产线，一个工序一个工序的完成整个产品加工。很多人把网站建设与网页制作混为一谈。在他们的意识中，所谓做网站，就是用Dreamweaver把图片、文字弄到一起，形成一个页面。所以如果制作网站时就直奔主题，直接进入Dreamweaver环境，随着制作的深入，就会变得越来越糟糕。最后，网站的夭折会导致网站建设激情的泯灭。电子商务网站，功能较多，应用性极强，更要注重流程分析。网站的设计和开发已经进入一个需要强调流程和分工的时代，因此也只有建立规范的、有效的、健康的开发机制，才能适应用户不断变化的需求，达到预期的设计目标。

网站建设的流程大体分为7个阶段：网站建设可行性分析、网站开发计划、网站建设前期准备、网站系统分析、网站系统设计、网站系统实现、网站系统运维管理。

5.2.1 网站建设可行性分析

网站系统在完成初步的需求分析之后要进行可行性分析，只有可行的规划才有意义。可行性是指在当前组织内外的具体条件下，对于规划的网站系统是否具有开展研制工作的必要的技术、资金、人员及其他条件；规划的方案是否先进并且可行；企业的管理制度和管理方式是否适应网站系统的应用等一系列问题。这些问题不解决，再好的方案也无法变为现实。对这些问题的分析就是可行性分析的主要任务。网站系统的可行性分析包括宏观环境分析、市场分析、经济分析、技术分析和组织人员分析等。

1）宏观环境分析

宏观环境分析主要是从国内外的情况进行总体分析，如社会经济发展水平、法律环境、政治环境、网站建设环境、网站利用情况等，目的是从宏观上确定网站建设的必要性和可行性。

2）市场分析

市场分析一是从市场上现存网站的基本情况分析，如网站建设目的与功能定位、网站存在的问题缺陷、同类网站的数量与竞争力等；二是对网站可能的访问者进行分析，从中分析出潜在的客户，并利用网站各种功能模块为他们提供个性化服务；三是对企业的市场特点进行分析，判断出是否适合开展互联网业务，或者利用网站提升哪些竞争力。市场分析是用来了解网站建成后在未来市场的竞争地位和生存能力。

3）经济分析

经济可行性分析主要是对开发项目的投资与效益作出预测分析。即从经济的角度分析网站系统的规划方案有无实现的可能和开发的价值；分析网站系统所带来的经济效益是否超过开发和维护网站所需要的费用。

网站系统的投资包括硬件设备和软件系统、开发费用及培训成本、运营费用及维护、更新的支出等多项内容。网站系统的效益也要从提高效率、减少库存、改善服务质量、增加订单、提高企业竞争力以及可获得的社会效益等多个方面进行分析。其实简单地说，经济可行性分析主要包括是否有足够资金支持、投资回报率及网站开发成本3个方面的内容。

4）技术分析

技术方面的可行性分析，就是根据现有的技术条件，分析规划所提出的目标、要求能否达到，以及所选用的技术方案是否具有一定的先进性。信息系统技术上的可行性可以从硬件（包括外围设备）的性能要求、软件的性能要求（包括操作系统、程序设计语言、软件包、数据库管理系统及各种软件工具）、能源及环境条件、辅助设备及配件条件等几个方面去考虑。

（1）分析规划所提出的目标技术上能否达到

可行性分析是建立在系统初步规划所制订的总体方案的基础上，这时必须有一个经过各方基本认可的系统目标。从技术上分析这些目标是否能实现，并分析技术的先进性。在分析技术可行性时要考虑网站的可使用性、交互性及可扩展性等技术指标的实现问题。

（2）技术的先进性

网站系统开发既不能采用先进但不成熟、不稳定的技术，又不能采用过时的技术。信息技术发展的摩尔定律表明了其变化和淘汰的速度，也许在开发之初还是主流、先进的技术，但当需要实现时，该项技术已经过时。为了保证所开发的系统有尽可能长的生命周期，在选用技术时一定要根据企业的实力，选择市场上比主流技术稍微超前一些，稳定可靠、性能价格比较高的技术和设备。同时还要考虑系统开发过程中，前期的系统分析设计工作本身会需要一段时间，这段时间中技术、包括设备的价格、可靠性等还会发生变化。

当然，技术的先进性主要表现在能否实现网站所要实现的功能，技术是为目标服务的。因此在分析技术的先进性时，不能离开所要实现的功能。

5) 组织人员分析

组织人员可行性分析主要是指保证网站构建与运行所需要的人力资源,以及组织设计和管理制度的分析。

5.2.2 网站开发计划

盖一座摩天大厦,最重要的是规划和策划。人的一生要有一个总体的规划,活着才有意义。网站开发计划对于网站建设也有着极其重要的意义。一个切实可行的开发计划是保证系统建设顺利进行的先决条件,否则开发工作就难以有条不紊地进行,甚至导致开发失败。

网站规划是网站建设的第一步:对网站进行详细的市场调研、准确的分析,并在此基础上提出网站制作的框架结构、部署网站的技术队伍、确定网站的建设流程,最后撰写出网站的规划书。网站规划书是网站建设团队建设网站的工作准则。有了网站规划书,网站建设从规划流程转入制作流程。网站制订开发计划的意义主要有以下几点:

①指导网站建设过程中的每一个操作步骤。

②网站规划是网站成功的有力保障。

③可有效利用时间、提高网站制作效率。

④有利于实施团队合作,协同完成网站整体制作。

⑤有利于保障网站的科学性及严谨性。

⑥明确网站开发计划的任务落实。

网站建设者不但要认识到网站开发计划的重要性,更重要的是要明确网站规划的任务。这样,才能对网站进行总体、详尽的规划,做出的规划才能切实可行,才能做出一份可操作、可实施的网站规划。那么网站开发计划具体都要做些什么工作呢?网站规划的任务是什么呢?

(1) 明晰网站建设的流程

比如,网站制作要有哪些流程,每一个流程由谁来完成,每一项内容何时完成等。

(2) 确定网站的目的、功能

目的确定,功能明晰,为后继工作掌握好方向,此后的工作才能顺畅进行。

(3) 确定网站的技术解决方案

网站的技术解决方案,是对网站规划中技术实施环节的确定。技术解决方案的确定,直接决定着网站建设的人员配备、资源配备问题。

(4) 对网站内容进行总体计划

网站内容的计划,即网站都包含什么内容,如何组织网站内容的问题。网站内容是网站吸引浏览者最重要的因素,无内容或不实用的信息不会吸引匆匆浏览的访客。

(5) 确定网页设计计划

网站规划时,还要确定网页的设计方案,明确每一个页面的设计方案,包括版式设计、目录设计、导航设计及风格设计等。实际实施制作的技术人员取得该方案后,可以快速按照指定的要求进行制作。

(6) 制订网站后期的运营、维护、管理、安全计划

对网站制作完成后的运营方案、维护计划、管理体系、安全防范等都要进行统一规划,这

是网站规划的一项重要任务，也是网站规划中不可缺少的一个有机组成部分。

5.2.3 网站建设前期准备

网站开发计划制订以后，就开始着手进行建站前的准备工作。网站建设前期准备工作一般包括网站建设资金准备、网站开发环境准备和人员配置准备。

1）网站建设资金准备

网站建设资金准备就是根据经费预算作出项目各项事宜所需费用清单，估算出总的投资额度。并按时拨付，网站建设费用支出主要包括下面几类：

（1）网站接入费用

网站接入费用包括租用或自建服务器费用、网络带宽流量费用以及域名相关支出费用等。

（2）开发设施费用

开发设施费用是指用于网站的设计、开发、测试、维护等各个开发环节所需要购置的设备及工作场所所支付的费用。

（3）开发费用

开发费用是指网站建设各个阶段人工工资费用以及相关资料费用。人工工资包括技术人员、美工人员、内容设计人员、管理人员和有关服务人员的工资支出；资料费用包括用于市场调查、信息收集、发布以及各种文档所需的资料开支。

2）网站开发环境准备

网站开发需要搭建网站开发环境，网站开发环境准备包括局域网开发环境准备和接入服务器的准备。

（1）局域网环境准备

网站设计和开发工作一般在局域网环境下进行，局域网中应配备相应的Web服务器、数据库服务器和文件服务器以及供各类人员使用的PC机，此外，还包括各种相关软件及输入输出设备的配置准备。

（2）网站接入服务器准备

网站接入服务器在网站对外发布之前就要进行开通访问，局域网开发环境中测试通过的网站还需到网站的接入服务器上进行相关测试，如压力测试、安全测试、交互性测试和链接测试等，只有测试通过后才能够正式对外开放。

3）网站建设人员配置准备

网站建设需要各种人员的协调配合才能完成，不同人员组成不同的项目小组，小组成员包括系统管理人员、内容设计人员、美工设计人员、技术开发人员等。

（1）内容设计人员

内容设计人员主要负责网站内容规划、设计、编辑。内容是整个网站规划和设计工作的核心，技术和美工的工作都是围绕内容方案的设计展开的。

（2）美工设计人员

美工设计人员主要是设计网站形象（CI）、页面布局以及制作图标、网页图片、按钮、动画特效等,此外也包括平面构图、色彩构图和立体构图等创意设计工作。

(3)技术开发人员

技术开发人员主要负责页面制作、程序开发等技术工作,以便把内容策划人员和美工人员设计的方案转化成为各个功能模块,并据此编写脚本和程序,最终完成网站的实现。

5.2.4 网站系统分析

网站系统分析主要包括对网站建设的目的、网站服务的客户群和竞争对手进行分析;对网站功能需求、网站架构与技术选择进行分析。

1)网站建设的目的、客户群与竞争对手分析

(1)网站建设的目的分析

网站建设的目的是网站构建的出发点,企业准备在网上开展的业务是电子商务网站建设的内容所在。企业可根据准备在网上开展的业务,选择建立不同种类的网站,如建立对企业内部业务进行集成管理,促进企业内部信息化的内部管理网站;或在网上树立企业形象的宣传式网站;以推广产品与服务、加强与客户及合作伙伴的实时信息交流、销售商品赢利为目的的商业营销式网站;开展网上交易、支持商品交易全过程,并提供相应交易服务的交易式网站等。一般情况下,企业可根据自身的实力与条件指定切合实际的电子商务网站构建目的。

(2)网站目标客户分析

网站目标客户分析是指调查与分析网站的目标客户群,明确网站可能服务的对象及其需求,规划与设计符合目标客户群的商务网站。只有提供目标客户群所需的产品或服务,以及满足他们的兴趣与爱好,吸引他们对网站的注意力,才能留住客户并增强网站的指向性。这样才能够使企业的网站不仅仅是停留在公司形象宣传、信息发布与简单的信息浏览的层面上,而是真正成为满足客户需求的商务网站,电子商务网站建设成功的可能性才会得到极大提高。

(3)竞争对手分析

竞争对手调查与分析的目的是了解竞争对手是否上网,洞察网上已经开展了业务的竞争对手情况,分析现有和潜在的竞争对手的优势和劣势,研究竞争对手网站运行和电子商务运作的效果,以便制订自己的发展战略、网站设计方案和战胜竞争对手的方法。在进行电子商务网站规划时,竞争对手的调查与分析是不可缺少的重要内容。同传统的商务活动一样,竞争对手的产品与服务一直影响着企业的管理、生产与经营,并可能对企业造成很大的威胁。尤其是如果竞争对手已经在网上开展了业务,那么竞争对手的经营状况对于一个企业在行业竞争中的成败是至关重要的。竞争对手在网络运营方面的优势可能是后来者的强大障碍。

2)网站功能需求分析

网站项目的确立是建立在各种各样的需求上面的,这种需求往往来自于客户的实际需求或者是公司自身发展的需要。要想准确了解客户对未来网站的功能需求,首先就需要对客户进行需求调研,以便客户提供完整的需求说明。在进行需求调研分析时,因为很多客户对自己的需求并不是很清楚，就需要系统分析员不断引导、耐心说明，仔细地帮助分析，挖掘出客户潜在的、真正的需求。最终配合客户写出一份详细的、完整的《网站功能描述书》，并且要让客户满意，签字认可。这样可以杜绝很多因为需求不明或理解偏差造成的失误和项目失败。

(1)项目负责人的职责

项目负责人对用户需求的理解程度，在很大程度上决定了网站开发项目的成败。因此如何更好地了解、分析、明确用户需求，并且能够准确、清晰地以文档的形式表达给参与项目开发的每个成员，保证开发过程按照满足用户需求为目的的开发方向进行，是每个网站开发项目负责人需要面对的问题。项目负责人在需求分析中的职责体现在以下几个方面：

①负责组织相关开发人员与用户一起进行需求分析。

②组织美术和技术骨干代表或者全部成员与用户讨论，编写《网站功能描述书》文档。

③组织相关人员对《网站功能描述书》进行反复讨论和修改，确定《网站功能描述书》正式文档。

④如果用户有这方面的能力或者用户提出要求，项目管理者也可指派项目成员参与，而由用户编写和确定《网站功能描述书》文档。

⑤如果项目比较大的话，最好能够有部门经理或者他授权的人员参与到《网站功能描述书》的确定过程中来。

(2)网站功能描述书

需求分析中需要编写的文档主要是《网站功能描述书》，它基本上是整个需求分析活动的结果性文档，也是开发工程中项目成员主要可供参考的文档。《网站功能描述书》应包含以下内容：

①网站功能和系统性能定义。

②网站用户界面。

③网站运行的软硬件环境、网站系统的软硬件接口。

④网站页面总体风格及美工效果。

⑤各种页面的特殊效果及其数量。

⑥管理及内容录入任务分配。

⑦确定网站维护的要求和维护责任。

⑧确定网站系统空间租赁要求。

⑨项目完成时间及进度。

(3)网站功能描述书的标准

糟糕的功能需求说明不可能有高质量的网站，那么网站功能描述书要达到怎样的标准呢？简单地说，要满足下面几点：

①正确性：每个需求必须清楚地说明交付的功能。

②可行性：确保在当前开发能力和系统环境下可实现每个需求。

③必要性：功能是否必须交付，是否可以推迟实现，是否可以在削减开支情况发生时去掉。

④简明性：不要使用深奥、晦涩难懂的专业术语。

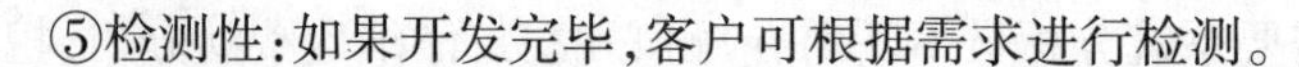

⑤检测性:如果开发完毕,客户可根据需求进行检测。

3)网站架构与技术选择分析

根据网站的作用、功能和内容规划来确定和选择网站建设所使用的技术,包括:

①确定是采用自建服务器,还是租用虚拟主机。

②选择操作系统,用Unix,Linux还是Windows 2000/NT,并分析投入成本、功能、稳定性和安全性等。

③确定是采用现成的企业上网方案、电子商务解决方案,还是自己开发。

④网站安全性措施,如防入侵、防病毒技术措施等。

⑤相关开发程序选择,如ASP,JSP,CGI以及数据库程序等。

5.2.5 网站系统设计、实现与维护管理

在完成商务网站系统分析后,并不是直接开始网站的制作,而是需要对项目进行总体设计、详细设计,给出一份网站建设方案给客户,然后再考虑如何实现及进行维护管理。

1)网站总体设计

网站总体设计是网站建设中非常关键的一步,该阶段主要是以比较抽象概括的方式提出网站建设的方案。它主要确定:

①电子商务网站的设计原则。

②网站名称及主题设计。

③网站形象(CI)设计。

④网站结构设计。

⑤数据库的概念设计。

⑥网站的交互性设计。

2)网站详细设计

详细设计阶段的任务就是把总体设计的方案具体化。这个阶段还不是真正编写程序,而是设计出程序的详细规格说明。这种规格说明的作用很类似于其他工程领域中工程师经常使用的工程蓝图,它们应包含必要的细节,以便程序员可以根据它们写出实际的程序代码,它主要确定:

①网站板块设计。

②网站栏目设计。

③网站总体风格(Style)与创意设计。

④网站页面设计。

⑤网站首页的设计。

3)网站系统实现

有了前面的准备,到此程序员和网页设计师及相关人员就可同时进入开发阶段,以完成系统的实现。项目经理需要经常了解项目进度,协调和沟通网站建设各参与方的工作。该阶段主要工作包括网站页面制作、静态页面与动态编程及网站测试。

测试人员需要随时测试网页与程序,发现Bug立刻记录并反馈修改。不要等到完全制

作完毕再测试,那样会浪费大量的时间和精力。在网站开发完成并上传到服务器后,还要对网站进行全范围的测试。包括速度、兼容性、交互性、链接正确性、程序健壮性及超流量测试等,使得网站更加完善。

4)网站系统运维管理

网站成功实现并推出后,就开始了长期的维护与运营管理工作,主要内容包括:

(1)网站维护管理

网站维护管理如网站测试发布、网站内容的及时更新和调整、服务器及相关软硬件的维护、网站日常管理等。

(2)网站运营管理

网站运营管理如网站宣传推广、客户关系管理、网站营销管理、网站盈利模式管理等。

5.3 网站平台选型分析

5.3.1 网站的硬件平台选型分析

1)虚拟服务器

虚拟主机相对于真实主机而言,是采用特殊的软硬件技术把一台完整的服务器分成若干个主机,实际上是将真实的硬盘空间分成若干份,然后租给不同的用户,每一台被分割的主机都具有独立的域名和IP地址,可共享真实主机的CPU、RAM(内存)、操作系统、应用软件等。虚拟主机到Internet的连接一般采用高速宽带网,用户到虚拟主机的连接可采用公共电话网PSTN、一线通ISDN、ADSL等。

(1)采用虚拟主机技术的好处和特点

采用虚拟主机的用户只需对自己的信息进行远程维护,而无须对硬件、操作系统及通信线路进行维护。因此,虚拟主机技术可以为广大中小企业或初次建立网站的企业节省大量人力、物力及一系列烦琐的工作,是企业发布信息较好的方式。

采用虚拟主机房使建立电子商务网站具有投资小、建立速度快、安全可靠、无须软硬件配置及投资、无须拥有技术支持等特点。

(2)虚拟主机服务内容

选择虚拟主机主要考虑以下几点服务内容:存储空间、电子邮件、网页制作、IP地址、文件传输、时间、速度等。

2)服务器托管

服务器托管是指用户将自己的独立服务器寄放在互联网服务商的机房,日常系统维护由互联网服务商进行,可以为企业节约大量的维护资金。服务器可以自己购买,也可以由互联网服务商代购。用户到互联网服务商的连接采用低速连接,如PSTN,ISDN,ADSL等。互联网服务商到Internet的连接采用高速连接。

服务器托管的特点:灵活、稳定、安全、快捷。

主机托管服务选择的考虑因素:可靠性因素、安全因素及功能需求。

3)独立服务器

独立服务器是指用户的服务器从 Internet 接入维护管理完全由自己操作。企业自己建立服务器主要考虑的内容有硬件、系统平台、接入方式、防火墙、数据库、人员配备等。

(1)独立服务器的功能配置

中型规模网站自备主机的数据量为30~100 MB。日访问量在20 000人次以上,需要独立的DNS、Mail、Web和数据库服务器,其中Web和数据库服务器可以根据情况扩充并分担不同的任务。

大型电子商务网站自备主机的构造相对复杂,除了DNS、Mail、Web、数据库服务器以外,还需要配置防火墙设备、负载均衡器、数据交换服务器等,并使用较好的网络设备,采用网络管理软件对网站运行情况进行实时的监控。

(2)独立服务器的硬件配置

独立服务器的硬件包括:路由器、交换机、服务器、客户机、不间断电源、空调、除湿机等。

①路由器。是Internet的主要节点设备。路由器通过路由决定数据的转发。转发策略称为路由选择,这也是路由器名称的由来。路由器是一种通信设备,它能在不同路径的复杂网络中自动进行线路选择,在网络节点之间对通信信息进行存储转发,可以认为路由器也是一个网络服务器,具有网络管理功能。

②交换机。是连接路由器与服务器、客户机的设备。交换机中有一张路由表,如果知道目标地址在何处,就把数据发送到指定地点;如果不知道就发送到所有的端口。这样过滤可以帮助降低整个网络的数据传输量,提高效率。但是交换机的功能还不仅如此,它可以把网络拆解成网络分支、分割网络数据流,隔离分支中发生的故障,这样可以减少每个网络分支的数据信息流量而使每个网络更有效,提高整个网络效率。

③服务器。在网络上提供资源并对这些资源进行管理的计算机称为服务器。服务器可分为WWW服务器、Email服务器、数据库服务器、DNS服务器等。

④客户机。在网络上使用资源的计算机称为客户机。

⑤不间断电源。是一种含有蓄电池和控制电路,以逆变器为主要组成部分的恒压恒频电源。主要作用在于当计算机等设备遇到外部供电系统发生中断时,可继续提供一段时间的稳定持久电流,维持用电设备的正常运行,以便用户能及时处理好未完成的工作。

5.3.2 网站的软件平台选型分析

1)网站操作系统平台的选择

完成网站硬件的安装和配置之后,就需要在作为网站服务器的计算机上安装适当的网络操作系统。操作系统可以说是服务器软件的基础,没有操作系统,Web服务器及其应用程序的运作也就无从下手,所以有必要为服务器选定一个合适的操作系统。现在比较流行且非常实用的网络操作系统有:Linux,Unix,Windows NT,Windows 2000等。选择操作系统平台应考虑以下几个方面:

首先,应考虑网站的技术要求。网站建设目标不同,对技术的要求也不同。如纯演示介绍的网站其技术含量就少,最多要求有简单的数据库,而一个提供在线服务的网站功能就要复杂得多,技术含量就高。例如,网上商城要求网上在线信用卡支付,这就对安全通信有极高的要求。第二,根据企业网络技术人员的特点来选择网站平台。技术管理人员对操作系统的熟悉程度也是一个很重要的因素。第三,考虑操作系统自身的特点。主要从操作系统为用户提供的界面、功能、性能、对软件开发的支持以及高级应用等方面进行比较选择。另外,网站的可靠性、开发环境、内容管理、价格因素、维护的方便性以及安全性都是选择操作系统平台时必须考虑的问题。不同的操作系统会有不同的特点,因此网站的操作系统平台选择需要综合考虑,然后再进行最终的决定。

下面介绍几种最常见的操作系统。

(1)Unix 操作系统

Unix 是一个多用户、多任务的操作系统。Unix 作为工业标准,多年以来已经被大多数计算机厂商所接受,并且被广泛应用于各种类型的计算机上,特别是在中型机和小型机上几乎全部采用 Unix 作为其操作系统。Unix 的结构具有以下几个特点:

①文件和设备统一处理。

②分级的文件系统,用户可随时安装和卸载文件卷。这样,既能扩大文件的存储空间,又便于安全与保密。

③系统短小精悍,算法简单。Unix 内核是用 C 语言编写的,易于理解和编程。

④具有可替换和可编程的 Shell 命令解释器,实用、方便。

⑤提供了完美的进程控制功能。

⑥丰富的核外应用程序,包括高级语言处理程序、软件开发工具、文本处理程序和系统实用程序,大大加强了 Unix 的功能。

Unix 的特点决定了它既有相当广泛的支持者,又有很多十分挑剔的反对者。Unix 成功的原因在于有以下优点:系统的开发性、轻便性、功能丰富、政府支持、交互操作性、可伸缩性等。但 Unix 系统也存在着一些缺陷,如多个版本之间不能完全兼容,缺乏商业软件,系统管理和程序开发比较复杂,存在安全性问题等。

(2)Linux 操作系统

在最近几年中,Linux 操作系统得到很大发展,功能不断增强,性能不断提高,应用软件也迅猛地增加,这与 Linux 具有良好特性分不开。简单地说,Linux 具有以下主要特性:

①支持多任务、多用户操作。

②良好的用户界面。

③设备独立性,把所有外部设备统一作为文件处理。

④提供丰富的网络功能。完善的内置网络是 Linux 的一大特点。

⑤可靠的系统安全。

⑥良好的可移植性。

特别是 Internet 外围自由软件(如 Web 服务器、动态页面编程语言和数据库软件)的兴起,使 Linux 逐渐成为一种建造 Web 网站软件平台的理想操作系统,实现了 Web 网站软件平台近乎零的投入。

(3)Windows NT Server 操作系统

Microsoft 公司在 20 世纪 90 年代推出的 Windows NT Server 操作系统,通过将网络管理功能嵌入普通的 Windows 系统,使得网络管理功能与基本的 PC 操作系统功能完美地结合起来,使其更易于使用与管理。Windows NT Server 不仅在网络性能、网络安全性与网络管理方面表现不俗,同时由于它对各种流行计算机应用软件和 Internet 的广泛支持,已使其成为企业网络中广泛采用的网络操作系统。

Windows NT Server 是一个多用途的网络服务器操作系统,它具有高性能的文件服务功能与打印服务功能,并能够作为许多应用程序的操作平台。Windows NT Server 具有丰富的网络功能,同时又继承了 Windows 操作系统友好易用的图形用户界面,它内置有完善的安全策略并且具有强大的伸缩能力,可适用于各种规模的计算机网络。此外,Windows NT Server 还具有下面介绍的一些特点。

①开放的体系结构。Windows NT Server 支持网络驱动接口 NDIS 标准与传输驱动接口 TDI 标准,并允许用户同时使用不同的网络协议,这些协议包括著名的 TCP/IP、Microsoft 公司的 NetBEUI 以及 Novell 公司的 IPX/SPX 等。

②多线程与抢先式多任务。Windows NT Server 内部采用多线程(thread)进行管理与抢先式(preemptive)多任务的策略,使得应用程序更为有效地运行。

③集中式域模型管理;Windows NT Server 以域(domain)为单位完成集中的网络资源管理。域是一个基本的安全与集中管理的单元,由联网的工作站和服务器组成,通过一定的方式,使得这些工作站和服务器像单个系统那样工作。

④内置安全保密机制。Windows NT Server 通过操作系统内部的安全保密机制,使得网络管理人员可以为每个用户规定不同的服务器操作权限与用户审计,并可为每个单独的文件设置不同的访问权限。

由于 Windows NT Server 在文件管理、打印服务、系统备份、通信、网络性能监控和网络安全性方面具有的众多优点,同时也由于 Microsoft 公司的 Windows 操作系统在个人计算机上的统治地位,因而使得 Windows NT 在网络操作系统软件领域内的地位不断攀升。为了适应 Internet 应用的发展,Windows NT Server 4.0 提供了较全面的 Internet 服务与管理功能,如基于 Windows NT Server 的 Web 服务器 IIS(Internet Information Server)、Internet Mail、Internet News、Internet Explorer 等软件工具。这就使得 Windows NT 不仅成为理想的网络操作系统,同时也成为 Internet 时代受欢迎的企业内部网络操作系统。

(4) Windows 2000 Server 操作系统

Windows 2000 是 Microsoft 公司在 Windows NT 基础上推出的新一代操作系统。它不仅继承了 Windows NT 的先进技术,而且提供了更高层次的安全性、稳定性和可操作性。与 Windows NT 4.0 相比,Windows 2000 进一步实现了与 Internet 和 Web 的无缝集成,提供了新颖的网络链接方式和通信方式,方便了信息搜索,简化了桌面配置,并支持更多的新一代硬件设备。Windows 2000 进一步提高了可靠性、可用性和可扩展性,新增了活动目录服务和智能镜像技术,改进了远程管理性能,完善了与现有系统的协作性能,并对开发基于 Windows 平台的应用程序提供了进一步的支持。

2)网站开发平台的选择

ASP,PHP,JSP 这是当前比较流行的 3 种 Web 网站编程语言,现在做网站大部分都是使用这几种语言中的其一。下面我们对这 3 种主流的 Web 网站编程语言作一个比较详细地分析和比较，帮助用户在开发自己的网站时从中进行选择。

(1)ASP 平台

ASP 全名 Active Server Pages，是一个 Web 服务器端的开发环境，利用它可以产生和执行动态的、互动的、高性能的 Web 服务应用程序。ASP 采用脚本语言 VBScript 和 Java Script 作为自己的开发语言，其技术特点如下：

①使用 VBScript、JavaScript 等简单易懂的脚本语言，结合 HTML 代码，即可快速地完成网站的应用程序。

②无须 compile 编译，容易编写，可在服务器端直接执行。

③使用普通的文本编辑器，如 Windows 的记事本，即可进行编辑设计。

④与浏览器无关，客户端只要使用可执行 HTML 码的浏览器，即可浏览 ASP 所设计的网页内容。ASP 所使用的脚本语言(VBScript，JavaScript)均在 Web 服务器端执行，客户端的浏览器不需要能够执行这些脚本语言。

⑤可使用服务器端的脚本来产生客户端的脚本。

从应用范围看，ASP 是 Microsoft 开发的动态网页语言，也继承了微软产品的一贯传统，只能执行于微软的服务器产品 IIS(Internet Information Server)(Windows NT)和 PWS(Personal Web Server)(Windows 98)上。Unix 下也有 ChiliSoft 的组件来支持 ASP，但是 ASP 本身的功能有限，必须通过 ASP+COM 的群组合来扩充，Unix 下的 COM 实现起来非常困难。

总之，ASP 简单而易于维护，是小型网站应用的最佳选择，通过 DCOM 和 MTS 技术，ASP 甚至还可以完成中等规模的企业应用。

(2)PHP 平台

PHP 是一种跨平台的服务器端的嵌入式脚本语言。它大量地借用 C，Java 和 Perl 语言的语法，并耦合 PHP 自己的特性，使 Web 开发者能够快速地写出动态产生页面。它支持目前绝大多数数据库。还有一点，PHP 是完全免费的，可以从 PHP 官方站点(http://www.php.net)自由下载。

从数据库连接方面看，PHP 可以编译成具有与许多数据库相连接的函数。PHP 与 MySQL 是现在绝佳的组合。可以自己编写外围的函数去间接存取数据库。通过这样的途径当你更换使用的数据库时，可以轻松地修改编码以适应这样的变化。PHPLIB 就是最常用的可以提供一般事务需要的一系列基库。但 PHP 提供的数据库接口支持彼此不统一，例如对 Oracle，MySQL，Sybase 的接口，彼此都不一样。这也是 PHP 的一个弱点。

从应用范围看，PHP 可在 Windows，Unix，Linux 的 Web 服务器上正常执行，还支持 IIS，Apache 等一般的 Web 服务器，用户更换平台时，无须变换 PHP 代码，可即拿即用。

但是 PHP 因为结构上的缺陷，使其只适合编写小型的网站系统。

(3)JSP 平台

JSP 是 Sun 公司推出的新一代网站开发语言，Sun 公司借助自己在 Java 上的不凡造诣，将 Java 从 Java 应用程序和 Java Applet 之外，又推出新的硕果，就是 JSP(Java Server Page)。JSP 可以在 Serverlet 和 JavaBean 的支持下，完成功能强大的站点程序，其技术特点除了前面章节所介绍的优势以外，如将内容的产生和显示进行分离、强调可重用的群组件、采用标识简化页面开发、与 Java 的特点一致。JSP 还大大方便了开发人员的程序设计。

Web 页面开发人员不会都是熟悉脚本语言的程序设计人员。JSP 技术封装了许多功能,这些功能是在易用的、与 JSP 相关的 XML 标识中进行动态内容产生所需要的。标准的 JSP 标识能够存取和实例化 JavaBeans 组件,设定或者检索群组件属性,下载 Applet,以及执行用其他方法更难于编码和耗时的功能。通过开发定制化标识库,JSP 技术还是可以扩展的。第三方开发人员和其他人员可以为常用功能建立自己的标识库。这使得 Web 页面开发人员能够使用熟悉的工具和如同标识一样的执行特定功能的构件来工作。

从应用范围看,JSP 同 PHP 类似,几乎可以执行于所有平台。如 Win NT,Linux,Unix。在 NT 下 IIS 通过一个外加服务器,例如,JRUN 或者 ServletExec,就能支持 JSP。知名的 Web 服务器 Apache 已经能够支持 JSP。由于 Apache 广泛应用在 NT,Unix 和 Linux 上,因此,JSP 有更广泛的执行平台。虽然现在 NT 操作系统占了很大的市场份额,但是在服务器方面 Unix 的优势仍然很大,而新崛起的 Linux 更是来势不小。从一个平台移植到另外一个平台,JSP 和 JavaBean 甚至不用重新编译,因为 Java 字节码都是标准的与平台无关的。

总之,对于脚本语言来讲,JSP 还是拥有相当大的优势的,虽然其配置和部署相对其他脚本语言来说要复杂一些,但对于跨平台的中大型网站系统来讲,基于 Java 技术的 JSP(结合 JavaBean 和 EJB)几乎成为唯一的选择。

(4)ASP,PHP,JSP 平台比较

①共性。ASP,PHP,JSP 三者都是面向 Web 服务器的技术,客户端浏览器不需要任何附加的软件支持。三者都提供在 HTML 代码中混合某种程序代码、由语言引擎解释执行程序代码的能力。但 JSP 代码被编译成 Servlet 并由 Java 虚拟机解释执行,这种编译操作仅在对 JSP 页面的第一次请求时发生。HTML 代码主要负责描述信息的显示样式,而程序代码则用来描述处理逻辑。普通的 HTML 页面只依赖于 Web 服务器,而 ASP,PHP,JSP 页面需要附加的语言引擎分析和执行程序代码。执行结果被重新嵌入到 HTML 代码中,然后一起发送给浏览器。

②性能比较。有人做过试验,对这三种语言分别做回圈性能测试及存取 Oracle 数据库测试。在循环性能测试中,JSP 只用了令人吃惊的 4 s 就结束了 20 000×20 000 的回圈。而 ASP,PHP 测试的是 2 000×2 000 循环(少一个数量级),却分别用了 63 s 和 84 s(参考 PHPLIB)。数据库测试中,三者分别对 Oracle 8 进行 1 000 次 Insert,Update,Select 和 Delete。JSP 需要 13 s,PHP 需要 69 s,ASP 则需要 73 s。

③前景比较。目前在国内 PHP 与 ASP 应用最为广泛。而 JSP 由于是一种较新的技术,国内采用的较少。但在国外,JSP 已经是比较流行的一种技术,尤其是电子商务类的网站,多采用 JSP。采用 PHP 的网站如新浪网(sina)、中国人(Chinaren)等,但由于 PHP 本身存在的一些缺点,使得它不适合应用于大型电子商务站点,而更适合一些小型的商业站点。首先,PHP 缺乏规模支持。其次,缺乏多层结构支持。对于大负荷站点,解决方法只有一个:分布计算。数据库、应用逻辑层、表示逻辑层彼此分开,而且同层也可根据流量分开,群组成二维数组。而 PHP 则缺乏这种支持。还有上面提到过的一点,PHP 提供的数据库接口支持不统一,这就使得它不适合运用在电子商务中。

ASP 和 JSP 则没有以上缺陷,ASP 可通过 Microsoft Windows 的 COM/DCOM 获得 ActiveX 规模支持,通过 DCOM 和 Transcation Server 获得结构支持;JSP 可通过 SUN Java 的

Java Class 和 EJB 获得规模支持,通过 EJB/CORBA 以及众多厂商的 Application Server 获得结构支持。三者中,JSP 应该是未来发展的趋势。世界上一些大的电子商务解决方案提供商都采用 JSP/Servlet。

5.4 网站建设策划书的编制

撰写网站建设策划书应尽可能考虑周全,涵盖网站建设中的各个方面。网站策划书的写作要科学、认真、实事求是。策划书的书写还要切实可行,确保其可操作性。网站策划书的编制要包含的内容有网站建设的总体目标、网站建设的利益分析、网站建设的规模设想、网站类型的定位设想、网站的目标客户群分析、网站建设的主要工作、项目所需时间及人力资源估算、网站建设的经费估算等。

1)拟订电子商务网站建设策划书的大纲

任何项目都需要做一些规划,要了解该项目的实施目标、规模及各主要工作步骤。并且,应搞清每个步骤分别有哪些前提工作及如何与后续工作衔接。规划工作的第一步是撰写电子商务网站建设策划书。

在拟订一份电子商务网站建设策划书的大纲时,应考虑的主要内容可能包括:规划网站建设的总体目标,阐述网站建设的利益,确定网站的规模与类别,明确网站的主要目标客户群,规划网站建设的主要工作流程,估算项目所需的时间及人力资源,估算项目所需的经费,估计网站建设中其他可能的问题。

2)网站建设的总体目标

网站建设的总体目标是网站建设策划书的最基本部分,是通过与提出网站建设的企业的高层领导进行交流和沟通来确定的。网站建设的总体目标主要有以下几个子问题。

(1)企业建设电子商务网站的目的

一般而言,企业建立网站的目的有一些共同点,如利用网络优势,可以整合企业资源,改造传统业务,提高企业管理效率,降低运作成本,增强市场竞争力,提高经济效益,从而促进企业的发展并提高市场占有率。同时,网站的建立可以提升企业形象,开拓国内国际市场,紧跟时代潮流,建立新型的商务管理模式,从而引领企业进入电子商务领域,为企业客户提供更完善的服务,加强企业与社会之间的信息联系,改善内部管理,提高运营效率。这些目的都可能在网站建设策划书中体现出来。

(2)网站建立所采用的实施模式

在企业建设电子商务网站的目的清楚后,接下来应确定达到目的的实施模式。在具体实施的描述中,可能有以下几个问题要说明:

①电子商务网站建设是一步到位,还是分阶段实现不同的目标?

②在网站上是先实现部分商品的网上销售,还是所有商品都一起销售?

③在网站上是先实现某些商品网上销售的所有功能,还是实现部分功能?

(3)企业建设电子商务网站的预期收益

提出建立网站的企业一定有一个预期的收益。这种预期收益主要的描述形式为:通过这样一个企业网站,可以在多长时间内收回成本,可以在多长时间内产生利润。撰写策划书时,应该明确以上问题,因为总体目标将给未来的工作指明方向。

3) 网站建设的利益分析

网站建设的利益分析也可理解为网站建设将带来的好处。以下是描述电子商务网站建设利益时常提到的几个方面的内容。

(1)有利于提高企业的市场竞争力

随着 Internet 的迅速发展和我国加入世界贸易组织(WTO),21 世纪,我国将成为世界极具影响力的经济强国已成趋势,企业建立电子商务网站无疑将提高企业在现代经济环境下的竞争力。同时,建立企业网站是传统经营转向电子商务化的最直接的突破口,是企业面向全球宣传产品和企业形象的大窗口。

(2)有利于提高企业品牌的知名度

捷足先登电子商务的企业,将加深企业在客户心目中的印象。例如,在员工名片上、广告宣传页上、公司简介等办公用品与相关资料上印上公司的网址和企业电子邮箱,既能让更多的人了解公司的企业文化,又能使企业和产品形象跟上时代潮流,从而有助于提高企业及其产品品牌的知名度。

(3)有利于增加企业的业务量

传统的企业营销主要采取企业自己出去找客源的方式,既费时又费力。如果企业有了自己的网站,就可让潜在的客户通过企业经营范围或地区查询搜索到企业的网站,并得到他们想要的资料,再通过电子邮件或电话、传真等方式主动找企业联系。同时,随着网站功能的提升,可以逐步实现网上的销售与订购,从而降低成本,获得更多的业务量。

(4)有利于提高产品服务的水平

Internet 可提供全天 24 h 服务,可以及时更新网页内容,网页的更新可在几分钟内完成;可以提供网上订单、网上付款、网上反馈等互动方式;可以快捷方便地与各地客户或代理商保持联络。这些都有利于提高产品售前和售后服务的水平,更好地满足顾客的需求,从而更容易建立良好的顾客关系,提高顾客的忠诚度。

(5)有利于节约企业的资源及成本

可通过无纸化的网页取代传统的产品介绍等大量且昂贵的印刷品;可利用网络进行客户订单的传递,发布最新产品介绍的有关资料等。另外,电子商务网站可节省人力成本、交易成本、营销成本、仓储成本和信息管理成本等。

(6)有利于简化业务联系

Internet 可以使买卖双方足不出户就能完成产品咨询、贸易磋商、讨价还价与产品订购,既节省了时间,也节省了业务费用,从而有利于简化业务联系。

(7)其他可能带来的利益

电子商务网站可能带来的其他利益包括保存企业的经营记录、吸引新的雇员、保持市场份额、了解市场、提供个性化服务、提供更加快捷的沟通方式、便于企业走向国际市场等。

4) 网站的规模与类别

在撰写网站建设策划书时,应了解清楚网站的规模与类别。

网站的规模主要有小型、中型、大型几种。如果建设网站的企业以前有经营实体，则网站的规模应与现实经营实体的规模大致相当。如果建设网站的企业在现实中没有经营实体，则应实事求是地根据网站的定位来规划网站的规模。

另外，对一般企业而言，较科学合理的规模设想应从小到大逐步建设，即网站的初期规划先从小规模开始，然后逐步发展。一般可以在规划中说明从小到大的建设设想，即说明设想分别在几年内建成什么规模的网站。网站规模的设想还应从网站的后期维护及网站的发展方向来考虑。根据主题、形式及企业本身的特点，网站的设计也有不同的类别。在网站建设策划书中进行网站类别的确定时，可以有以下几种选择：

①以内容为主，设计为辅，注重速度的网站。这种网站通常是大型的专业网站，它一般可能是专业的ICP或ISP网站。在设计这类网站时不宜太花哨，应注重信息量。

②以企业产品网络营销为主的网站。这种网站通常是生产企业的网站。这些企业想通过网站更好地宣传自己的产品，扩大销路，使自己的产品走向世界，提高自己企业的形象。这种网站制作应结合本身的产品特点制作，要有一定的特色，而且相对来说比较注重产品的营销。

③以树立形象为主的网站。这种网站通常是一些政府行政职能部门的网站。政府行政职能部门的网站作为对公众服务的一个窗口，设计时一般要求比较严肃。大多数电子商务网站属于第二种网站。

5）网站的主要目标客户群

根据企业产品的客户群及网站的类别不同，网站的目标客户群也不一样。在网站建设策划书中进行目标客户划分时，可能有以下几种选择：

①从职业角度划分，可分为工商业者、专业人士、学生等。

②从性别角度划分，可分为女性和男性。

③按年龄范围划分，可分为儿童、青少年、中年人、老人或所有的人群。

④按地理范围划分，可分为国内市场、国外市场和全球市场。

例如，教育类网站的目标客户主要是院校的老师和学生，而化妆类和护肤产品类的网站一般主要是女性。

6）网站建设的主要工作流程

撰写网站建设策划书时，应理解网站建设的主要工作流程。通常，这个流程主要有以下几个环节。

（1）注册域名

域名是企业在Internet上的唯一标识，如ibm，tom。选择一个好的名字，可以让客户容易记住并方便地访问到公司的网站。

（2）确定建立网站的主要方式

通常，建立网站的方式主要有3种：第一种是完全自己建立，需要有专业技术人员和专门的设备；第二种是自己租用主机和线路，采用整机托管的方式来建立网站；第三种是可采用虚拟主机技术建立网站，可以简化网站的日常管理和维护。

(3)网站的设计

网站设计主要包括网站内容结构的设计(如栏目名称和内容等)、网站功能需求设计(如交互方式等)、网站的外观形式的设计(如整体网络、色彩搭配、字号和字体等)。

(4)网站的开发

网站开发主要包括网站页面内容的编辑(如文字、图片、多媒体素材等)、网站数据库的设计(如产品数据库和客户数据库等)、网站的程序开发(如动态网页功能和支付功能等)。

(5)网站的测试和评价

网站的测试和评价主要包括链接的有效性、网页的可读性、网站的下载速度、网页语言的正确性、网站的便利性和网站的兼容性等。

(6)网站的宣传与推广

网站的宣传与推广主要包括在线与离线两种方式。在线推广主要包括搜索引擎、友情链接、广告联盟、标题广告和邮件列表等;离线推广则主要是采用媒体广告和宣传资料等传统手段。可以根据需要综合利用这两种方式,以提高网站的访问率与利用率。

(7)网站的管理与维护

网站的管理与维护主要包括网站日常内容的维护、网站外观形式的维护、网站安全性的管理、网站信息的备份、网站数据库的维护与网站的功能升级等。

(8)网站使用状况评估

网站使用状况评估主要包括站点访问量的统计、客户对网站的反应与意见汇总、网站的使用效率等。

7)估算项目所需的时间及人力资源

撰写网站建设策划书时,应明确估算网站建设完成的时间。而且,为了保证网站建设能如期实现,应在每个工作阶段设置一个时间节点。同时,每个工作阶段所需人力资源及主要负责人都应明确。

在了解主要工作阶段所需时间并进行规划时,可能需与主管网站设计开发的人员沟通,以便较合理地确定每个主要阶段的所需时间及进度。因为过长的时间估计会拖延网站建设的进度,过短的时间估计也会使项目过于仓促,日后则可能产生较多的隐患。如果可能,应该向公司的人事部门咨询一下人力资源的现状,并与人事部门讨论网站建设项目所需人力资源的专业类型与数量。

8)估算项目所需的经费

网站建设的经费是网站建设策划书中需要提到的。写入这一部分内容是为了让高层领导对资金的使用预算有一个大致的了解。这些经费主要包含两部分:一部分是一次性投入的经费,主要有域名注册费用、硬件购置费用、软件购置费用、网站设计开发费用、网站推广费用和相关合作商的交易费用等。另一部分是网站投入使用后的日常运行费用,主要有域名空间租用年费、日常维护与管理费用等。如果可能,应该与企业的财务部门讨论所需经费预算,因为财务部门在这方面相对而言更具有专业性。当然,也可能要与网站建设相关的各部门主管进行沟通,以便于今后工作的开展。

9)考虑网站建设中其他可能的问题

有的网站建设策划书中还可能进行项目建设的可行性分析,并且可能需要有分阶段实施的目标。另外,策划书中还可能要对同类的网站进行比较,阐述本企业准备建设的网站与同类网站相比的优势与特点。在阅读策划书中的以上问题时,可能需要向企业的其他部门进行咨询,因此需要有良好的沟通能力与合作精神。不能凭空想象或纸上谈兵,要想使规划更专业,就要向专业人士多咨询。如果上述的各个问题都清楚了,就基本理解了一份企业电子商务网站建设策划书的主要内容。接着就可以进行项目的进一步调查,并进行下一步的设计与建设。

本章小结

本章是网站建设的系统分析的概述,包括了需求分析、流程分析、平台选型分析及编制策划书等过程。可行性分析包括:宏观环境分析、市场分析、经济分析、技术分析和组织人员分析等。然后阐述了网站建设的前期准备,如网站建设人员配置准备、网站开发环境准备和网站建设资金准备。网站的系统分析包括:网站建设的目的分析、网站目标客户分析、竞争对手分析、网站功能需求分析、网站架构与技术选择分析等。网站策划书的编制要包含的内容有网站建设的总体目标、网站建设的利益分析、网站建设的规模设想、网站类型的定位设想、网站的目标客户群分析、网站建设的主要工作、项目所需时间及人力资源估算、网站建设的经费估算等。

复习思考题

1.简述网站的作用与功能。
2.简述独立服务器的硬件组成及各部分的功能。
3.《网站功能描述书》应该包含哪些内容?
4.简述网站建设的主要工作流程。
5.查阅相关资料,给出一份《网站功能描述书》的样例。

第6章
网站建设的系统设计

📖 学习要求

- 了解网站设计的原则。
- 掌握系统的总体设计。
- 掌握网站建设的详细设计过程。
- 理解数据库设计的步骤。

📖 学习指导

本章的学习目的是熟悉网站建设的系统设计的全过程。首先要了解网站的设计原则,对网站的系统设计进行整体把握。接着掌握系统的总体设计,包括网站的名称及主题设计、网站形象设计、网站结构设计;在理解了网站系统的总体设计之后,结合总体设计的内容,掌握具体的系统设计,即网站板块、栏目、风格、创意、页面和首页设计。最后,本章阐述了数据库设计的方法和步骤,详细介绍了数据库设计从需求分析、结构设计到数据库的实施与维护的全过程。

案例导入

当促销遇上服务器瘫痪①

聚美优品是当下一家颇具知名度的化妆品限时特卖商城,其前身为团美网,由陈欧、戴雨森等人创立于2010年3月。团美网首创化妆品团购模式,每天在网站推荐十几款热门化妆品,用低价和品质吸引消费者的关注。

2010年9月,团美网正式全面启用聚美优品新品牌,并且启用全新顶级域名。在2014年5月16日晚间,聚美优品在纽交所成功挂牌上市,股票代码为"JMEI"。虽然聚美优品由于经常会有抢购、减价活动,服务器功能强大,但是在遇到一些重大促销活动时,某一时间段会有成千上万的网购者一哄而上,网站服务器经常崩溃。

早在2013年,聚美优品为三周年促销活动做足了功课,吸引了一大波消费者的关注。

---

① 资料来源:《聚美优品又要卖零食,服务器崩溃遭吐槽》http://mt.sohu.com/20150707/n416318425.shtml.

然而，就在促销活动开始的前6 min，聚美优品的官网就已经开始瘫痪，遭到网友纷纷吐槽，最终只能将原定只举办一天的促销活动延长为3天，以安抚消费者的情绪。

有消息称事后聚美优品曾以百万年薪招聘CTO，不过目前看来效果并不显著。聚美CEO陈欧在2015年6月29日发出了一条微博“免费给大家进口零食可好？都是国外直接进口的，好吃到流口水。有兴趣的我晚点发出来”。而实际上，这次进口零食的促销活动再次引起服务器崩溃，郁闷的网友在微博下评论吐槽“骗子，我搞了半小时，最后支付也没搞好”“根本抢不到好吗？服务器君又罢工了”。

毫无疑问，不给力的服务器引发了消费者对网站深深的质疑，极大地打击了消费者的购物热情。而诸如此类促销引发的服务器崩溃事件在电子商务日益增长的今天屡见不鲜。对于企业来说，花费大量精力精心设计的营销活动，却遭遇服务器瘫痪的尴尬，结果往往适得其反，因此，正确平衡营销与硬件环境的关系十分重要。

问题：1.结合案例分析，具体说明是什么导致聚美优品营销活动的失败？
2.结合案例背景，针对促销导致的服务器瘫痪提出解决方案？

从石器时代到工业革命，从计算机的出现到互联网的兴起，21世纪的今天已经是网络的时代。人们的生活理念、消费观念发生着翻天覆地的变化，传统的商务活动拓展成为如今的电子商务。电子商务打破了时空的局限，突破了千年的传统，加快了经济发展的步伐，创造了一个又一个商业奇迹。网站是企业展示自身形象、发布产品信息、把握市场动态的新平台，是企业的一副崭新的面孔。建设网站是一个复杂的过程，需要使用网页设计工具，遵守一定的规则，同时还要结合企业的实际需求。因此，在进行具体的网站设计之前，需要首先对网站的建设进行系统设计，为建立一个恰当、合理、独特的网站奠定基础。

6.1　系统总体设计

凡事欲则立，不欲则废。每做一件事，都应该有计划，网站建设也不例外，系统设计是成功建设一个网站的有力保障。在网站的系统设计过程中，应充分考虑到网站信息组织、网站管理和维护、网站经营的特点及需要，使得系统的成本投入最低，更容易实现。同时，网站设计还要充分考虑网站扩展及延伸，为企业最终应用提供良好的环境和平台。

6.1.1　网站的设计原则

网站建设是一个系统工程，只有工序清晰、有序开展，才能保证工程顺利进行。因此，网站的系统设计在网站建设流程之中尤为重要，必须注意以下几点原则。

1）明确建立网站的目标和用户需求

网站是展现企业形象，介绍产品和服务，体现企业发展战略的重要途径。因此，必须明确网站的目标和用户需求，从而作出切实可行的设计计划。同时根据消费者的需求，市场的状况，企业自身情况等因素进行综合分析，以消费者为中心进行规划设计。力求建立一个符合企业目标，满足用户需求的网站。

2) 总体设计方案主题鲜明

在目标明确的基础之上,完成网站的构思和创意,即总体设计方案,对网站的整体风格和特色做出定位,规划网站的组织结构。不同类型的网站应针对所服务对象的不同具有不同的形式。一个行之有效的网站要把图形表现手法与信息有效地结合起来,既要做到主题鲜明突出,要点明确,又要以简单明确的语言和画面体现主题,调动一切手段充分表现网站的个性和特色。

3) 统一的版式设计

网页是一种视觉语言,要注重编排和布局。版式设计通过文字、图形的空间组合,可通过网页表达出一个独特的和谐之美。对于多页面的网站来说,必须要把各个页面之间有机的联系反映出来,尤其要处理好页面之间和页面内部的秩序和内容的关系,实现整体布局的合理性,为浏览者提供一种流畅的视觉体验,达到最佳的视觉表现效果。

4) 合理的色彩选择

在网页设计中,需要按照和谐、均衡和重点突出的原则,将不同的色彩进行组合、搭配来构成精美的页面,根据色彩对人们心理的影响,合理地加以运用。通常,网页的颜色应用并没有数量上的限制,但是也不能毫无节制地使用多种颜色,一般先根据总体风格的要求选择1~2种主色调,再根据实际用户群体的特点合理选择其他的色彩进行搭配。

5) 网页形式与内容相统一

要将丰富的内容和多样的形式组织成统一的页面结构,形式语言必须符合页面的内容,体现内容的丰富含义。运用对比与调和、对称与平衡、节奏与韵律等手段,通过空间、文字、图形之间的相互关系,建立整体的均衡状态,创造出和谐的美感。点、线、面是视觉语言中的基本元素,通常它们的运用并不是孤立的,很多时候要使用点、线、面互相穿插、互相衬托、互相补充,构成最佳的页面效果,表达出适合网页内容的设计意境。

6.1.2 网站名称及主题设计

1) 网站名称设计

网站名称是指呈现在网站首页上,起到区别于其他网站的目的的文字。网站名称所带来的品牌效应对于营销来说十分重要,对网站的形象和宣传推广也有很大的影响。拥有一个醒目、独特的网站名称是建立网站十分关键的一步,因此,网站名称设计应遵循以下要素:

(1)合理合法

设计网站的名称,最重要的一点就是要合法、合理、合情。一定不能使用反动的、迷信的,危害社会安全的名词语句,保持一个健康的网络环境。

(2)通俗易懂

网站名称应做到容易记忆、通俗易懂。根据中文网站浏览者的特点,除非特定需要,网站名称最好用中文名称,不要使用英文或者中英文混合型名称。另外,网站名称的字数应该控制在6个字以内,4个字更佳,最好能够使用4个字的成语或者词语。除此之外,字数少还有个好处,就是方便排版,便于页面设计。

(3)别具一格

网站的名称应通俗平实,但是如果能体现一定的内涵,可以在体现网站主题的同时,凸显网站特色,更能抓住消费者的眼球,达到更好的营销效果。

2)网站主题设计

所谓网站主题,就是网站的题材。当下的网络,网站题材千奇百怪、琳琅满目。因此,要想在网络的海洋中脱颖而出,合理定位网站主题十分重要。对于网站主题的选择,应注意以下几点:

(1)主题小而精

设计网站主题,要做到定位要小,内容要精。如果制作一个包罗万象的站点,把所有精彩的东西都呈现出来,往往会事与愿违,给人一种没有主题,没有特色的感觉。网络最大的特点是新和快,一些热门网站甚至实时都在更新。因此,一个小而精的网站可以提高更新效率和速度,有利于迎合浏览者的需求。

(2)主题新颖

目前的互联网鱼龙混杂,各色网站层出不穷。因此,在建立网站选择题材的过程中,要避免一些随处可见,人人都用的主题,而应该选择一些新颖独特的题材,提高浏览者的兴趣和关注度。

一般说来,目前网络上常见的十大类题材有网上求职、网上聊天、网上社区、计算机技术、网页/ 网站开发、娱乐网站、旅行、资讯、家庭/教育、生活/时尚。通过这些大类题材的联系、交叉,从中提炼出合适的主题,为建立一个优秀的网站奠定基础。

6.1.3 网站形象(CI)设计

CI即Corporate Identity,是指通过视觉来统一企业形象。一个杰出的网站和实体公司一样,需要整体的形象包装和设计,准确的、有创意的CI设计,对于网站的宣传推广具有事半功倍的效果。

1)网站CI的特点

网站CI来源于传统CI,但是与传统CI略有不同,这些不同为传统CI的设计增加了新的意义和约束。

(1)表达手段不同

除了文字和图形表达外,网站CI可使用动漫和音乐的元素。如果说传统CI只能通过图片和图形感染用户的话,那么网站CI可以通过动漫和声音同步感染用户的视觉和听觉。

(2)传播形式不同

网站CI可通过互联网传播,不受时间和地域的限制。通常,传统的CI是宣传媒介主动推送给客户,需要在多元化的社会生活中使用相对夸张的表达形式才能吸引用户的注意;而网站CI是用户主动浏览的,可以使用相对简洁含蓄的表现形式。

(3)受众不同

网络的信息量很大,同类的厂家非常多,同时访问量也十分巨大。通常,访问者往往具有一定的目的性,通过搜索引擎等方式获得访问地址。因此,网站CI可以考虑更多的表达

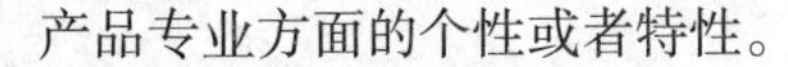

产品专业方面的个性或者特性。

2)网站 CI 设计

(1)网站的标志

网站的标志是通过造型简单、意义明确、标准统一的视觉符号,将经营理念、企业文化、经营内容、企业规模、产品特性等要素,传递给社会公众,使之识别和认同该企业特有的图案和文字。网站的标志是视觉形象的核心,是构成 CI 形象的基本特征,体现 CI 内在素质。网站标志不仅是调动所有视觉要素的主导力量,也是整合所有视觉要素的中心,更是社会大众认同品牌的代表。因此,网站标志的设计具有重要意义。

标志是网站特色和内涵的集中体现,标志可以是中文、英文字母、符号、图案,也可以是动物或者人物。对于标志的设计创意,可由以下几个方面来体现网站的名称、内容及风格。

①具有代表性的人物、动物、花草。这些原色作为设计的蓝本,加以卡通化和艺术化,如迪斯尼的米老鼠,搜狐的卡通狐狸,这些动物标志形象地代表了网站的风格。

②专业性的网站,可以用代表本专业的物品作为标志。例如,中国银行的铜板标志,形象地突出了企业特色。

③最常用和最简单的是使用自己网站的英文名称作为标志。采用不同的字体、字母的变形,字母的组合可以很容易制作自己的标志。

(2)设计网站的标准字体

标准字体是指经过加工的专门用来表现网站的字体。标准字体是 CI 形象的基本要素之一,应用广泛。标准字体具有明确的说明性,可直接将企业推介给观众,与视觉、听觉同步传递信息,强化 CI 形象的影响力。

标准字体是用于标志、标题和主菜单的特有字体。标准字体的设计,就是网站名称标准字的设计。一般网页默认的字体是宋体,为了体现站点与众不同的独特风格,可以根据具体的需要选择一些特别的字体。通常,为了体现专业特征,可以使用粗仿宋体;为了体现设计精美,可以使用广告体;为了体现亲切随意,可以使用手写体。具体的应用过程中,需要根据网站自身所表达的内涵,选择更贴切的字体。

(3)设计网站的标准色彩

在现代 CI 形象设计中,除了网站标志、标准字体外,搭配到位的标准色彩也十分重要。标准色彩是视觉识别设计要素的延伸和发展,与标志、标准字体形成互补的关系,是设计要素中的重要组成部分之一,能够使得网站设计的意义更丰富,更具完整性和识别性。

确定网站的标准色彩是十分重要的一个步骤,不同的色彩搭配产生不同的效果,带给访问者不同的视觉冲击。所谓标准色彩,具体是指能够体现网站形象和延伸内涵的色彩,通常,一个网站的标准色彩不能超过 3 种,因为网站页面上使用的色彩过多会使人眼花缭乱。标准色彩主要用于网站的标志、标题、主菜单和主色块,给人以整体统一的感觉。其他色彩的使用,主要作为点缀和衬托,不能喧宾夺主。

一般来说,网站的标准色彩主要有蓝色、黄/橙色、黑/灰/白色三大颜色系列。

(4)设计网站的宣传标语

把宣传标语的精神元素融入网站 CI 的设计之中,能够使得 CI 形象设计更具文化性和社会性。宣传标语是宣传企业经营理念、目标和精神的一种形式,经过设计,可赋予它特定的人格精神以强化企业的特点。

宣传标语是网站的精神、网站的目标，因此必须用一句话甚至是一个词语来高度概括，同时还要使人感到亲切随和，印象深刻。

6.1.4 网站结构设计

网站结构设计是网站设计的又一重要组成部分。在内容设计完成之后，网站的目标及内容主题等有关问题已经确定。网站结构设计需要确定如何将内容划分为清晰合理的层次体系，例如，栏目的划分及其关系、网页的层次及其关系、链接的路径设置、功能在网页上的分配等。网站结构设计通常分为两个部分，即网站前台结构设计和网站后台结构设计。前台结构设计的实现需要强大的后台支撑，后台也应有良好的结构设计以保证前台结构设计的实现，二者相辅相成，是体现内容设计与创意设计的关键环节。

1）网站前台结构设计

（1）网站前台结构设计的目标

首先，网站前台结构设计主要是为了厘清网页内容及栏目结构的脉络，使链接结构、导航线路层次清晰，确保内容与结构突出主题；其次，前台结构设计更加注重特色设计，体现网站特征；再次，前台结构设计充分调查了用户需求，确保建成的网站能够方便用户使用；另外，还要保证网页功能强大，在功能分配上具有合理性；最后，网站前台结构设计还要关注网站的可扩展性。

（2）网站前台结构设计的步骤

网站前台结构设计就是根据网站特性、建站目的、信息类别，将信息和功能分类划分并细化形成结构脉络，整理后放置于不同层次网页，其主要步骤如下：

①确定内容和功能需求：网站前台结构设计之初，需要对内容设计及创意设计进行汇总和补充，运用收集的信息建立内容和功能列表。

②分类并标记内容：在确定了内容和功能的需求之后，整理内容，并根据内容特点分类标记。制作内容清单、内容检索卡，实现分类标记和命名。

③功能分配：将功能按需求设置到相应的网页中，方便用户进行访问。在进行功能分配的过程中，要注意分清主次，将各个功能模块有序地放于主次不同的网页上。

④完成设计文档：在实现了网络前台结构设计之后，最后一步需要完成设计文档，记录结构设计的有关细节，内容摘要、分类命名、各类间的关系等。

2）网站后台结构设计

（1）后台结构设计的目标

网站结构设计是一个多维过程，设计最终是要给用户提供一个易于使用的网站，为了实现易于使用的目标，后台结构设计过程需要着重从网站可用性、高性能、可扩展性、可维护性和安全管理等方面考虑，因为这不但是实现网站前台结构设计的基础，也将直接对网站总体性能产生深远的影响。

（2）后台结构设计的内容

①硬件结构设计：主要是指确定服务器及其他网络设备的规格数量及其功能分配的过

程,它与网站目标及规模、运作模式、资金情况、技术水平密切相关,因此,不同情况构架的网站硬件结构设计的过程有显著的不同。

硬件结构设计首先需要确定容量计划,即根据访问网站的用户数及网站应用所需的计算机处理量来确定服务器的数量、内存及存储容量、网站链接互联网的速度及相应的网络设备的要求。其次,需要对服务器进行配置,此时需要考虑 CPU、内存、交换空间、硬盘大小、网络适配器等因素的瓶颈及扩充余地。另外,还需对网络连接方式进行设计,目前较为常用的网络连接方式是局域网技术,在连接时网络交换机可选择以太网交换机、网络交换机或者第四层交换机。

②软件结构设计:是对系统软件和应用软件结构进行设计。网站的软件结构除了考虑功能外,还需考虑系统安全、运行速度、运行效率,因此,必须使用安全高效的操作系统和数据库系统。

系统软件包括各种操作系统,目前应用广泛的主要有 Unix,Linux,Windows 系列等,它们可以针对安全性和可操作性作出选择。应用软件包括服务软件和管理软件,这些软件要求速度快、易于调试、易于调用、能够高效运行。安全管理软件也是必不可少的,其实现方式主要有防火墙、IP 地址翻译法、用户使用目录协议等。

③数据库结构设计:随着信息观念的进步及信息时代的要求,越来越多的网站不仅提供丰富广泛的信息,还要提供复杂的供应链管理、客户关系管理等多项信息管理功能,而这些都需要有结构复杂而清晰的数据库的支持,因此,根据网站的目标及功能来设计具有良好规范的数据库结构也是后台结构设计的重要内容。

在数据库结构设计的过程中,应着重考虑数据完整性、一致性等要求及数据安全、查询速度、数据整理效率等,一般在数据库结构设计中要注意通过合理限制数据库的操作权限等来达到一定的数据安全要求。目前常用的网站数据库有 Access,SQL Server 2000,Oracle,DB2,MySQL 等。

6.2 系统详细设计

6.2.1 网站板块设计

网站板块是针对主题进行的网站内容的分类,各个板块之间相互独立,又相互联系,共同组成了整个网站的架构。如何将所有要体现的内容有机地整合和分布,达到某种视觉效果,是网站建设过程中十分重要的一个问题。

1)网站板块设计注意事项

(1)视觉路径规律

人们的视觉路径规律通常是从上到下,从左到右的,因此,在网站板块设计过程中,要注意网站的视觉路径应该符合人们的习惯。

(2)方块的使用

方块的使用是网站板块设计十分关键的一步,方块感强能够给浏览者带来更好的视觉效果。不过在方块的使用过程中,需要注意方块越少越好,尽量使用空白进行视觉区分。

(3)对齐和间距

视觉设计最简单,也是最容易忽略的就是对齐,而对齐也恰恰是视觉效果中最直观的感受;而间距的设置必须满足一般规律,即字距小于行距、行距小于段距、段距小于块距。

(4)主次关系

对用户引导的关键就在于怎样处理主次关系。从视觉的角度上看,形状的大小、颜色、摆放的位置都会影响信息的表达效果,因此主次关系的运用是板块设计的关键。

2)常用板块设计

(1)购物车的设计

与在超市中购物时使用的购物车的功能类似,电子商务网站的购物车只是以电子形式出现在网站中,它的功能更加强大,使用更加方便。用户可根据自己不同的需要,轻松地检索到自己想要的商品,只要用鼠标点击一下就可以将商品放入自己的购物车中,并输入自己想要的数量,如果用户不想要该商品时,只需单击“删除”按钮即可。商品的价格也会在用户选择后由网站自动给出。在用户将所有需要的商品选购完,并选择好发货的方式后,就可以单击“结账”按钮,进入收银台。

如图 6.1 所示是在当当网中提供的购物车的界面,基本上满足了上述设计要点,方便了用户的购物和对商品的选择。

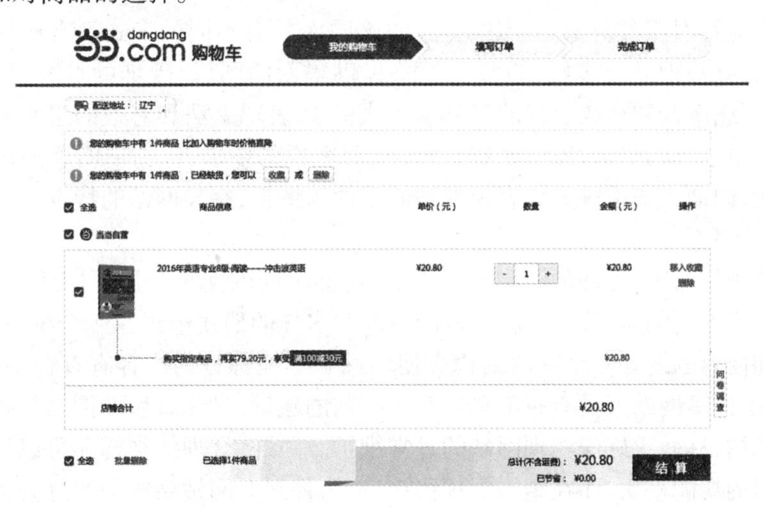

图 6.1　当当网中提供的购物车的界面

(2)收银台的设计

客户进入收银台后,网站会根据折扣、税率、运费等必要的计算给出客户要支付的总价款。之后客户需要选择付款的方式,网站要尽可能地提供多种付款方式来满足不同客户的需求,并且为不同的商品提供不同的支付方式。针对一些小额商品或数字商品,可提供手机支付、虚拟货币支付、预付账户支付等支付方式。而对于大额商品,一般会提供银行转账、邮政汇款等方式。目前很多在线购物都会使用第三方支付平台提供的支付服务,从而可以提高支付的安全性,使交易双方更容易相互信任。如图 6.2 所示,这是当当网结算页面的一部分,它的页面上还包括对运输方式、支付方式的选择和相应的费用,基本上同收银台的设计要求相吻合。

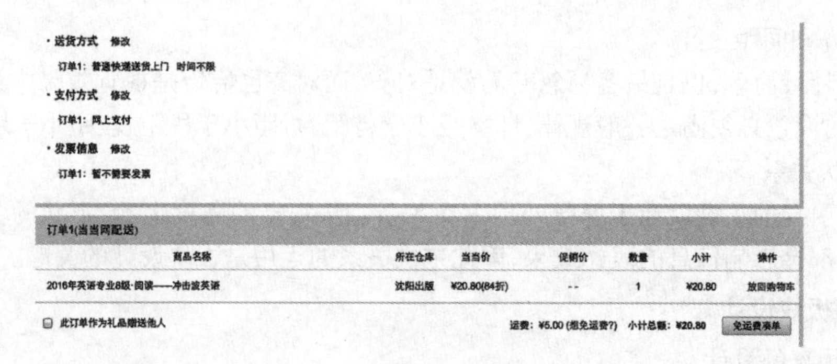

图 6.2　当当网结算页面的一部分

6.2.2　网站栏目设计

网站栏目是指网站内容的提纲，是网站内容的大纲索引，其功能是将网站的所有内容都分门别类，利用栏目将网站的主题明确显示出来。网站栏目设计，就是对网站内容的高度提炼，不管网站内容多么精彩，如果缺乏精确的栏目提炼，很难引起浏览者的关注。

1) 网站栏目设计原则

(1) 主题鲜明

Web 站点应针对服务对象（机构或人）的不同而具有不同的形式。有些站点只提供简洁的文本信息，有些则采用多媒体表现手法，提供华丽的图像、闪烁的灯光、复杂的页面布置，甚至可以下载声音和视频。好的 Web 站点把图形表现手法和有效的组织与通信结合起来。为了做到主题鲜明突出，重点明确，需要按照客户的要求，以简单明确的语言和画面体现站点的主题，调动一切手段充分表现网站的个性和情趣，突显网站的特点。

(2) 结构合理

对于整个网站而言，合理的结构至关重要，功能不同的网页会用不同的结构，不同的服务对象也会采用不同的表现形式，将丰富的内容和多样的形式组织在一个统一的结构中，才能实现形式和内容的统一。合理的结构会使网站中不同部分的内容有着合理的分布，这样一来，既方便了许多网站人员有条不紊地完成网站的建设，又使日后的网站维护人员很快地了解网站的结构，从而更好地实现网站的日常维护。另外，合理的结构还可以暂时不提供将来可能要使用的功能模块，而在结构中预留接口，为将来对网站系统的改进升级奠定良好的基础。

(3) 风格一致

同其他类型的设计工作一样，网页的设计也要求设计人员有一种全局的思想，贯穿于整个网站，应保持统一的设计主题和风格及统一的标识。每一个网页使用相同的字体及配色方案。让浏览者在访问这个网站时，始终都可以感受到是在同一个网站上，感受到一种整体的美感。

(4) 注重细节

对于一个网页而言，它的合理结构和良好的色彩搭配会给浏览者一种非常舒服的整体直观感受，而网页上各个部分的细节设计和它们之间的布局，则会让浏览者真正体会到设计者对浏览者的浏览习惯、喜好的把握和理解，是真正可以体现人性化设计的部分。设计人员在对网页进行设计时,对于内容,要分清主次,找到最引人注目的部分来放置主要内容。而且要遵循网页设计的易读性和方便性原则,要知道浏览者的浏览习惯及对网站服务的具体要求,这样网站的设计者才能设计出真正符合浏览者需求的网页。

(5)交互性原则

互联网的一大特性就是增强了处在不同地域的人们之间的沟通,它可以实现跨越时间和空间的交互。所以网页设计人员在网站设计时,也要注意网站的交互性。最好可以提供类似BBS、留言板、聊天室之类的沟通平台,如果不能提供,也最好设立反馈信箱等最基本的联系方式,使客户和企业之间有一个很好的沟通,从而使网站针对客户的反馈,对自己的产品和服务有一个很好的提升。在企业的Web站点上,要认真回复用户通过电子邮件和传统的联系方式(如信件、电话垂询和传真等)提出的问题,真正做到有问必答。可以针对不同用户的特点进行分类(如售前一般了解、售后服务等),由相关部门处理,使网站访问者感受到企业是真正地站在客户的角度为客户考虑问题并由此产生信任感。注意不要承诺企业无法实现的事情,在企业真正有能力处理之前,不要请求用户输入信息或留下大量企业没有能力给予回复的联系方式。如果要求访问者自愿提供其个人信息,企业应公布并认真履行对个人隐私保护的承诺。

2)电子商务网站常用栏目

(1)网上商城常用栏目

网上商城是最典型的电子商务网站,一般都包含我要买、我要卖、热门促销、商品展示、分类导航、购物车、帮助、行业市场、商业社区、行业资讯、公告栏等栏目。所有栏目中以分类导航、商业展示所占用的篇幅最大。

(2)工业企业常用栏目

工业企业电子商务网站主要以宣传企业文化、展示企业产品、实施企业服务为目的。一般有首页、关于我们、企业简介、企业文化、经营理念、发展历程、资质荣誉、企业动态、新闻中心、业内动态、产品展示、产品系列、下载中心、技术支持、售后技术支持、客户浏览、招聘信息、联系我们、会员登录、会员注册等栏目。

(3)其他常用栏目

学校类网站栏目一般包括学校介绍、校园聚焦、校园风光、教育教学、教工园地、资源平台、学生园地、互动交流等内容。而医院网站栏目一般有医院概况、新闻动态、环境设备、名医荟萃、专科介绍、就医指南、专家门诊、网上挂号、医疗保健、在线咨询等。

6.2.3 网站总体风格与创意设计

1)网站总体风格设计

电子商务网站的风格是指站点的整体形象给浏览者的综合感受,是这个站点的与众不同之处,包括站点的形象、板块、布局、浏览方式、交互性、文字等方面。普通的网站只是堆砌在一起的信息,浏览过后的感受只有信息量的大小、浏览速度的快慢,但有风格的网站能给浏览者更深层次的感性认知。因此,建设一个网站的同时必须树立网站的风格。

树立电子商务网站的风格可以从以下几个方面着手:

(1)色调

色彩的搭配既要符合网站的内容,又要有独特的创意。链接的色彩、背景色彩、文字颜色、导航颜色、栏目颜色要做到尽量使用与标准色彩一致的色彩。

(2)简繁

网站的建设者要善于把握好简洁与花哨的尺度,尤其是门户网站一类的网站,要将大量的商品图片放置其上,如何做到既齐全又不花哨,需要进行用心的设计。

(3)字体的使用

字体的使用要标准统一,字体要符合人们的审美观点。尤其是主页、网站正文的字体应以标准字体为主,符合人们习惯的阅读标准。

(4)网站风格的统一

每个网站要有统一的风格,各个二级页面也要有统一的风格,原则上各个页面的色调也要保持一致。

2)网站创意设计

(1)网站创意设计的目的

要使网站访问者迅速领会网站想要表达的信息,同时使网站快速获得访问用户的认可和信任,必须紧密结合商业需求、市场形象的信息构架和视觉设计。好的创意可以将网站希望用户体会和记住的信息、重点和特色潜移默化地传递给用户,引导用户。网站创意设计,就是为网站制造新款式、新口味和新的个性特征的一种专业加工,一个成功的创意可以使网站在多方面体现出一种别具一格的风格。

(2)网站创意设计的过程

一般来说,网站创意设计通常始于对目标及内容设计结构等进行的审视分析,通过分析,根据分析结果明确网站经营目标和客户群体的特点,以此有针对性地确定创意设计的目标,包括创意的结构、呈现方式及具体内容,最后,通过总结思考结果,形成一个完整的创意,并进行应用。

虽然,进行创意设计的过程十分简单,但是进行创意设计是一个十分复杂的工作。进行创意设计,必须注意创意本身与网站客户群、网站目标、网站形象特征一致,确保互相适应;同时,还要注意创意设计不能干扰、影响内容设计、阻碍网站目标的实现;最后,也是最重要的一点,就是创意设计一定要富有创意,在内容和形式上别具一格,给用户带来最佳的视觉效果。

6.2.4 网站页面设计

随着计算机网络技术的不断发展以及人们对精神世界的感知不断加深,人们对网页界面的要求越来越高。网站页面设计的一个基本原则便是要吸引浏览者,一个美观漂亮的页面不管内容如何,也会吸引人去欣赏;反之,一个内容充实但页面简陋的网页界面很少有人会去浏览。因此,网站页面的艺术设计对于网站的应用和推广至关重要。

1)网站页面设计原则

(1)注目性

注目性是指页面形象要能引起浏览者视觉的注意。这种注意同视觉形象的结构、大小、方位、环境、色彩因素有关。加强注目性是网站页面设计必须追求和注意的事项，在设计时往往要采用概括简洁、生动鲜明的视觉语言，通过对图形或色彩的创意变化，将用文字或听觉语言都难以表达清楚的含义展现出来，这种表达方式利于吸引视线和注意力，可以产生事半功倍的效果。

(2)适应性

网页作为信息社会中的视觉语言，要想达到信息传播的目的，就必须具有适应性特征，重视现代社会的特点以及受传者的文化层次、生理、心理因素，尊重浏览者的习惯心理和公认原则。如果网站页面设计中没有体现这一特征，就会出现页面形象和色彩设计的随意性，影响信息浏览和传递。

(3)记忆性

记忆性是指形象能长期地记忆于脑中，并能形成一定的条件反射。只有充分利用各种构成因素，通过均衡、调和、动静对比、视觉诱导、结构比例等关系进行设计，才能使设计出的网页具有新颖、醒目的艺术魅力，引起公众的注意和长久的记忆。

(4)选择性

网页界面中的信息往往丰富而繁杂，浏览者不一定会对网页中的所有信息都感兴趣，这就涉及对信息的选择性问题。由于视觉对点、线等元素的敏感程度较高，因此在安排引导不同信息的标题和图形时可以将之点化或线化，从而形成视觉注意的中心，便于用户选择性浏览。

2)网站页面设计要素

(1)色彩搭配

作为网站页面设计的基础，页面的色彩设计非常重要，决定了一个网站的基本风格和特征，给人以丰富的想象和联想。在设计网页的过程中，色彩的搭配涉及诸多因素，共同决定了是否能够实现最佳的色彩表达效果。

在设计网页时，最大面积采用的色彩为网页的主色调，主色调掌管了整个画面的色彩气氛，给人们不同的视觉感受，并且能够让人对网站内容产生联想。常用的几种颜色通常会有如下的意义：

红色：热情、浪漫、火焰、暴力、侵略。红色在很多文化中代表的是停止的讯号，用于警告或禁止一些动作。

紫色：创造、谜、忠诚、神秘、稀有。紫色在某些文化中与死亡有关。

蓝色：忠诚、安全、保守、宁静、冷漠、悲伤。

绿色：自然、稳定、成长、忌妒。在北美文化中，绿色代表的是“行”，与环保意识有关，也经常被连接到有关财政方面的事物。

黄色：明亮、光辉、疾病、懦弱。

黑色：能力、精致、现代感、死亡、病态、邪恶。

白色：纯洁、天真、洁净、真理、和平、冷淡、贫乏。白色在中华文化中也是代表死亡的颜色。

相对于主色调来说，辅助色占的整体面积相对较少，起着强调和缓冲的作用。当起强调作用时，可采用与主色调对比的颜色来增强画面的跳动感；当起缓冲作用时，辅助色要与主色调比较接近,例如,主色调是黑色,辅助色可以采用灰色,对色彩进行调和,以免太过严肃。

(2)文字、字体与图像

在网页界面设计中,文字是最重要的构成元素之一,具有比其他视觉元素更加易于辨识的信息传达的效果。文字在网页设计中是一种感性直观的行为,设计网站页面时可根据不同的板块需要来表达感情。因此,在网页界面设计中,字体的设计不仅要考虑界面的总体设想,更要考虑浏览者的实际需求。

而文本字体一般应使用默认字体,因为大多数浏览者的系统里只装有几种常用的字体类型,因此设计的特殊字体在浏览者的系统里并不一定能看到预期设计效果。这种特点决定了网站页面设计使用默认字体能保证浏览者访问的快速、准确。

图片是文字以外最早引入网络中的多媒体对象,它传达信息的直观性与寓意性远远超过文字,而且图片的引入也大大美化了网络页面。

(3)网页文本

一个网站要能够长久地吸引人的注意力,美观的图形、绚丽的色彩可以一时地抓住浏览者的目光,但是如果没有真正吸引人的内容做根基,再美的网页也只能是装饰品。因此,设计网站页面,应根据浏览者的需求来确定网页的内容,进行创意的同时保证内容丰富、组织合理。

设计网页文本时,首先要注意内容的新颖性。选择的内容要不落俗套,突出重点,选择"新"而"精"的题材。另外,还要注意保持内容的新鲜感。网络信息千变万化,每时每刻都在更新,为了持续的吸引浏览者,必须保持新鲜感,确保提供最新信息。

6.2.5 网站首页设计

1)网站首页设计的重要性

对于一个网站来说,首页是最为重要的页面,首页就像是门厅,就像是书的目录;就像是杂志的封面,它不仅会有比其他页面更大的访问量,更代表了整个网站的形象,决定了浏览者的去留。

首页的样式多种多样,访问者的目的也是多种多样的。进行网站的首页设计,其设计的关键就是既要保证重点突出、一目了然,又要充分理解访问者的目的,迎合访问者的需求。

2)网站首页设计的常用形式

(1)导航栏

导航栏是最常用的一种导航方式,最常见的是放置在页面的顶部,也有的放置在页面的底部或左边,一般是用一行多列或一列多行的表格来制作的,表格中的内容是带有超级链接的文本,这些文本链接到一个关于某类内容较为全面的详细页面,然后再通过这个详细页面中的链接转到细节页面中去。如图 6.3 所示,在搜狐网站的主页上,你可以根据主页顶部的导航栏,点击进入自己想要浏览的内容模块。

图 6.3 搜狐网站主页顶部的导航栏

(2)下拉式菜单

下拉式菜单通常可分为可隐藏式和不可隐藏式。在可隐藏式中,当鼠标移到该菜单上面时才显示该菜单项的所有内容项,鼠标移开便隐藏起来。而不可隐藏式的下拉菜单一般放在页面的左边,以折叠的形式出现,这种形式在框架结构的页面中经常使用。如图6.4所示,水木清华BBS论坛采取的就是不可隐藏的下拉式菜单。

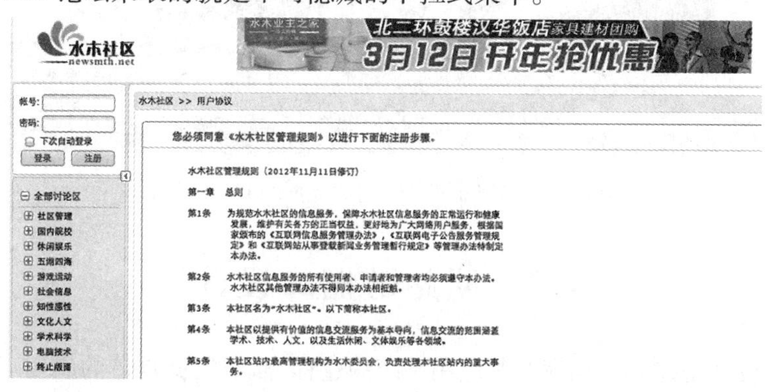

图6.4 水木清华BBS论坛的不可隐藏的下拉式菜单

(3)分类列表

分类列表常常出现在网址集锦的网站中,将分好类的网站链接用分类列表的形式表现出来,分类列表可以将不同种类的网站网址很好地分类,方便浏览者的检索。如图6.5所示,是天空软件站软件下载的分类列表,可以使浏览者能更加直观地找到所需要的内容。

电脑软件

股票软件下载	手机软件	聊天工具	音频播放	视频播放器
益盟操盘 大智慧36 南京证券 恒泰金玉	金山手机 91助手电 小米手机 靠谱助手	腾讯通RT 飞鸽传书 MSNLite3 【飞信下	酷我K歌电 QQ音乐20 酷狗音乐 全能音乐	PPS网络电 快播3.5不 百度影音 腾讯视频
系统工具	**防火墙软件**	**图像处理**	**常用五笔输入法**	**下载工具**
腾讯手机 U大师U盘 超级兔子 Windows优	电脑管家 天网防火 防火墙日 防火墙工	Photosho 可牛下载 光影魔术 美图秀秀	光速输入 极点五笔 QQ五笔输 搜狗五笔	VeryCD电 QQ旋风4. 网际快车 迅雷8(迅
拼音输入	**杀毒软件**	**主页浏览**	**远程控制软件**	**刷机常用软件**
google输 小白T9拼 快速拼音 华宇拼音	腾讯电脑 360杀毒5 AppRemov 病毒专杀	桔子浏览 手心浏览 雨路绿色 博阅论坛	跨平台远 远程控制 华捷远程 凌风视频	xy刷机助 索尼爱立 酷派大神 酷七刷机

图6.5 天空软件站软件下载的分类列表

(4)图像或Flash形式

图像或Flash可以给浏览者更加新颖、生动的印象,经常出现在一些有独特风格的网站中(尤其是一些小网站),给人一种视觉上的冲击,一种新奇的感觉,激发浏览者访问的欲望。如图6.6所示,"我们de大学"网站为浏览者提供了首页的Flash导航,使网站给人的感觉更加生动、活泼,同时也符合青年人追逐新鲜感的性格特点。

图 6.6 “我们 de 大学”网站首页的 Flash 导航

6.3 网站数据库设计

数据库的设计是建立数据库及其应用系统的过程，需要根据具体的应用环境需求，遵循一定的原则进行，从而使得建立的数据库能够有效地存储数据，满足应用需求。

数据库模式是各应用程序共享的结构，是稳定的、永久的结构。数据库模式正是考察各用户的操作行为，并且通过数据处理技术汇总和提炼出来的，因此，数据库设计直接影响系统的各个处理过程的性能和质量；而且，建立一个数据库应用系统需要根据各用户的需求、数据处理规模、系统性能指标等方面选择合适的软硬件配置，并选定数据库管理系统，因此，数据库设计是软件、硬件、管理的相互结合。

6.3.1 数据库设计概述

数据库设计是指利用现有的数据库管理系统为具体的应用对象构造适合的数据库模式，建立数据库及其应用系统，使之能有效地收集、存储、操作和管理数据，满足各类用户的应用需求。

对于给定的应用环境，作为信息系统核心的数据库设计就是建立一个性能良好的、能够满足不同用户使用要求的、又能被特定的 DBMS 所接受的数据库模式。按照数据库模式建立的数据库，应当能够完整地反映现实世界中的信息及信息之间的联系；能够有效地进行数据存储；能够方便地执行各种数据检索和处理操作；并将有利于进行数据库维护和数据控制管理工作。

数据库设计通常与数据库应用系统设计相结合，也就是说，数据库的设计通常包括两个方面，即结构特性设计与行为特性设计。其中，结构特性设计是数据库框架和数据库结构设计，通过结构特性设计将得出一个合理的数据模型，汇总各用户的视图，减少冗余，实现数据共享。而与之相对应的行为特性设计是指应用程序的设计，用以确定用户的行为和动作，用户通过一定的行为与动作存取数据和处理数据。

现实世界的复杂性与多样性决定了要想设计一个优良的数据库系统，减少系统开发的成本以及运行维护代价，延长系统使用周期，必须以科学的数据库设计理论为基础，在具体的设计指导原则下，必须采用系统化、规范化、科学的数据库设计方法来进行数据库的设计。

目前,数据库设计的方法有很多种,这些方法各有特点和局限,但是都利用了软件工程的思想及方法,提出了各自的设计准则和设计规程。

参考众多的数据库设计方法,本书将数据库设计分为5个阶段:需求分析、概念结构设计、逻辑结构设计、物理结构设计,以及实施与维护。

1)需求分析阶段

需求分析的工作主要是综合各个用户的应用需求,为后续各阶段提供充足的信息。该阶段是整个设计过程的基础,也是最困难、最耗时的一个阶段,它将影响数据库设计的结果是否合理与实用。

2)概念结构设计阶段

概念结构设计阶段是整个数据库设计的关键,概念结构设计是对现实世界的第一层抽象,由于直接设计数据库的逻辑结构会增加设计人员对不同数据库管理系统的数据模式的理解负担,不便于与用户交流,因此加入概念设计这一步骤,它是在需求分析的基础上,经过综合归纳,从而形成一个独立于具体DBMS的概念模型。

3)逻辑结构设计阶段

逻辑结构设计的任务是将概念结构设计的结果转换成某个具体的DBMS所支持的数据模型,并对其进行优化。

4)物理结构设计阶段

物理结构设计的目标是从一个满足用户信息要求的已确定的逻辑模型出发,因此,物理结构设计是要设计出一个在限定的软硬件条件和应用环境下可实现的、运行效率高的物理数据库结构。

5)数据库实施阶段和维护阶段

数据库实施阶段与维护阶段,是设计人员运用DBMS提供的数据语言以及数据库开发工具,根据逻辑结构和物理结构设计的结果建立数据库、编制应用程序,组织数据入库并进行试运行。数据库应用系统经过试运行后若能达到设计要求即可投入运行使用,在数据库系统运行阶段还必须不断对其进行调整、修改和完善。

6.3.2 需求分析

1)需求分析的任务

需求分析是通过详细调查现实世界要处理的对象,充分了解原系统(手工系统或老计算机系统)工作概况,明确各用户的各种需求,在此基础上确定新的功能。新系统的设计不仅要考虑现时的需求,还要为今后的扩充和改变留有余地。从而形成数据库设计的需求说明。

因此,需求分析的重点是调查、收集用户在数据管理中的信息要求、处理要求、安全性与完整性要求。信息要求定义了未来数据库系统用到的所有信息,明确用户将向数据库中输入什么数据,希望从数据库中获得什么内容,期望输出什么信息等;处理要求定义了系统数据处理的操作功能,描述操作的优先次序,包括操作的执行频率和场合,操作与数据间的联系。处理需求还包括确定用户要完成什么样的处理功能,每种处理的执行频率,用户要求的响应时间以及处理的方式；安全性是保护数据不被未授权的用户破坏；完整性是保护数据不被授权的用户进行未经授权的修改。

2)需求分析的步骤

具体地讲，需求分析的步骤如图 6.7 所示。

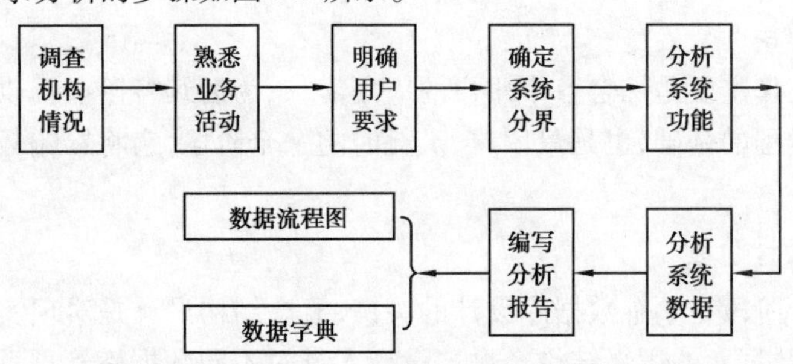

图 6.7　需求分析的步骤

(1)调查组织机构情况

了解该组织的部门组成情况，各部门的职责和任务等，为分析信息流程做准备。

(2)调查各部门情况

了解各部门业务活动情况，几个部门输入和输出的数据及其格式，所需的表格和卡片，如何加工处理这些数据，输出什么信息，输出到什么部门等。

(3)得到用户的活动信息

协助用户明确对系统的各种要求，在此基础上进一步画出业务活动的“用户活动图”，通过用户活动图可以直观地把握用户的工作需求，也有利于进一步和用户沟通以便更准确了解用户的需求。

(4)用户的活动多种多样

有些适宜计算机来处理，而有些即使在计算机环境中仍然需要人工处理。因此，要在用户活动图中确定计算机与人工分工的界限，在图中标明计算机处理的活动范围，这个过程即确定系统边界的过程，是需求分析必不可少的一个步骤。由计算机完成的功能就是新系统应该实现的功能。

(5)分析系统功能

确定系统应具有哪些功能，能完成哪些任务。此阶段需要设计人员和用户协商、确定、备案，在尽量满足用户要求的情况下，不要随便承诺用户不合理或无法实现的要求等。

(6)分析系统数据

确定需要存储哪些数据，包括实体表，实体的属性表，实体的属性集，实体集之间的联系；分析基本数据和导出数据之间是否存在矛盾；调查用户对数据的处理要求，即完成什么样的处理，响应时间，安全性要求，完整性要求；并根据分析结果绘制数据流程图和编制数据字典。

(7)编写系统分析报告

提交用户的决策部门审核。报告内容包括系统概况，系统功能说明，设计阶段划分，可行性分析，系统软硬件及软件运行环境要求，结构图表(包括组织机构图、组织间联系图及各机构功能业务图)及数据图表(包括数据流程图、功能模块图及数据字典)等内容。

(8)数据流图与数据字典

在需求分析逐步分解的同时,系统所用的数据也逐级分解形成若干层次的数据流图。

①数据流图(Data Flow Diagram)是描述各活动之间数据流动的有力工具,是一种从数据流的角度描述一个组织业务活动的图示。数据流图被广泛用于数据库设计中,作为需求分析阶段的重要文档技术资料的重要内容,也是数据库信息系统验收的依据。数据流图用带有名字的箭头表示数据流,用标有名字的圆圈表示数据的加工处理,用直线表示文件,用方框表示数据的源头和终点,是用户和设计人员都容易理解的一种表示系统功能的描述方式。

数据流图中对数据的描述是笼统的、粗糙的,并没有描述数据组成的各个部分的确切含义,只有给出数据流图中的数据流、文件、加工等的详细、确切描述才算比较完整地描述了这个系统,这个描述每个数据流、每个文件、每个加工的集合就是数据字典。

②数据字典(Data Dictionary)是进行详细的数据收集与分析所得到的主要成果,是数据库设计中的一个有力工具。数据字典用来描述数据库系统运行中所涉及的各种对象,也是数据库设计者与用户交流的一个有力工具,可以供系统设计者、软件开发者、系统维护者和用户参照使用,因而可以大大提高系统开发效率,降低开发和维护成本。

(9)后续工作

后续工作包括组织专家评估报告,项目双方签字和签订协议书。

6.3.3 概念结构设计

概念结构设计的结果是形成数据库的概念结构,用语义层模型描述,如E-R图。概念结构也叫作概念数据模型,它反映的是现实世界中组织的业务模式、信息结构、信息间的相互制约关系,以及对信息存储、查询和加工处理的要求等。概念数据模型是对数据的抽象描述,且该描述独立于具体的数据处理的细节和数据库管理系统。

1)概念模型的目标

(1)有丰富的语义表达能力

能表达用户的各种需求,包括描述现实世界中各种事务和事务与事务之间的联系,能满足用户对数据的处理需求。

(2)易于交流和理解

概念模型是数据库设计人员和用户之间的主要交流工具,因此必须能通过概念模型和不熟悉计算机的用户交换意见,用户的积极参与是数据库成功的关键。

(3)易于更改

当应用环境和应用要求发生变化时,能方便地对概念模型进行修改,以反映这些变化。

(4)易于向各种数据模型转换

易于导出与DBMS有关的逻辑模型,如关系表等。

描述概念模型的一个有力工具是E-R模型。有关E-R模型的概念这里不加以描述。

2)概念结构设计的策略

(1)自底向上

先定义每个局部应用的概念结构,然后按一定的规则把它们集成起来,从而得到全局概念模型。

(2)自顶向下

先定义全局概念模型,然后逐步细化。

(3)由里向外

先定义最重要的核心结构,然后再逐步向外扩展。

(4)混合策略

将自顶向下和自底向上的方法结合使用,先用自顶向下的方法设计一个概念结构的框架,然后以它为框架再用自底向上策略设计局部概念结构,最后把它们集成起来。

3)设计局部应用的 E-R 模型

为了清楚表达一个系统,人们往往将其分解成若干个子系统,子系统还可以再分,而每个子系统就对应一个局部应用。由于高层的数据流图只反映系统的概貌,而中间层的数据流图较好地反映了各局部应用子系统,因此,通常成为划分局部 E-R 模型的依据。

选定合适的中间层局部应用后,就要通过各局部应用所涉及的在数据字典中的数据,并参照数据流图来标定局部应用中的实体、实体的属性、实体的码、实体间的联系以及它们联系的类型来完成局部 E-R 模型的设计。

事实上,在需求分析阶段,数据字典和数据流图中的数据流、文件项、数据项等就体现了实体、实体属性的划分。为此可以从这些内容出发,然后作必要的调整。在调整中,应遵守准则:现实中的事物能做"属性"处理的就不要做"实体"对待,这样有利于 E-R 图的处理简化。实际上,实体和属性的区分是相对的,由于讨论问题的角度发生变化,同一事物在一个应用环境中为属性在另一个应用环境中就可能为实体。一般采用以下两个准则来确定事物是否可以作为属性:

①如果事物作为属性,则此事物不能包含别的属性。即事物只是需要使用名称来表示,那么作为属性;如果需要事物具有比它名称更多的信息,那么用实体表示。

②如果事物作为属性,则此事物不能与其他实体发生联系。联系只能发生在实体之间。

一般的,满足上述两条件的事物可以作为属性处理。

4)全局 E-R 模型的设计

当所有的局部 E-R 图设计完毕后,就可对局部 E-R 图进行集成。即把各局部 E-R 图加以综合连接在一起,使同一实体只出现一次,消除不一致和冗余。集成后的 E-R 图应满足以下要求:

(1)完整性和正确性

整体 E-R 图应包含局部 E-R 图所表达的所有含义,完整地表达所有局部 E-R 图中应用相关的数据。

(2)最小化

系统中的对象原则上只出现一次。

(3)易理解性

设计人员与用户能够容易理解集成后的全局 E-R 图。集成局部 E-R 图就是要形成一个为全系统所有用户共同理解和接受的统一的概念模型,合理的消除各 E-R 图中的冲突和不一致是工作的重点。

各个 E-R 图之间的冲突主要有 3 类:属性冲突、命名冲突和模型冲突。其中,属性冲突包括属性域冲突和属性取值单位冲突,即不同的局部 E-R 模型中同一属性有不一样的数值类型、取值范围、取值集合以及不同的单位;命名冲突是指两个对象有相同的语义则应该归为同一对象,使用相同的命名来消除不一致;模型冲突是指同一对象在不同的局部 E-R 模型中具有不同的抽象,如果在某局部的 E-R 模型中是属性,在另一局部 E-R 模型中是实体,那就需要统一。

在初步集成 E-R 图后,检查集成后的 E-R 模型图,可能存在一些通过基本数据和基本联系导出的数据和联系,这些数据和联系就是冗余数据和冗余联系。冗余数据和冗余联系会破坏数据的完整性,给数据操作带来困难和异常,原则上应当予以消除。

6.3.4 逻辑结构设计

1)逻辑结构设计的目标

逻辑结构设计是将现实世界的概念数据模型变换为适应于特定数据库管理系统的逻辑数据模式。逻辑数据模式也被简称为逻辑模型或数据模式。逻辑数据库设计的最终目标包括,满足用户的完整性和安全性需求;能够在逻辑级上高效率地支持各种数据库事务的运行;存储空间利用率高。

2)逻辑结构设计的步骤

逻辑结构设计的任务是把概念结构设计阶段设计好的 E-R 模型转换为与某个 DBMS 所支持的特定数据模型,并对其进行优化,形成数据库的逻辑模式。数据库系统逻辑结构的设计通常分为 3 个步骤进行,如图 6.8 所示。

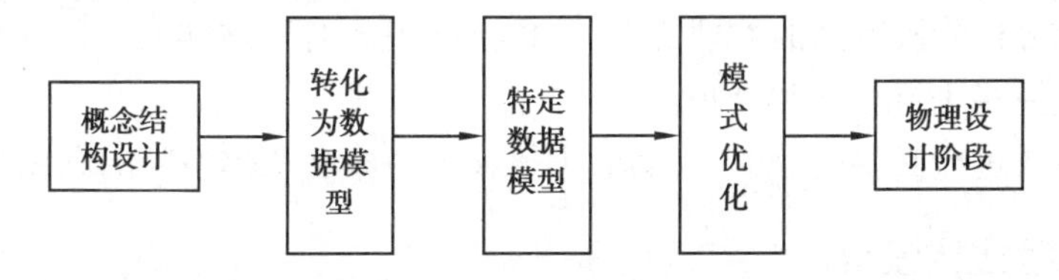

图 6.8 逻辑结构设计阶段

①将概念结构阶段设计好的 E-R 图转化为一般的数据模型,如关系、网状或层次模型。

②将转化后的一般数据模型转换为特定的 DBMS 所支持的特定数据模型。

③对特定的数据模型进行调整和模式优化。

目前关系数据模型是最简单、最实用的数据模型。

3)E-R 图转换为关系模型

逻辑结构的设计也就是 E-R 图向关系模型的转换。E-R 图由实体、实体的属性、实体之间的联系 3 个要素组成,因此,E-R 图向关系模型的转换就是将实体、实体的属性、实体间的联系转换成关系模型中的关系、属性和联系。其转换通常遵循的原则如下:

(1)对于实体

对于实体,一个实体转换成一个关系模式。实体名成为关系名,实体的属性成为关系的属性,实体的码就是关系的码。

(2)对于一对一的联系

可以将联系转换成一个独立的关系模式,也可以与联系的任意一端对应的关系模式合并。如果转换成独立的关系模式,则与该联系相连的各实体的键以及联系本身的属性均转换为新关系的属性,每个实体键均是该关系的候选键;如果将联系与其中的某端关系合并,则需在关系模式中加上另一关系模式的键及联系的属性,两关系中保留了两实体的联系。

(3)对于一对多的联系

可以将联系转换成一个独立的关系模式,也可以与“多”端对应的关系模式合并。如果成为一个独立的关系模式,则与该联系相连的各实体的键以及联系本身的属性均转换成新关系模式的属性,“多”端实体的键成为新关系的键。如果将其与“多”端对应的关系模式合并,则将“一”端关系的键加入到“多”端,然后把联系的所有属性也作为“多”端关系模式的属性,这时“多”端关系模式的键仍然保持不变。

(4)对于多对多的联系

可以将其转换成一个独立的关系模式。与该联系相连的各实体的键及联系本身的属性均转换成新关系的属性,而新关系模式的键为各实体的键的组合。

4)逻辑结构的优化

对于逻辑结构的优化,一般采用关系规范化理论和关系分解方法作为优化设计的理论指导,通常采用以下方法:

①确定数据依赖。用数据依赖分析和数据项之间的联系,写出每个数据项之间的依赖。

②对于各个关系模式之间的数据依赖进行极小化处理,消除冗余的联系。

③按照数据依赖理论对关系模式进行分析,考虑是否存在部分依赖、传递依赖、多值依赖,确定各关系模式分别是数据第几范式。

④按照需求分析阶段得到的处理要求,分析这些模式对于这样的应用环境是否合适,确定是否要对这些模式进行合并和分解。

⑤对关系模式进行必要的分解,提高数据操作的效率和存储空间的利用率。

6.3.5 物理结构设计

物理结构设计是利用已确定的逻辑数据结构以及DBMS提供的方法、技术、以较优的存储结构、数据存取路径、合理的数据存储位置以及存储分配,设计出一个高效的、可实现的物理数据库结构。由于数据库的物理结构依赖于给定的计算机软件及硬件环境,依赖于所选用的DBMS。因此,设计数据库的物理结构应充分考虑数据库的物理环境,例如数据库存取设备、存储组织和存取方法,数据库管理系统及其他辅助性软件工具等。

通常关系数据库的物理结构设计主要包括以下内容:

1)确定数据的存取方法

存取方法是快速存取数据库中的数据的技术,数据库管理系统一般都提供多种存取方法,具体采取哪种存取方法由系统根据数据的存储方式来决定,用户一般不能干预。

用户通常可以利用建立索引的方法来加快数据的查询效率。如果建立了索引,系统就可以使用索引查找方法。索引方法实际上就是根据应用要求确定在关系的哪个属性或哪些属性上建立索引，确定在哪些属性上建立复合索引，哪些索引要设计为唯一索引以及哪些索引要设计为聚簇索引。聚簇索引是将索引在物理上有序排列后得到的索引。需要注意的是，索引一般可以提高查询性能，但会降低数据修改性能。因为在修改数据时，系统要同时对索引进行维护，使索引与数据保持一致。维护索引要占用相当多的时间，而且存放索引信息也会占用空间资源。因此在决定是否建立索引时，要权衡数据库的操作，如果查询多，而且对查询的性能要求比较高，则可以考虑多建一些索引。如果数据更改多，并且对更改的效率要求比较高，则应考虑少建一些索引。建立索引的原则如下，满足以下条件之一的，可以在有关属性上建立索引：

①主键和外键上通常建立索引。

②如果一个属性经常在查询条件中出现，则考虑在这个属性上建立索引。

③如果一个属性经常作为最大值和最小值等聚集函数的参数，则考虑在这个属性上建立索引。

④如果一个属性经常在连接操作的连接条件中出现，则考虑在这个属性上建立索引。

⑤对于以读为主或者只读的关系表，只要需要且存储空间允许，可以多建索引。

满足以下条件之一的，不宜建立索引：

①不出现或者很少出现在查询条件中的属性。

②属性值是可能取值的个数很少的属性。

③属性值分布严重不均的属性。

④经常更新的属性和表。因为在更新属性值时，必须对相应的索引作出修改，这就使系统为维护索引付出较大的代价。

⑤属性值过长。在过长的属性上建立索引，索引所占的存储空间比较大，而且索引的级数随之增加，将会带来许多不便。

⑥太小的表不值得使用索引。

2) 确定数据的存储结构

物理结构设计中一个重要的考虑因素就是确定数据记录的存储方式。常用的存储方式有：

①顺序存储。这种存储方式的平均查找次数为表中记录数的1/2。

②散列存储。这种存储方式的平均查找次数由散列算法决定。

③聚簇存储。这种存储方式是指将不同类型的记录分配到相同的物理区域中，充分利用物理顺序性的优点，提高数据访问速度。即将经常在一起使用的记录聚簇在一起，以减少物理输入/输出次数。

用户通常可通过建立索引来改变数据的存储方式。但在其他情况下，数据是采用顺序存储、散列存储还是其他的存储方式是由系统根据数据的具体情况来决定的。一般系统都会为数据选择一种最合适的存储方式。

确定数据的存放位置和存储结构要综合考虑数据的存取时间、存储空间利用率以及维护代价等几个方面的影响。

确定数据的存放位置时，为了提高系统的性能，应根据应用情况将数据的易变部分和稳定部分、经常存取部分和不经常存取的部分分开存放，放在不同的关系表中或者放在不同的外存空间。通常,对于常用的数据应保存在高性能的外存上,不常用的数据可保存在低性能的外存上。

由于各个系统所能提供的对于数据物理安排的手段和方法差异很大,因此设计人员必须仔细了解给定的 DBMS 在这方面能够提供哪些方法,再针对应用环境的要求进行合理的物理安排。

在确定了数据的存放位置后,还要确定系统的配置参数。通常,DBMS 会提供一些系统配置参数、存储分配参数供设计人员对数据库进行优化,为了系统的性能,在进行物理设计时需要对这些参数重新赋值。

6.3.6 实施与维护

1)数据库的实施

在完成了数据库的概念设计、逻辑设计和物理设计之后,需要在此基础上实现设计,进入数据库实施阶段。

数据库的实施一般包括以下几个步骤:

(1)定义数据库结构

在确定了数据库的逻辑结构和物理结构之后,接着就要使用所选定的数据库管理系统提供的各种工具来建立数据库结构。当数据库结构建立好后,就可以开始运行 DBMS 提供的数据语言及其宿主语言编写数据库的应用程序。

(2)数据的载入

数据库结构建立之后,可以向数据库中装载数据。组织数据入库时数据库实施阶段的主要工作。来自于各部门的数据通常不符合系统的格式,需要对数据格式进行统一,同时还要保证数据的完整性和有效性。

(3)应用程序的编码与调试

数据库应用程序的设计应与数据库的设计同时进行,也就是说编制与调试应用程序的同时,需要实现数据的入库。如果调试应用程序时,数据的入库尚未完成,可先使用模拟数据。

在将一部分数据加载到数据库后,就可以开始对数据库系统进行联合调试了,这个过程又称为数据库试运行。这个阶段要实际运行数据库应用程序,执行对数据库的各种操作,测试应用程序的功能是否满足设计要求。如果不满足要求,则要对应用程序进行修改、调整,直到满足设计要求为止。此外,还要对系统的性能指标进行测试,分析其是否达到设计目标。

当应用程序开发与调试完毕后,就可以对原始数据进行采集、整理、转换及入库,并开始数据库的试运行。

2)数据库的维护

对数据库的维护工作主要由数据库管理员(Database Administrator,DBA)来完成,通常包括日常维护、定期维护和故障维护。

(1)日常维护

数据库的日常维护是指对数据库中的数据随时按照需要进行增、删、插入、修改或者更新操作，例如，对数据库的安全性、完整性进行控制。在实际的应用过程中，由于随着环境的变化，数据的密级、用户的密级、用户的权限发生的变化，数据完整性要求的变化，需要 DBA 进行修改以满足用户的需求。

(2)定期维护

数据库的定期维护主要是指重组数据库和重构数据库。重组数据库是指除去删除标志、回收空间。重组数据库是重新定义数据库的结构，并把数据装到数据库文件中。

在数据库运行一段时间之后，由于不断地修改使得数据库的物理存储情况变坏，数据存储效率降低，需要对数据库进行全部或者部分的重组。数据库的重组并不会修改原有的逻辑结构和物理结构。

当数据库的应用环境发生变化时，实体及实体之间的联系发生变化，使得原有的数据库不能很好地满足系统的需要，此时需要对数据库进行重构。数据库的重构部分修改了数据库的逻辑结构和物理结构，修改了数据库的模式。

(3)故障维护

数据库在运行期间可能产生各种故障，使得数据库处于一个不一致的状态。事务故障和系统故障可以由系统自动恢复，而介质故障必须借助于 DBA 的帮助。发生故障通常会造成数据库的破坏，甚至带来灾难性的后果，对磁盘系统的破坏会导致数据库数据全部消失，因此故障维护是十分必要的。

数据库投入运行标志着开发工作的基本完成和维护工作的开始，数据库只要存在一天，就需要不断地对它进行评价、调整和维护。在数据库运行阶段，对数据库的维护工作还包括数据库的转储和恢复；数据库的安全性、完整性控制；数据库性能的监督、分析和改进；数据库的重组织和重构造。

本章小结

本章介绍了网站建设的系统设计方法，介绍了网站建设的原则，即明确建立网站的目标和用户需求、总体设计方案主题鲜明、统一的版式设计、合理的色彩选择以及网页形式与内容相统一，并将系统设计分为系统的总体设计、系统的详细设计以及数据库设计 3 个部分加以展开阐述。系统的总体设计包括网站名称及主题设计、网站形象(CI)设计以及网站结构设计几个部分，其中网站的名称及主题设计重点介绍了设计过程中应遵循的要素、网站形象(CI)设计提出了网站 CI 与传统 CI 的区别以及如何进行网站 CI 设计，网站结构设计分为网站前台结构设计和后台结构设计，并分别介绍了设计的步骤。系统详细设计包括网站版块设计、网站栏目设计、网站总体风格与创意设计、网站页面设计以及网站首页设计，其中详细介绍了网站的板块、栏目、风格以及创意设计的原则及注意事项，具体介绍了网站页面设计的关键要素、着重强调了网站首页设计的重要性以及首页的设计原则。网站数据库设计的原则，阐述了从需求分析、概念结构设计、逻辑结构设计、物理结构设计到实施与维护阶段数据库设计的全过程。

复习思考题

1.简述网站设计的原则。

2.试述网站板块设计的注意事项。

3.说明网站首页设计的原则。

4.解释逻辑结构设计步骤。

5.试述数据库的实施步骤。

第 7 章 网站建设的页面编程技术

学习要求

- HTML 语言的语法和基本属性。
- 定义 CSS 样式表的方法和基本属性。
- 插入 JavaScript 的方法和基本语法。
- JSP 的基本语法和相关技术。

学习指导

本章主要介绍了 4 种网站建设的页面编程技术,即 HTML 语言、CSS 样式表、JavaScript 以及 JSP 技术。在 HTML 语言部分,需要掌握这种语言的语法规则和一些基本的属性并会应用;在 CSS 样式表部分,要求会进行 CSS 的定义,了解一些主要的属性方法;JavaScript 和 JSP 是较高级的页面编程技术,在学习中会有一定的难度,在此,主要了解这两种技术的应用范围和方法以及一些基本的语法和对象等。

案例导入

微信团队为开发者发布 WeUI 微信网页设计样式库①

腾讯微信团队在日前发布了 WeUI 微信网页设计样式库,该样式库包含了微信目前正在使用的基本样式。通过 WeUI 可以帮助网页开发者实现与微信客户端一致的视觉体验,并降低设计和开发成本。

目前 WeUI 已经包含了 Button(按钮)、Cell(单元格)、Toast(浮层提示)、Dialog(对话框)、Progress(进度条)、Article(文章)、ActionSheet 等,未来也将会继续保持更新。

开发者可通过 bower 亦或者是 npm 进行安装,然后在 Web 页面引入 WeUI.css 或者 WeUI.min.css 即可。在需要使用的区域通过以下格式的代码(以下以 Botton 举例)即可进行调用(效果见图 7.1)。

---

① 资料来源:网易数码 http://digi.163.com/.

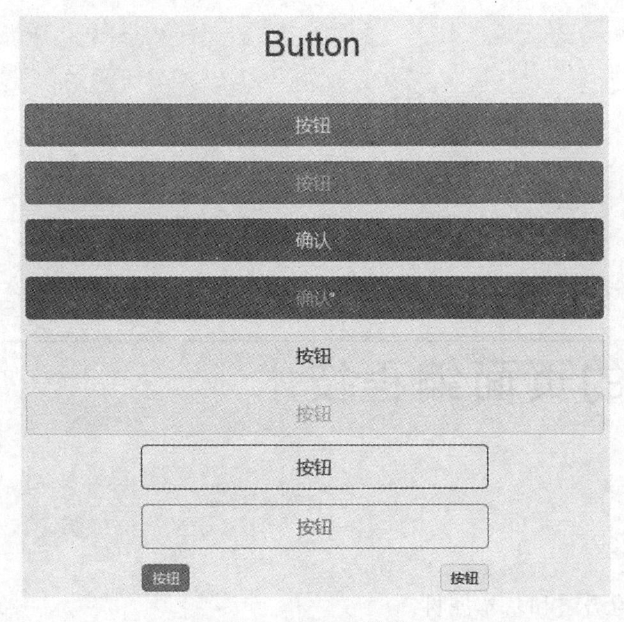

图 7.1　Button 样式

<a href="http://landian.news" class="weui_btn weui_btn_primary">按钮</a>

<a href="http://landian.news" class="weui_btn weui_btn_disabled weui_btn_primary">按钮</a>

<a href="http://landian.news" class="weui_btn weui_btn_warn">确认</a>

<a href="http://landian.news" class="weui_btn weui_btn_disabled weui_btn_warn">确认</a>

<a href="http://landian.news" class="weui_btn weui_btn_default">按钮</a>

<a href="http://landian.news" class="weui_btn weui_btn_disabled weui_btn_default">按钮</a>

微信团队已经采用 MIT 许可开源 WeUI 并将源代码托管 Github。

腾讯团队发布的 WeUI 微信网页设计样式库,是针对微信特有的可以实现的功能而设计的,与单一的网页相比,增加了页面的美观性和实用性,带来更好的用户体验。样式信息是一个网页的重要组成部分,除此之外,还具有许多其他功能的应用,增加了用户访问网站时的效率和兴趣。

问题:1.结合案例,并查找相关资料,分析网页的样式定义方式有哪些?

2.除了为网页添加样式信息外,典型的网页还具有哪些功能?

7.1　网页内容编程语言——HTML

7.1.1　HTML 语言概述

HTML 是英文 HyperText Markup Language 的缩写,意思为超文本标记语言,它是标准通用标记语言下的一个应用。WWW(World Wide Web)的中文意思是“万维网”,它是一个包含世界范围内各个服务器和 PC 节点的网络资源架构。HTML 就是在 WWW 上发布信息的语言。通过 HTML 语言,人们把要发布的信息组装好,即编写为超文本文档,称为 HTML 文档,然后进行发布。HTML 语言最初是由 Tim Benners-Lee 于 1980 年在欧洲核研究组织开发的一种能够让页面相互链接的程序,并发展成为后来的 HTML 语言,经过多年的努力,2014 年 10 月 29 日,万维网联盟宣布,该标准规范终于制定完成。目前支持该标准规范的浏览器有 IE9+,Chrome25+,Firefox19+等。

1) HTML 文件的组成

HTML 文件是由许多用尖括号< >扩起来的 HTML“标记”(HTML Tag)组成的。标记是用来分割和标记文本的元素,以形成文本的布局、文字的格式及五彩缤纷的画面。

HTML 文档可划分为两大部分,即 HTML 文档的开头和 HTML 文档的主体(或正文)部分,主要标记包括:<html></html>,<head></head>和<body></body>等。HTML“标记”可以根据是否需要成对出现,分为单标记和双标记两种,而 HTML“标记”的属性是位于元素之后的,它的形式为:“属性、属性值”对。

2) HTML 文件的编辑与查看

HTML 文件的编辑软件有多种,如 WS,WPS,Notepad,WordPad,Windows 系统中的“记事本”,Linux 中的 Kedit,Lxy 等。现在比较常用的是一些“所见即所得”功能更为强大的页面编辑器,如 FronPage,Dreamweaver 等。这些编辑软件集代码编辑、效果显示功能于一身,你可以很容易创建一个页面,而不需要在纯文本中编写代码。但是假如你想成为一名熟练的网页开发者,建议你使用纯文本编辑器编写代码,这有助于学习 HTML 语言基础。HTML 文件的编辑软件不仅可以实现编辑功能,而且可以满足代码的显示和查看。HTML 文件(文档)的扩展名可以是.html 或.htm。当整个 HTML 文件编辑完毕后,即可存盘。在完成 HTML 文件的编辑之后,可以在浏览器中进行效果展示,根据其在浏览器中的显示效果进行修改和完善。

3) HTML 编程规范

使用规范的编程语言可以大大减少错误率,便于他人观看和理解以及后期的修改和维护。HTML 编程规范主要包括使用小写标记、代码缩进书写、运用注释语句、慎用空格、引号的运用等方面。需要注意的是,如果确需出现属性值中引号嵌套的情况,则外层使用单引号、里层使用双引号。

7.1.2 HTML 语言基础——HTML4

1) HTML 顶级标记

在 HTML4 中包含很多顶级标记,并且各有其不同的功能。表 7.1 所示为 HTML4 中一些主要的标记及其作用描述。

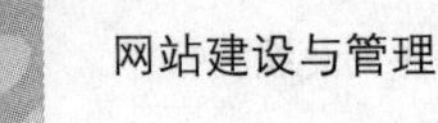

表 7.1　HTML4 顶级标记

标　记	描　述
<html>	进行文档声明
<head>	表示文档的头部,语法格式为:<head>…</head>
<body>	表示文档的主体,语法格式为:< body 属性=“属性值”……>文档正文的其他子标记</ body >。该元素的主要属性有:bgcolor(背景色)、background(背景图片)、Text(文本)、link(超链接颜色)、Leftmargin、topmargin(左边距和上边距)等
<title>	声明文档的标题,语法格式为:<title>…</title>,且只能放在<head></head>标记对之间
<link>	进行文档链接,语法格式为:< link 属性=“属性值”……>。其主要属性包括 href(指定超文本链接)、rel(指明资源与文档的关系)、type(链接内容的类型)等

<p>
<span><div>
<pre>
<ol>和<ul>
<hr>
	下列这些标记都是布局标记标签
	<p>是段落标记,对文档进行分段;
	<span><div>是区块标记,将文档分成不同的区块,有助于样式或类型的整体定义;
	<pre>是预格式化标记,作用是使浏览器中显示的样式与在文档编辑窗口输入的格式完全一样;
	<ol>和<ul>是列表标记,要用于事物的分类,其主要属性有:Type(符号类型)、Start(定义起始符号)、compact(紧凑显示)等;
	<hr>是水平线标记,语法格式为: <hr 属性=“属性值”……>。主要属性有:width(宽度)、size(大小)、align(对齐方式)等

<font>	字体标记< font >主要用来设置文本的字体名称、字号和颜色等样式,< font >标记的语法格式为: < font 属性=“属性值”……>文本内容</ font >。该标记的主要属性有:face(字体名称)、size(字体大小)、color(字体的大小)

表 7.1 中所列是设计网页的基本标记标签,要想使设计的页面更加美观、更加实用,就必须会用到超级链接、表格、表单、多媒体与外部程序以及框架。

2)超级链接

超级链接都是以 URL (Uniform Resource Locators)形式表示的,URL 中文名字为“统一资源定位器”。是互联网上使用服务、主机、端口和目录路径的一种标准方法。其中有要链接的文件名和位置以及访问的方法。URL 地址包括绝对 URL 地址和相对 URL 地址。其中绝对路径包含了标识互联网上的文件所需要的所有信息。包括完整的协议名称,主机名称,文件夹名称和文件名称;而相对路经是以当前文件所在路径为起点,进行相对文件的查找。

超级链接的标记是<a>(anchor 锚),<a>标记的语法格式为:<a 属性=“属性值”……>链接文本或图像</a >,开始标记和结尾标记都必须有。除全局属性外,<a>标记的主要属性及其取值见表 7.2。

表7.2 <a>标记的主要属性定义

属性名称	属性值	属性说明(或功能)
href	URL	该属性的值指定链接的目标地址,即链接到什么地方,如可以是一个HTML文件、一个(本页或其他页面的)锚点、一个邮箱,还可以是一个程序(如.jsp文件,.asp文件等)。目标地址是最重要的,一旦路径上出现差错,该资源就无法访问
name	cdata	该属性用来指定锚点名。使用命名锚以后,可以让链接直接跳转到一个页面的某一章节,而不用用户打开那一页,再从上到下慢慢找
target	窗口或框架名,可以是:_parent,_blank,_self(默认值),_top	该属性用来指定显示链接内容的窗口或框架。Parent表示在上一级窗口中打开,在分帧的框架页中经常使用。Blank表示在新浏览器窗口打开。Self表示在同一个帧或窗口中打开。Top表示在浏览器的整个窗口中打开,忽略任何框架
OnFocus,onBlur	script	该属性分别用来指定A标记获得焦点或失去焦点时所运行的脚本

3)表格

<table>标记定义了一个表格,任何一个表格都由该标记开始,它是表格的主标记,可以包含多个其他表格子标记。<table>标记的语法格式为:<table 属性="属性值"……>表格其他子标记</table>。<table>元素的开始标记和结尾标记都必选。<table>元素的主要属性及其取值见表7.3。

表7.3 <table>元素的主要属性定义

属性名称	属性值	属性说明
frame	Void|above|below|hsides|vsides|lhs|rhs|box	该属性规定了表格外边框的显示方式。其中Void(不显示边框)、above(仅显示上边框)、below(仅显示下边框)hsides(仅显示上下边框)、vsides(仅显示左右边框)、lhs(仅显示左边框)、rhs(仅显示右边框)、box(默认,显示全部边框)
border	size	该属性用来设置表格的边框大小,0表示表格边框不可见,边框宽度默认为0
rules	rows,cols,groups,none,all	该属性用来指定表格内边框样式,其取值决定显示哪些内部边框。如rows(行分隔线)、cols(列分隔线)、groups(组分隔线)、none(无分隔线)、all(全部分隔线)

续表

属性名称	属性值	属性说明
width,height	Size(单位用绝对像素值或总宽度的百分比)	该属性分别用来设置表格的宽度、高度
background	URL	该属性用来指定表格背景图像的位置
bgcolor	colorvalue	该属性用来设置表格的背景色
cellspacing	size	该属性用来设置表格的单元格间距
cellpadding	size	该属性用来设置表格的单元格内容和其边框之间的填充距
cols	size	该属性用来指定表格列数

除表格的整体属性之外,还有行标记<tr>,表格单元标记<td>,表格标头标记<th>,以及表格行编组(thead,tfoot,tbody)等诸多元素,在这些标记中都有自己特有的一些属性,这里不再叙述,详细知识可参考相关文献。

4)表单

HTML 表单在制作动态网站方面起着非常重要的作用,它的功能首先是用来排列各种表单控件,让表单能够以一种友好的界面呈现在浏览器面前。其次,表单经常在网页中作为和用户进行交互的工具使用。表单是由许多控件组成的。所谓控件就是一些供用户操作用的组件,包括 Text(单行文本框)、Password(密码输入框)、Radio(单选按钮)、Checkbox(复选框)、Submit(提交按钮)、Reset(重置按钮)、Image(图片发送按钮)、Button(普通按钮)、File(文件选择框)和 Hidden(隐藏域)等。

表单中也包含众多标记,表 7.4 为一些主要的表单标记及其相关属性描述。

表 7.4　表单的主要标记

标　记	描　述
< form >	定义了一个交互式表单,是表单的主标记,语法格式为:< form 属性 = "属性值"……>表单其他子标记</form >。该元素的主要属性有:action(指明处理程序的位置)、method(指明发送表单数据的方法)、onsubmit(提交表单)、onreset(重置表单)等
<input>	输入内容,语法格式为:< input 属性 = "属性值"……>。该标记的属性较多,主要包括 type(类型),name、value(名称和取值),size(初始可见字符数),disabled(初始是否可用),onFocus、onBlur(获得或失去焦点的变化)等
<textarea>	文本区标记,定义了一个多行文本区控件来输入数据,语法格式为:< textarea 属性 = "属性值"……>文本框的内容</textarea>。该标记主要属性有:name(名称和值),rows、cols(文本的行数和列数),readonly(初始状态是否只读),onSelect、onChange(被选中或改变时执行)等

续表

标　记	描　述
<select>	定义了一个下拉选择框或列表框,语法格式为<select 属性="属性值"……>一个或多个<optgroup>和<option>标记</select>。它的主要属性有:name(定义名称)、size(指明选择框中可见的选项数),multiple(初始状态是否允许多选)等
<button>	按钮标记,其类型有3种:普通按钮、提交按钮、重置按钮。语法格式为:< button 属性="属性值"……>按钮上面显示的内容</button>。<button>标记的主要属性有:type(按钮类型),name、value(名称和值)等
<label>	显示标签,为其他控件提供附加说明信息,语法格式为:<label 属性="属性值"……>标签显示的内容</label>。<label>的主要属性有 for,用来说明是和哪一个表单控件相联系
<fieldset>	适合于表单控件比较多,而需要按照不同功能进行区域划分的情况,语法格式为:<fieldset属性="属性值"……>一个<legend>标记和多个其他标记</fieldset>,<fieldset>标记的主要属性为全局属性

5)多媒体及外部程序

超文本之所以在很短的时间内如此广泛的受到人们的青睐,很重要的一个原因是它能支持多媒体的特性,如图像、声音、动画等多媒体及外部程序。根据多媒体类型的不同,在插入时也会用到不同的标记。表7.5是一些插入多媒体或外部程序的主要标记。

表7.5　插入多媒体或外部程序的主要标记

标　记	描　述
<img>	用来在HTML文档中插入图像,语法格式为:< img 属性="属性值"……>。该标记的主要属性有:src、lowsrc(图片来源),name(图片名称),width、height(图片的宽度和高度),border(边框宽度),dynsrc(指定 avi 文件来源),loop(循环次数)等
<embed>	最常用于播放音频和视频,语法格式为:<embed 属性="属性值"……></embed>。该标记的主要属性有:src(文件地址),volume(音量大小),hspace、vspace(相对水平间距和垂直间距),autostart(是否自动播放),hidden(是否隐藏控制面板)等
<object>	调用客户端机器中的媒体播放器控件(ActiveX 控件)来播放多媒体,语法格式为:< object 属性="属性值"……> 若干<param name="value="> </object >。<object>标记的主要属性有:classid(指明类ID号),border(对象边框宽度),width、height(对象的宽度和高度)
<bgsound>	用来在HTML文档中嵌入背景音乐,语法格式为:<bgsound 属性="属性值"……>

续表

标　记	描　述
<embed >	在页面上播放 flash 动画，法格式为：<embed src ="动画文件名"属性="属性值"……>……</embed>
<script>	用来在 HTML 文档中嵌入脚本程序，语法格式为：< script 属性="属性值"……>。该标签的主要属性有：src（文件来源）、language（规定脚本语言）、defer（程序执行时是否延迟）等

6）框架

框架集标记<frameset>，用来定义由多个框架（窗口）集合组成的 HTML 文档，目的就是将多个框架页面放在一个浏览器窗口中显示，如果有了框架集标记一般就不能有<body>标记了。<frameset>标记的语法格式为：<frameset 属性="属性值"……>一个或多个<frameset><frame>或<noframe>标记</frameset>。该标记定义了一个框架集容器，它里面可包含多个框架窗口（用<frame>标记定义），每个框架窗口可打开一个页面。<frameset>元素的开始标记和结尾标记都必选。<frameset>标记的主要属性及其取值见表 7.6。

表 7.6　< frameset >标记的主要属性定义

属性名称	属性值	属性说明（或功能）
rows	size 列表	该属性用来指定框架集容器中所包含的各个行框架窗口所占的高度列表，取值是一个用逗号分隔的数值列表
cols	size 列表	该属性用来指定框架集容器中所包含的各个列框架窗口所占的宽度列表，取值是一个用逗号分隔的数值列表，如 cols="200，*"（以像素为单位）；cols="50%，*"（以百分比为单位，相对于浏览器窗口）；cols="2*，4*"（以比例值表示的相对大小）
OnLoad，onUnload	script	该属性分别用来指定框架被装载、卸载时执行的脚本代码

框架标记<frame>，用来定义由多个框架（窗口）集合组成的 HTML 文档中的每个具体窗口，包括该窗口的外观样式以及其中显示的页面。<frame>标记的语法格式为：<frame 属性="属性值"……>。<frame>元素的开始标记必选，无结尾标记。除了全局属性外，<frame>标记的主要属性及其取值见表 7.7。

表 7.7　< frame>标记的主要属性定义

属性名称	属性值	属性说明（或功能）
name	字符串	该属性用来指定框架窗口名称。与超级链接<A>中 target 属性值所指的"目标框架窗口名"配合使用，以便超级链接的目标内容在指定的框架窗口中显示
src	URL	该属性用来指定框架窗口中显示的初始页面文件位置

续表

属性名称	属性值	属性说明(或功能)
frameborder	0(No)或1(Yes)	该属性用来指定框架窗口是否有边框,取值为0或No,表示无;也可以是1或Yes,表示有
noresize	无	该属性指定框架窗口大小不可用鼠标拖动来调整,不设该属性则表示可用鼠标拖动来调整
scrolling	auto(自动)、No、Yes	该属性指定框架窗口滚动条的显示方式,取值为auto(自动,即当窗口不能够容纳下其打开的页面内容时显示)、No(不显示)或Yes(总是显示)

内部框架标记<iframe>,用来在普通页面中定义一个内部框架窗口,包括该窗口的外观样式以及其中显示的外部文件。<iframe>标记的语法格式为:<iframe 属性="属性值"……>替换外部页面文件的内容</iframe>。除了全局属性外,<iframe>标记的主要属性及其取值与<frame>标记相似。

7.1.3 HTML语言前沿——HTML5

HTML5是万维网的核心语言、标准通用标记语言下的一个应用超文本标记语言(HTML)的第五次重大修改。HTML5的设计目的是为了在移动设备上支持多媒体。新的语法特征被引进以支持这一点,如video,audio和canvas标记。HTML5还引进了新的功能,可以真正改变用户与文档的交互方式。

HTML5与HTML4相比,虽然总体上来说差别不大,但是仍有很多的不同,尤其是在表单等的设计方面。与HTML4相比,HTML5在功能升上有了很大改进,其中包括元素的补充和升级以及属性的更加完善,本部分对HTML5的元素进行介绍。

HTML5中新增了许多元素,包括表单元素在内,与HTML4相比仍有很大的不同。下表7.8介绍了HTML5新增的一些主要元素以及其主要功能介绍。

表7.8 HTML5新增的一些主要元素

元素名称	功能介绍
article	标签的内容独立于文档的其余部分,支持HTML5中的全局属性
aside	定义article以外的内容
audio	定义音频
bdi	规定 <bdi> 元素内的文本的文本方向
canvas	定义图形,包括图标和图像等
datalist	该元素指定输入框的选项列表,列表通过其中的option元素创建
details	用于描述文档或文档某个部分的细节
embed	该标签定义嵌入的内容,比如插件
figure	对元素进行组合

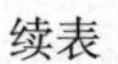

续表

元素名称	功能介绍
figcaption	定义 figure 元素的标题
footer	定义 section 或 document 的页脚
header	定义 section 或 document 的页眉
hgroup	用于对网页或区段(section)的标题进行组合
keygen	密钥生成器,为用户提供验证
nav	定义导航链接的部分
output	在表单中,该元素用于不同类型的输出
rp	定义如果浏览器不支持 ruby 元素所显示出来的内容
rt	定义 ruby 注释的解释
ruby	定义 ruby 注释(中文注音或字符)
section	定义文档中的节(section、区段)
time	定义日期和时间
track	为诸如 video 元素之类的媒介规定外部文本轨道

除了新增了一些元素以外,HTML5 对某些元素也进行了更改。表 7.9 是 HTML5 更改的一些常用元素。

表 7.9　HTML5 更改的元素

元素名称	更改说明
html	在 HTML5 中不在制定 xmlns 属性,并且为 html 元素定义了一个 manifesy 属性,该属性定义了一个 URL 可以描述文档的缓存信息
a	在 HTML5 中,该元素是超链接,不再支持<a>标记的 charset,coords,name,rev 和 shape 属性,而是新增加了 type 和 media 属性
body	删除了所有 body 元素的不被赞成的特殊属性
form	不再支持 accept 属性,新增加了 autocomplete 和 novalidate 属性
ol	支持 start 和 types 属性,并且新增加了 reversed 属性
table	除 border 属性以外,不再支持其他属性
script	Type 属性是可选的,并且新增加了 async 属性来指定异步执行脚本
input	其中的 type 属性新增加了多个属性值

HTML5 在增加或修改元素的同时,也对一些陈旧、繁杂的元素进行了删除。包括 acronym,applet,basefont,font,frame,frameset 和 xmp 等。经过对元素的新增、更改和废除,与 HTML4 相比,HTML5 的功能更加完善,操作也更加便捷,编辑也更加智能。它是跨平台的,并且已成为国际标准,在国际上是通用的。现在大多数的浏览器都支持 HTML5 的应用,这就为 HTML5 的发展奠定了非常好的平台支撑。

【例 7.1】 本例的功能是展示典型的 HTML 语言所具有的功能，使学生对 HTML 文件有一个初步的了解。

【源程序清单：E7_1.htm】

```
<html>
<head>
    <title>欢迎光临我的网上商城</title>
</head>
<body bgcolor="lightgrey">
    <font color="blue" size="5"
          face="楷体_GB2312">
        欢迎光临我的网上商城
</font>
<hr color="red" align="left" size="3"
        width="95%">
<p>请观看我的体育用品</p>
<img border="0"
        src="../image/football.JPG"
        width="100" height="100">
</body>
</html>
```

【效果展示】效果如图 7.2 所示。

图 7.2 一个简单的 HTML 文件

7.2 网页样式编程语言——CSS

7.2.1 CSS 语言概述

1)CSS 样式表的概念及特点

CSS 的全称是层叠样式表(Cascading Style Sheets),简称样式表。是近几年才发展起来的一种制作网页的新技术,CSS 样式表是一组样式,以往如果想使 HTML 文档中的多个“标记”具有同一种样式(如使多个段落 P 中的字体都为红色),则必须各自设定其显示方式,但通过 CSS 只要定义一个样式就可将它应用到多个使用该样式的标记上。因而大大简化了 HTML 文档的设计。

CSS 样式表可将网页内容结构和格式控制相分离,精确地控制文档中的布局、字体、颜色、背景、图像等效果的显示。其主要特点可概括如下:

①“改一变多”,只需修改一个.CSS 文件,就可以改变所有使用其中样式的页面的外观和格式。在修改页面数量庞大的站点时,这一点显得格外有用。避免了一个一个网页的修改,大大减少了重复劳动的工作量。

②可以随意地控制页面布局和外观。由于 HTML 是一种简洁的语言,只是定义了网页的结构(正文、段落等)和各元素的功能,没有过多地控制页面的布局和外观,如行间距、字间距和图像的精确定位等。但 CSS 样式表使这一切成为可能。

③在所有的浏览器和平台之间具有较好的兼容性。一方面由于 CSS 2.0 已经成为了 W3C 的新标准,所以在几乎所有的浏览器上都可以使用;另一方面,由于它只是简单的文本,无图像,不需要执行程序,因而具有较好的兼容性。

④精简网页,提高下载速度。一方面使用 CSS 样式表可以精简 HTML 代码;另一方面可以减少图像的使用(因为以前用图像的地方,现在大多可以用 CSS 实现),同时外部的样式表还会被浏览器保存在缓存里,因而提高了网页的下载速度,也减少了需要上传的代码数量。

2)CSS 样式表的定义

CSS 样式表的定义可以分为两种:内部 CSS 样式表和外部 CSS 样式表。下面分别对这两种 CSS 样式表的方法进行详细介绍。

(1)内部 CSS 样式表定义

内部 CSS 样式表是指 CSS 样式表的代码是置于 HTML 文件内部的,而无须以独立于 HTML 文件的形式单独保存。内部样式表主要包括对 HTML 标记定义的样式表、用类(Class)属性和 ID(标识符)属性定义的样式表。

(2)外部 CSS 样式表定义

上面所述的内部 CSS 样式表,由于其代码是置于 HTML 文件内部的,因而它只能应用于当前的 HTML 文件。如希望站点中的其他文件也使用同样的样式表,则需要重新编写一次代码,上面的方法就不够灵活、也不方便。为此,引入外部样式表。外部样式表是指 CSS 样式表的代码是置于HTML文件外部,并以独立于HTML文件的形式单独保存在扩展名为.css的文本文件中。

3) CSS 文件的基本操作

CSS文件的基本操作包括文件的编写和保存。以Dreamweaver为例,打开软件,在菜单栏中依次单击"新建"→"CSS样式",在弹出的代码编辑窗口中进行代码的编写。完成后,以扩展名.css来进行保存。

除了记住CSS文件的编辑步骤外,还应牢记CSS文件的编程规范。编写CSS文件代码时,除了遵循HTML编程规范外,还应注意样式要分行书,对一个属性定义多个属性值,多个属性值之间用逗号分隔,要善于使用注释语句。

4) CSS 样式表的应用

当定义好样式表后,就要将其应用到HTML文档相应的标记上,以便页面能够按照其指定的样式显示。下面介绍应用CSS样式表的4种方法:嵌入式方法、内联式方法、外链式方法和导入式方法。

(1)嵌入式方法

嵌入式方法是指将样式表直接放在了要设定样式的标记后。如需要定义某个具体段落标记<p>的样式是:"背景颜色是银白色、段落边框为实线、边框颜色为绿色",则代码可以书写如下:

```
<p style="background-color:silver; border-style:solid; border-color:green">...</p>。
```

(2)内联式方法

内联式方法是把样式表定义语句直接写在当前页面的如下位置:

```
<head>
<style type="text/css">
  <! --/ * 以下用类 Class、ID 名以及标记名定义的内联式样式表 * /
     若干样式表定义语句
-->
</style>
</head>
```

(3)外链式方法

外链式方法是指把已经建立好的外部".CSS样式表"文件,使用<link>标记链接到当前页面,以便应用其中的样式。

<link>标记在当前页面的位置和其中的属性设置如下:

```
<head>
   <link rel="stylesheet" type="text/css" href=".css 样式表文件 URL">
</head>
```

(4)导入式方法

导入式方法与外链式方法的功能类似,是指把已经建立好的外部".CSS样式表"文件,使用@ import url语句导入当前页面,以便应用其中的样式。@ import url语句在当前页面的

位置:

```
<head>
    <style type="text/css">
    <! -- 若干@ import url(外部样式表文件 URL);语句
            内联样式表-->
    </style>
</head>
```

7.2.2 CSS 语言基础——CSS2

要想学习 CSS 样式表,首先应了解 CSS 的基本属性,包括字体属性、前景色与背景属性、文本属性、容器属性、列表样式属性、定位与显示属性以及鼠标光标样式属性等。

1)字体属性

该属性用来描述文档中各种字体的属性及其取值,如字体族(FONT-FAMILY)、字体大小(FONT-SIZE)、字体样式(FONT-STYLE)等。字体的主要属性及其取值见表 7.10。

表 7.10 字体的主要属性定义

属性名称	属性值	属性说明(或功能)
font-family(字体族)	[<字体名>|<字体族名>],… [<字体名>|<字体族名>]	1.字体族名有 5 种:Serif(衬线字体)、Sans-Serif(无衬线字体)、Cursive(草书)、Fantasy(幻想)、Monospace(等宽字体) 2.字体族属性值中定义了一系列字体(族)名,浏览器按顺序读取这些字体,并使用其中第一个可以使用
font-size(字体大小)	绝对大小、相对大小、数值、百分比大小	1.字体大小值有 4 种:绝对大小(small,medium,large 等,每个属性值的具体大小由浏览器决定)、相对大小(smaller,larger,分别表示在原有大小的基础上"缩小"或"增大"一级)、数值[常用单位有:英寸(in)、毫米(mm)、派卡(pc)、点(pt)、像素(px)、小写 x 的高度(ex)、大写 M 的高度(em)等]、百分比大小 2.该属性适用范围为所有标记,默认值为 medium
font-style(字体样式)	normal,italic,oblique	1.字体样式值有 3 种:普通(normal)、斜体(italic)、倾斜(oblique) 2.该属性适用范围为所有标记,默认值为 normal
font-weight(字体粗细)	Normal、bold、bolder、lighter、数值	1.字体粗细值有 5 种:普通(normal,即不加粗)、加粗(bold),较粗(bolder)、lighter、数值(100~900,普通为 400,900 为最粗) 2.该属性适用范围为所有标记,默认值为 normal

2)前景色与背景属性

该属性用来描述文档的前景色及各种背景属性及其取值,包括前景颜色(COLOR)、背景颜色(BACKGROUND-COLOR)、背景图像(BACKGROUND-IMAGE)、背景重复方式(BACKGROUND-REPEAT)、背景依附方式(BACKGROUND-ATTACHMENT)、背景位置(BACKGROUND-POSITION)和背景(BACKGROUND)(多个属性值的一次设置)等。

前景色与背景的主要属性及其取值见表7.11。

表7.11　前景色与背景的主要属性定义

属性名称	属性值	属性说明(或功能)
Color (前景颜色)	颜色名或RGB值	1.前景颜色值有两种:颜色名(如red、blue等)、RGB值(可用十进制、十六进制或百分比表示) 2.该属性适用范围为所有标记,默认值由浏览器定
background-color (背景颜色)	颜色值,或transparent(透明)	该属性设置页面或其中某元素的背景颜色,适用范围为所有标记,默认值为透明
background-image (背景图像)	none(无),相对路径,或网址(URL)	该属性设置元素的背景图像,适用范围为所有标记,默认值为none
background-repeat (背景重复方式)	no-repeat, repeat-x, repeat-y, repeat	1.背景图像重复方式有4种:no-repeat(不重复)、repeat-x(横向重复)、repeat-y(纵向重复)、repeat(横向、纵向都重复) 2.该属性适用范围为所有标记,默认值为repeat
background-attachment (背景依附方式)	scroll, fixed	1.背景依附方式有两种:scroll(背景图像随页面内容滚动),fixed(背景图像固定不动) 2.该属性设置背景图像是否随页面内容滚动,适用范围为所有标记,默认值为scroll
background-position (背景位置)	名称关键字、百分比、数值	1.背景位置有3种:名称关键字[横向(left right center)、纵向(top center bottom)]、百分比(x,y坐标)、数值(x,y坐标) 2.该属性设置背景图像的起始位置,适用范围为区块标记和替换标记(包括img,textarea,input,select和object),默认值为0%

3)文本属性

文本属性是用来描述文档中文本的各种属性及其取值,包括文本转换(text-transform)、文本修饰(text-decoration)、字符间距(letter-spacing)、单词间距(word-spacing)、文本(水平)对齐(text-align)、文本垂直对齐(vertical-align)、空白(white-space)处理、行高(行间距line-height)处理等。

文本的主要属性及其取值见表 7.12。

表 7.12　文本的主要属性定义

属性名称	属性值	属性说明(或功能)
text-transform (文本转换)	none,capitalize,uppercase,lowercase	1.该属性值有 4 种:none(使用原始值)、capitalize(单词的第一个字母大写)、uppercase(单词的所有字母大写)、lowercase(单词的所有字母小写) 2.该属性适用范围为所有标记,默认值为 none
text-decoration (文本修饰)	none,underline,overline,line-through,blink	1.该属性值有 5 种:none(无)、underline(下画线)、overline(上画线)、line-through(删除线)、blink(闪烁) 2.该属性适用范围为所有标记,默认值为 none
vertical-align (垂直对齐)	相对于行高的"百分比"(在上一级元素的基线上升降和 line-height 属性结合使用) 或关键字(包括 Top, middle, bottom, baseline, text-top, text-bottom, sub, super)	1.该属性定义一个内部元素相对于其上一级元素的垂直对齐位置。各关键字属性值的含义是:Top(将元素的顶部同最高的上一级元素的顶部对齐)、middle(将元素的中部同上一级元素的中部对齐)、bottom(将元素的底部同最低的上一级元素的底部对齐)、baseline(将元素的基准线同上一级元素的基准线对齐)、text-top(将元素的顶部同上一级元素文本的顶部对齐)、text-bottom(将元素的底部同上一级元素文本的底部对齐)、sub(使元素以"下标"形式显示)和 super(使元素以"上标"形式显示) 2.该属性适用范围为"内部标记"(是相对于包含它的外部标记而言的),默认值为 baseline
letter-spacing (字符间距)	normal、数值	1.该属性值有两种:normal(正常间距),数值(正数表示在正常间距的基础上加上这个值,负数表示在正常间距的基础上减去这个值的绝对值。单位见"字体大小"部分) 2.该属性适用范围为所有标记,默认值为 normal
text-align (文本水平对齐)	left,right,center,justify	1.该属性值有 4 种:left(左对齐)、right(右对齐)、center(居中对齐)、justify(均匀分布) 2.该属性适用范围为区块标记,默认值由浏览器决定
text-indent (文本首行缩进)	长度、百分比	1.该属性定义区块内容的第一行缩进的数量,"百分比"在 IE 中是相对于浏览器窗口的 2.该属性适用范围为区块标记,主要用于段落的首行缩进,默认值为 0

4)容器属性

在 CSS 语言中,每一个区块元素或替代元素(指一些已知原有尺寸的元素,包括<img>

<input><textarea><select><object> 等)都包含在样式表生成的,称为 box 的容器之内。

该属性用来描述文档中容器的各种属性及其属性值。容器的主要属性及其取值见表7.13。

表 7.13 容器的主要属性定义

属性名称	属性值	属性说明(或功能)
width(宽度)、height(高度)	长度、百分比、auto	1.该属性分别设置容器的宽度和高度。其值有 3 种:长度(可以使用前面提到的各种单位)、百分比(相对于父元素宽度或高度的百分比)、auto(是浏览器自动调整或者保持该元素的原有大小也就是元素,如一个图像,自己的宽度和高度) 2.该属性适用范围为区块和替换标记(指一些已知原有尺寸的标记,包括<img><input><textarea><select><object> 等),默认值为 auto

5)列表样式属性

该属性用来描述列表样式的各种属性及其属性值,列表样式的主要属性及其取值见表7.14。

表 7.14 列表样式的主要属性定义

属性名称	属性值	说明(或功能)
list-style-position(列表样式位置)	inside | outside	1.该属性用来设置列表项目符号的位置。inside(列表项目符号出现在列表文字的内部)、outside(列表项目符号出现在列表文字的外部) 2.使用范围:列表标记,如<ul><ol><li>等,默认值为 outside
list-style-type(列表样式类型)	disc | circle | square | decimal | lower-roman | upper-roman | lower-alpha | upper-alpha | none	1.该属性用来设置列表项目符号的类型。disc(圆盘)、circle(圆圈)、square(正方形)、decimal(十进制数字)、lower-roman(小写罗马数字)、upper-roman(大写罗马数字)、lower-alpha(小写英文字母)、upper- alpha(大写英文字母)、none(不显示任何符号) 2.使用范围:列表标记,如<ul><ol><li>等,默认值为 disc
list-style-image(列表样式图像)	url | none	1.该属性使用图像代替列表项目符号。url 为图像文件的来源 2.使用范围:列表标记,如<ul><ol><li>等,默认值为 none

续表

<table>
<tr><th>属性名称</th><th>属性值</th><th>说明(或功能)</th></tr>
<tr><td>list-style(总列表样式)</td><td>列表类型|列表位置|url</td><td>1.该属性可以一次性设置“列表类型、列表位置、列表图像”3个属性值的部分或全部
2.使用范围:列表标记,如<ul><ol><li>等,默认值未定义</td></tr>
<tr><td>display(显示)</td><td>block | inline | list-item|none</td><td>1.该属性定义了一个元素在浏览器上的显示方式。Block(在元素前后都会有换行)、inline(在元素前后都不换行)、list-item(与 block 相同,但增加了目录项标记)、none(不显示)
2.使用范围:所有标记,默认值为 block</td></tr>
<tr><td>margin -top(上边界)、margin -bottom(下边界)、margin -left(左边界)、margin -right(右边界)、margin(总边界)</td><td>长度、百分比、auto</td><td>1.这5种属性用来设置容器的各个边界。其值有3种:长度(可以使用前面提到的各种单位)、百分比(相对于父元素的大小)、auto(浏览器自动调整)
2.该属性适用范围为区块和替换标记,默认值为0</td></tr>
<tr><td>border-top-width(上边框宽度)、border-bottom -width(下边框宽度)、border- left -width(左边框宽度)、border-right -width(右边框宽度)、border-width(总边框宽度)</td><td>thin、medium、thick、长度</td><td>1.这5种属性用来设置容器的各个边框宽度。其值有4种:thin(细边框)、medium(中等粗细的边框)、thick(粗边框)、长度(可以使用前面提到的各种单位)
2.该属性适用范围为所有标记,默认值为 medium</td></tr>
<tr><td>border-color(边框颜色)</td><td>(1~4个)颜色值表</td><td>1.该属性用来设置容器的各个边框的颜色。颜色值可以用颜色名或 RGB 值
2.使用范围为所有标记</td></tr>
<tr><td>border-style(边框样式)</td><td>(1~4个)边框样式名表</td><td>1.该属性用来设置容器的各个边框的样式。样式名称包括 none(无边框)、dotted(虚线点)、dashed(短线组成的虚线)、solid(实线)、double(双线)、groove(凹线)、ridge(3D 山脊状线)、inset(边框有沉入感)、outset(边框有浮出感)
2.使用范围为所有标记,默认值为 none</td></tr>
</table>

续表

属性名称	属性值	说明(或功能)
float(浮动)	left | right | none	1.该属性用来设置容器元素的浮动方式,间接设置一个元素的文本环绕方式。left(元素浮动到左边,则右边可以有文字环绕)、right(元素浮动到右边,左边可以有文字环绕)、none(两边都不可以有文字环绕) 2.使用范围:所有标记,默认值为 none
clear(清除)	none | left | right | both	1.该属性用来取消一个元素在某个方向上的文本环绕。none(默认值。允许元素两边有文字环绕)、left(元素左边不能有文字环绕、right(元素右边不能有文字环绕)、both(两边都不可以有文字环绕) 2.使用范围:所有标记,默认值为 none

6)定位与显示属性

CSS 的定位与显示属性,可以把一个 HTML 元素定位在网页中的任何位置,并给予不同的显示。定位与显示的主要属性及其取值见表 7.15。

表 7.15 定位与显示的主要属性定义

属性名称	属性值	属性说明(或功能)
Position(平面定位类型)	absolute(绝对定位) | relative(相对定位) | static(静态定位)	1.该属性用来设置元素在浏览器上的平面定位类型。absolute(绝对定位可以把元素定位在网页中的任何一个位置)、relative(相对定位是相对一个元素默认的位置来定位)、static(静态的元素处于的默认位置) 2.使用范围:所有标记,默认值为 static
left(左边距)与 top(上边距)	长度 | 百分比 | auto	1.该属性用来定义元素与上一级元素的左边距和上边距。设定这些距离时,可以使用前面提到的各种单位或比例值 2.使用范围:position 属性为 absolute 或者 relative 的标记,默认值为 auto
width(宽度)与 height(高度)	<长度> | <百分比> | auto	1.该属性用来定义元素显示的宽度和高度。设定这些值时,可以使用前面提到的各种单位或比例值 2.使用范围:区块和替换标记以及 position 属性为 absolute 或者 relative 的标记,默认值为 auto
z-index(Z 定位)	正整数 | auto	1.该属性用来定义元素沿 Z 轴方向的层叠顺序 2.使用范围:能设置定位属性的标记,默认值为 auto

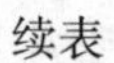

续表

属性名称	属性值	属性说明(或功能)
visibility(可见性)	visible | hidden | inherit	1.该属性用来定义元素的可见性。visible(可见)、hidden(不可见)、inherit(继承上一级元素的可见性) 2.使用范围:所有标记,默认值为 inherit
overflow(溢出)	visible | hidden | scroll | auto	1.该属性用来定义元素溢出内容(元素超出其自身的高度和宽度的内容)的显示方式。visible(显示所有的溢出内容,直到溢出的内容超出网页的边界)、hidden(隐藏所有的溢出内容)、auto(在出现溢出内容的水平或垂直方向上出现滚动条)、scroll(不论是否有溢出内容都显示滚动条) 2.使用范围:绝对定位的标记,默认值为 visible
clip(切片)	rect ([top | [right] [bottom] [left]] | auto	1.该属性用来从元素中剪切出一个 rect(矩形)区域,显示在网页上。top, bottom(left, right)分别设定矩形切片的上下边(左右边)距离元素上边框(左边框)的距离(可用任何单位)。设置为 auto 时,元素的边不被剪切 2.使用范围:绝对定位的标记,默认值为 auto

7)鼠标光标形状属性

鼠标光标的形状在浏览网页的过程中有着重要的作用,不同形状的鼠标光标能够提示浏览者进行不同的操作,如把鼠标移动到有超级链接的文字或图像的上方时,鼠标会变成"小手"的形状,提示浏览者这里可以进行单击操作,链接到其他页面。

鼠标光标形状的属性只有一个,即 cursor,其取值见表 7.16。

表 7.16　鼠标光标形状的属性及其取值

属性名称	属性值	属性说明(或功能)
cursor	hand | crosshair | text | wait | default | help | e-resize | ne-resize | n-resizen | w-resize | w-resize | sw-resize | s-resize | se-resize | auto	1.该属性用来定义鼠标的光标形状 2.使用范围:所有标记,默认值为 auto

8)CSS 样式表滤镜

滤镜在各种图形、图像软件(如 Photshop 等)中都有应用,它可使图片产生特殊的效果,如透明、模糊、投影、翻转、光晕、阴影、波纹、X 光等效果。CSS 滤镜属性(Filter Properties)不仅能够应用到图像,而且还能够应用到文字上,如与脚本语言相结合还能够产生动态的滤镜效果。

滤镜属性的语法格式

filter:filtername(参数名=参数值,……,参数名=参数值)

其中,filter 是 CSS 滤镜属性的说明符。也就是说,只要进行滤镜操作,就必须先定义 filter;filtername 是具体的滤镜属性名,CSS 的各种滤镜属性的名称、功能,请参见表 7.17。filter 表达式中括号的内容用来指定滤镜属性的各个参数及其取值,也正是这些参数的不同取值,决定了滤镜将以怎样的效果显示。因此,滤镜的学习主要集中在对这些参数及其取值的功能和含义的学习上。

CSS 样式表的主要滤镜属性及其功能见表 7.17。

表 7.17　CSS 的各种滤镜属性名称和功能

属性名称	中文含义	属性功能
alpha	透明滤镜	该属性用来设置一个元素的透明度
blur	模糊滤镜	该属性用来设置一个元素的模糊效果
chroma	色度滤镜	该属性用来设置一个元素的颜色为透明效果
dropshadow	投影滤镜	该属性用来按给定的颜色和偏移量为一个元素设置投影效果
fliph,flipv	水平翻转与垂直翻转	该属性用来使一个对象产生水平翻转或垂直翻转的镜像效果
glow	光晕滤镜	该属性用来使这个对象的边缘产生类似发光的效果
gray	灰度滤镜	该属性用来使一个彩色图像转化为灰度(即黑白)效果
invert	反转滤镜	该属性用来使一个对象的可视化属性全部反转,包括色彩、饱和度和亮度值,实际上达到的是一种“底片”的效果
xray	X 光滤镜	该属性用来使一个图像呈现 X 光片效果
shadow	阴影滤镜	该属性按给定的颜色和方向为一个对象设置阴影效果
wave	波纹滤镜	该属性把一个对象设置为垂直方向的正弦波纹效果
mask	蒙版滤镜	该属性用来为对象建立一个覆盖于表面的矩形遮罩
light	光线滤镜	动态滤镜:该属性用来为对象设置光线效果
blendtrans	混合转换滤镜	动态滤镜:该属性用来为对象设置淡入淡出效果
revealtrans	显示转换滤镜	动态滤镜:该属性用来为对象设置渐变转换效果

7.2.3 CSS 语言前沿——CSS3

CSS3 是 CSS 技术的升级版本,CSS3 语言开发是朝着模块化发展的。与 CSS2 相比,CSS3 对其进行了扩展,增加和修改了很多新的功能。它完成了多个模块的开发,这些模块包括盒子模型、列表模块、超链接方式、语言模块、背景和边框、文字特效、多栏布局等,带给用户全新的体验和感受,它继续兼容 CSS2 的应用规范,因此不必对现有的设计进行修改。CSS3 新增的颜色、属性、选择器和模块等,可以实现新的设计效果,而且对已有的效果的设计可以简化其操作步骤。但需要注意的是,CSS3 还没有得到全面的普及,许多浏览器的支持也只是处于初级阶段,要想得到广泛普及,仍有一段路要走。对 CSS3 代码的编写,除了以上提及的 Dreamweaver,FrontPage 等 CSS 通用的编辑软件外,还可使用 CSS3 Maker,CSS3 Generato 和 CSS3 Please 较为新型的软件来做。它们的功能更为强大,操作更为简单,所实现的效果更为全面。

下面分别从 CSS3 新增的选择器、新增的属性两个方面进行介绍。

1)CSS3 新增的选择器

要使用 CSS 对 HTML 页面中的元素实现一对一、一对多或者多对一的控制,这就需要用到 CSS 选择器。HTML 页面中的元素就是通过 CSS 选择器进行控制的。CSS3 新增加了多种选择器,主要有属性选择器、结构伪类选择器、UI 状态伪类选择器以及一些其他的选择器。

(1)属性选择器

属性选择器可根据元素的属性及属性值来选择元素。在 CSS3 中新增加的属性选择器包含了更多的“子串匹配属性选择器”。新增加的属性选择器见表 7.18。

表 7.18　新增加的属性选择器

属性选择器名称	选择器说明
E[foo^="bar"]	选择匹配 E 的元素,且该元素定义了 foo 属性,foo 属性值以“bar”开始。E 选择符可以省略,表示可匹配任意类型的元素
E[foo$="bar"]	选择匹配 E 的元素,且该元素定义了 foo 属性,foo 属性值以“bar”结束。E 选择符可以省略,表示可匹配任意类型的元素
E[foo*="bar"]	选择匹配 E 的元素,且该元素定义了 foo 属性,foo 属性值包含“bar”。E 选择符可以省略,表示可匹配任意类型的元素

(2)结构伪类选择器

结构伪类选择器可以为某些选择器添加特殊的效果,它利用 DOM 实现元素过滤,通过 DOM 的相互关系来匹配特定的元素,减少文档内对 class 属性和 ID 属性的定义,使得文档更加简洁。新增加的结构伪类选择器见表 7.19。

表 7.19　新增加的结构伪类选择器

结构伪类选择器名称	选择器说明
E:root	选择匹配 E 所在文档的根元素。在(X)HTML 文档中,根元素就是 HTML 元素,此时该选择器与 HTML 类型选择器匹配的内容相同
E:nth-child(n)	选择所有在其父元素中第 n 个位置的匹配 E 的子元素。注意,参数 n 可以是数字(1,2,3)、关键字(odd,even)、公式(2n,2n+3)参数的索引从 1 开始。 tr:nth-child(3)匹配所有表格中第 3 排的 tr; tr:nth-child(2n+1)匹配所有表格的奇数行; tr:nth-child(2n)匹配所有表格的偶数行; tr:nth-child(odd)匹配所有表格的奇数行; tr:nth-child(even)匹配所有表格的偶数行
E:nth-last-child(n)	选择所有在其父元素中倒数第 n 个位置的匹配 E 的子元素
E:nth-of-type(n)	选择父元素中第 n 个位置,且匹配 E 的子元素。注意,所有匹配 E 的子元素被分离出来单独排序。非 E 的子元素不参与排序。参数 n 可以是数字、关键字、公式。例:p:nth-of-type(1)
E:nth-last-of-type(n)	选择父元素中倒数第 n 个位置,且匹配 E 的子元素
E:last-child	选择位于其父元素中最后一个位置,且匹配 E 的子元素
E:first-of-type	选择位于其父元素中且匹配 E 的第一个同类型的子元素 该选择器的功能类似于 E:nth-of-type(1)
E:last-of-type	选择位于其父元素中且匹配 E 的最后第一个同类型的子元素 该选择器的功能类似于 E:nth-last-of-type(1)
E:only-child	选择其父元素只包含一个子元素,且该子元素匹配 E
E:only-of-type	选择其父元素只包含一个同类型的子元素,且该子元素匹配 E
E:empty	选择匹配 E 的元素,且该元素不包含子节点

(3)UI 元素状态伪类选择器

该选择器指定的样式只有当元素处于某种状态下才起作用,在默认的状态下不起作用。新增的 UI 元素状态伪类选择器见表 7.20。

表 7.20　新增的 UI 元素状态伪类选择器

选择器名称	选择器说明
E:enabled	选择匹配 E 的所有可用 UI 元素
E:disabled	选择匹配 E 的所有不可用 UI 元素
E:checked	选择匹配 E 的所有可用 UI 元素 例:input:checked 匹配 input type 为 radio 及 checkbox 元素

(4)CSS3 其他选择器

除了上述新增加的选择器以外,还有一些其他的选择器来辅助 HTML 完成网页的设计。新增的其他选择器见表 7.21。

表 7.21　新增的其他选择器

选择器名称	选择器说明
E~F	通用兄弟元素选择器类型 选择匹配 F 的所有元素,且匹配元素位于匹配 E 的元素后面 在 DOM 结构树中,E 和 F 所匹配的元素应该在同一级结构上
E:not(s)	否定伪类选择器类型 选择匹配 E 的所有元素,且过滤掉匹配 s 选择符的任意元素 s 是一个简单结构的选择器,不能使用符合选择器
E:target	目标伪类选择器类型 选择匹配 E 的所有元素,且匹配元素被相关 URL 指向 注意:该选择器是动态选择器,只有存在 URL 指向该匹配元素时,样式才起效果 例:demo.html#id

2)CSS3 新增属性

除了新增选择器外,CSS3 还增加了许多新的属性,借助于这些属性可以更加跨素的设计出需要的网页效果,大大加快了设计的速率,增加了网页的美观度。CSS3 新增的属性主要有边框属性、背景属性、文本属性、用户界面及一些其他的属性。

(1)边框属性

通过 CSS3,能创建圆角边框,向矩形添加阴影,使用图片来绘制边框,并且不需使用设计软件。新增的边框属性见表 7.22。

表 7.22　新增的边框属性

属性名称	属性说明
border-radius	定义圆角边框
border-shadow	设置边框的阴影效果
border-image	使用图片来创建边框;其中包括: border-image-outset:制订边框图像区域超出边框的量; border-image-repeat:图像边框的平铺方式; border-image-slice:指定图像边框的向内偏移; border-image-source:制订用作边框的图像位置

(2)背景属性

CSS3 新增的背景属性见表 7.23。

表7.23 新增的背景属性

属性名称	属性说明
background-origin	决定了背景在盒模型中的初始位置,提供了3个值:border, padding和content border:控制背景起始于左上角的边框
background-clip	决定边框是否覆盖住背景(默认是不覆盖),提供了两个值:border和padding border:会覆盖住背景
background-size	可指定背景大小,以像素或百分比显示。当指定为百分比时,大小会由所在区域的宽度、高度,以及background-origin的位置决定

(3)文本属性

CSS3新增的文本属性见表7.24。

表7.24 新增的文本属性

属性名称	属性说明
hanging-punctuation	规定标点字符是否位于线框之外
punctuation-trim	规定是否对标点字符进行修剪
text-align-last	设置如何对齐最后一行或紧挨着强制换行符之前的行
text-emphasis	向元素的文本应用重点标记以及重点标记的前景色
text-justify	规定当text-align设置为"justify"时所使用的对齐方法
text-outline	规定文本的轮廓
text-overflow	规定当文本溢出包含元素时发生的事情
text-shadow	向文本添加阴影
text-wrap	规定文本的换行规则
word-break	规定非中日韩文本的换行规则
word-wrap	允许对长的不可分割的单词进行分割并换行到下一行

(4)用户界面属性

CSS3新增的用户界面属性见表7.25。

表7.25 新增的用户界面属性

属性名称	属性说明
appearance	允许将元素设置为标准用户界面元素的外观
box-sizing	允许以确切的方式定义适应某个区域的具体内容
icon	为创作者提供使用图标化等价物来设置元素样式的能力
nav-down	规定在使用arrow-down导航键时向何处导航
nav-index	设置元素的tab键控制次序
nav-left	规定在使用arrow-left导航键时向何处导航

续表

属性名称	属性说明
nav-right	规定在使用 arrow-right 导航键时向何处导航
nav-up	规定在使用 arrow-up 导航键时向何处导航
outline-offset	对轮廓进行偏移,并在超出边框边缘的位置绘制轮廓
resize	规定非中、日、韩文本的换行规则

(5)其他属性

除了上述的边框、背景、文本、用户界面等属性之外,CSS3 还增加了一些其他的属性。CSS3 新增的其他属性见表 7.26。

表 7.26 新增的其他属性

属性名称	属性说明
Columns	可以同时定义多栏的数目和每栏宽度
@ keyframes	定义动画
animation	所有动画属性的简写属性
transition	是一个简写属性,用于在一个属性中设置 4 个过渡属性

上述部分详细介绍了 CSS3 新增的一些选择器和属性,除了这些还会有一些其他的特殊效果,例如渐变效果(Gradient)、颜色、盒子模型等。如果读者对 CSS3 感兴趣,可以参见参考文献中的《商务网站页面设计技术》一书。

【例 7.2】 本例的功能是:说明 CSS 样式表“静态滤镜属性”的使用方法,这里以“模糊”滤镜和“水平翻转”滤镜为例介绍。有关的代码可参见下面的源程序文件 E7_2.htm,在浏览器中的显示效果如图 7.2 所示。

【源程序清单:E7_2.htm】

```
<html><head><title>滤镜效果示例</title>
<style type="text/css">
<! --
  /*模糊效果:模糊模式 Add 为 1 表示在模糊效果中使用原有目标文字*/
.myBlur1{filter:blur(Add=1,Direction=135,Strength=6)}
.myBlur2{color:blue;filter:blur(Add=0,Direction=0,Strength=6)}
-->
</style> </head>
<body>
<h2 align="center"><b><font size="6" color="#800000">1.模糊滤镜效果
</font></b></h2>
<div id="layer1" style="position:absolute;width=550px;height=50px;"
class="myBlur1">
```

```
        <font size="6">这是 Add 为 1,方向 135,强度 6 的模糊效果</font>
    </div>
    <br><br>
    <div id =" layer2" style =" position: absolute; width = 550px; height = 50px;" class
=" myBlur2">
        <font size="6">这是 Add 为 0,方向 0,强度 6 的模糊效果</font>
    </div>
    <! --使用嵌入式样式表的水平翻转效果-->
    <h2 align="center" style="position:relative;top:13mm">
      <b><font size="6" color="#800000">2.水平翻转滤镜</font></b></h2>
    <! --水平翻转的源图像 -->
    <p><img border="0" src="people.JPG" width="100" height="60"></p>
    <! --水平翻转后的图像 -->
    <p><img border =" 0" style =" filter: FlipH" src =" people. JPG" width =" 100" height =
"60"></p>
    <hr align="center" size="3" color="#800080">
    </body>
    </html>
```

【示例解析】

• 本例中,在内联式样式表中,通过 Class 属性定义了两种“模糊滤镜”样式 myBlur1, myBlur2,并分别应用在了 id="layer1" 和 id="layer2" 的<div>块中,实现了对文本的模糊效果。

• 通过嵌入式样式表,为<img>标记定义了一种“水平翻转滤镜”样式:style="filter: FlipH",实现了该图像的水平翻转效果。

• 因为滤镜属性必须应用到 HTML 控件元素中,所以,如果对非控件元素应用滤镜属性,则应该把它放在<div>标记中。

【效果展示】本示例的显示效果如图 7.3 所示。

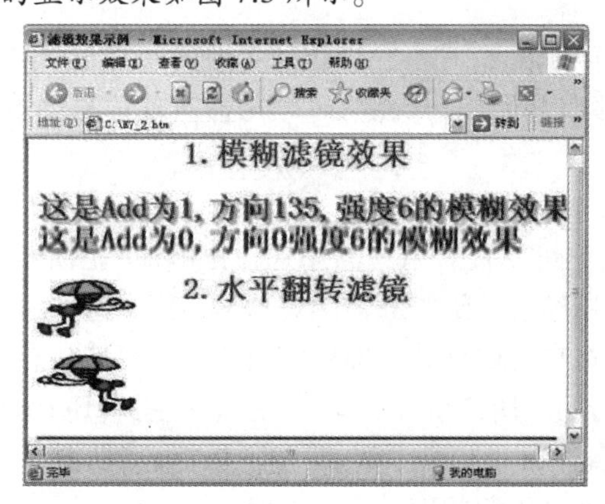

图 7.3 “静态滤镜属性”的使用方法

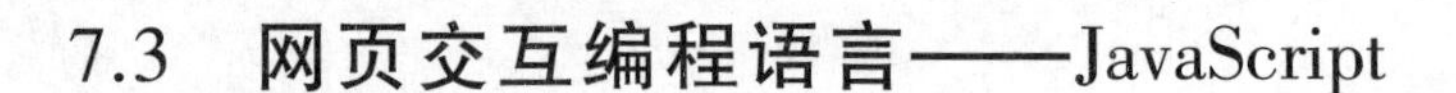

7.3 网页交互编程语言——JavaScript

7.3.1 JavaScript 概述

1) JavaScript 的概念和特点

JavaScript 是一种基于事件驱动(Event Driven)并具有安全性能的脚本语言。通过 JavaScript 可以做到回应使用者的需求事件而不用任何的网络来回传输资料,因此当一位使用者输入一项资料时,它不用经过传给服务器(server)处理,再传回来的过程,而直接可以被客户端(client)的应用程序所处理。JavaScript 是一种解释性语言,即无须预先编译而产生可执行的机器代码,只是在执行时才由一个内置于浏览器中的 JavaScript 解释器将代码动态地处理成可执行代码,因而比编译型语言易于编程和使用。

JavaScript 的特点:JavaScript 是一种基于对象(Object)和事件驱动并具有安全性能的脚本语言。它是通过嵌入标准的 HTML 语言中实现的。它的出现弥补了 HTML 语言的缺陷,它是 Java 与 HTML 折中的选择。JavaScript 具有以下几个基本特点:

(1)一种脚本编写语言

JavaScript 是一种脚本语言,可以被嵌入到 HTML 的文件之中。它采用小程序段的方式实现编程,即可用很小的程序做大量的事,这实际上也是 JavaScript 的杰出之处。

(2)基于对象的语言

JavaScript 是一种基于对象(Object)的语言。这意味着它能运用自己已经创建的对象。因此,许多功能可以来自于脚本环境中对象的方法与脚本的相互作用。

(3)简单性

JavaScript 的简单性主要体现在:首先,它是一种基于 Java 基本语句和控制流之上的简单而紧凑的设计,从而对于学习 Java 是一种非常好的过渡。其次,它的变量类型是采用弱类型,并未使用严格的数据类型。最后,它对运行环境的要求较低,无须有高性能的计算机,软件仅需一个文本处理软件及一个浏览器即可。

(4)安全性

JavaScript 是一种安全性语言,它不允许访问本地的硬盘,并不能将数据存入服务器上,不允许对网络文档进行修改和删除,只能通过浏览器实现信息浏览或动态交互。从而有效地防止数据的丢失。

(5)动态性

JavaScript 是动态的,它可直接对用户的输入作出响应,无须经过 Web 服务程序。当用户输入一项资料时,它不用经过传给服务器端处理再传回来这一过程,而直接可以被客户端的应用程式所处理,即通过自己的计算机即可完成所有的事情。它对用户的反映响应,是采用以事件驱动的方式进行的。所谓事件驱动,就是指在主页(Home Page)中执行了某种操作所产生的动作,故称为“事件”(Event)。例如,按下鼠标、移动窗口、选择菜单等都可以视为事件。当事件发生后,可能会引起相应的事件响应。

(6)跨平台性

JavaScript是依赖于浏览器本身,与操作环境无关的脚本语言,只要能运行浏览器的计算机,并且浏览器支持JavaScript就可正确执行。从而实现了"编写一次,走遍天下"的梦想。

(7)解释性

像其他脚本语言一样,JavaScript同样也是一种解释性语言,它提供了一个比较容易的开发过程。它的基本结构形式与C,C++,VB,Delphi十分类似。但它不同于这些语言,需要先编译,而是在程序运行过程中被逐行地解释。它与HTML标记结合在一起,从而方便用户的使用操作。

2)JavaScript的基本操作

JavaScript的基本操作包括代码和文件两个方面。

在JavaScript代码基本操作中,内部JavaScript是指代码是置于HTML文件内部的,而无须以独立于HTML文件的形式单独保存。JavaScript脚本是直接放在标记<Script>…</Script>内部的。JavaScript文件基本操作包括JavaScript文件的编辑、保存和嵌入等。

3)JavaScript编程规范

编写JavaScript代码时,除了遵循HTML编程规范外,还应该注意代码应分句书写并且要适当的应用注释语句。JavaScript注释语句包括多行注释、单行注释、来自HTML的注释。

7.3.2 JavaScript的基本语法

JavaScript脚本语言同其他语言一样,有它自身的基本数据类型、常量、变量、运算符和表达式,函数以及程序的基本框架结构,这些知识是学习JavaScript脚本语言,进行编程的基础。表7.27介绍了JavaScript的基本组成。

表7.27 JavaScript的组成部分

组成部分	具体描述
基本数据类型	JavaScript的基本数据类型主要包括6种,分别是:数值型(整型和实型)、字符串(用引号括起来的字符或数值)、布尔型(True或False)、空值(Null)、undefined类型及对象类型
常量和变量	JavaScript的常量是指不能改变的固定数据,主要包括整型常量、实型常量、字符型常量、布尔型常量和空值null等; JavaScript的变量是存放数据的容器,用来存放脚本中的值。对于变量必须明确变量的命名、变量的声明、变量的类型及其转换以及变量的作用域

续表

组成部分	具体描述
运算符和表达式	运算符是完成操作的一系列符号,在JavaScript中按照运算的功能划分有:算术运算符、关系运算符、逻辑运算符(或称布尔运算符)、字符串运算符和特殊运算符; 表达式是指用各种运算符和括号将常量、变量、函数等连接起来的、符合Javascrlpt语法规则的式子,以完成复杂的运算。按照运算功能可将运算符和表达式分为算术运算符与算术表达式,关系运算符与关系表达式,逻辑运算符与逻辑表达式,字符串运算符以及一些特殊运算符
JavaScript的函数	函数是一个拥有名字的一系列JavaScript语句的有效组合,它主要是执行一个特定的任务,完成一个特定的功能。为了能使用一个函数,必须首先对它进行定义,然后在脚本中进行调用
程序流程控制语句	能减少整个程序的混乱,使之按其设定的方式顺利地执行。JavaScript中常用的程序控制流结构及语句有条件分支语句,包括单分支if语句、双分支if语句、多分支if语句等;循环语句,包括for循环语句、for…in循环语句、while循环语句、do-while循环语句和转移语句等

7.3.3 JavaScript的对象与内置函数

1) JavaScript对象模型及自定义对象

对象就是现实世界中某个具体的物理实体在计算机中的映射和表示。对象及其属性和方法是掌握面向对象的程序设计技术所必须理解的几个重要概念。任何一个对象都存在一定的状态,具有一定的行为。在面向对象的语言中把描述对象状态的物理量叫作对象的属性。而把对象所具有的行为叫作对象的方法。JavaScript的对象(Object)它是一种集合性的数据类型。JavaScript中对象的属性由数据成员表示,而对象的方法由函数成员表示。

(1)对象实例的创建

一个对象在被使用之前必须存在,否则使用时会出现错误信息。在JavaScript中对于对象的使用(如调用其属性或方法),有两种情况:一种对象是静态对象,即在使用该对象时不需要为它创建实例;而另一种对象则在使用时必须为它创建一个实例,即该对象是动态对象。

可以使用new运算符来为用户自定义对象或预定义对象(如数组、日期、函数、图像、字符串等)创建一个实例。

创建对象实例的语法格式:

实例名=new 对象名(若干参数)

例如:用JavaScript的内置对象String,创建对象实例Astring。

```
var Astring=new String("abcd")
```

(2)对象属性与方法的调用

①对象属性的调用:JavaScript把对象的所有属性组成一个数组,这个数组称为对象的关联数组(associative array),其数组名同对象的实例名。对象的属性可作为数组的下标使用。因而,在JavaScript中属性既可按一般对象方式访问,也可按数组方式访问,具体如下:

a.按对象方式访问:对象实例名.属性名。

b.按数组方式访问:对象实例名["属性名"];对象实例名[数组下标序号]。

例如:假设Mycomputer是计算机对象computer的实例,对象computer具有属性生产年限year,则对其访问并赋值的格式为:

Mycomputer. year=1999;

Mycomputer[" year"]=1999;或Mycomputer[0]=1999;

②对象方法的调用:对象的方法实际上就是对象自身的函数。方法调用同属性的调用相似。

对象方法调用的基本语法:对象名.方法名(参数表)。

例如:调用JavaScript的内置对象Math的正弦sin()方法,计算sin(PI/2)格式为:

vary=0;y=Math.sin(Math.PI/2);

(3)自定义对象的创建

JavaScript中允许自定义对象,创建自定义对象的步骤包括定义对象的构造函数、注册对象的方法、创建对象的实例,具体来看:定义对象的构造函数主要是指明对象的名字(即函数的名字)、各种属性,并进行初始化,与一般函数定义相比,该函数的名字必须与对象的名字相同;定义对象的方法就是赋值给某个对象的一个函数,首先要定义一个预作为对象方法的函数,然后将该函数赋值给对象;创建自定义对象实例与前面所述一般对象实例的创建相同,也使用NEW语句创建,其语法格式为:

实例名=new 构造函数名(实际参数表)

2)JavaScript的内置对象

JavaScript把程序设计中的"常用功能(如数学运算、日期和时间处理、字符串处理等)"设计成"内置对象、内置函数",提供给用户使用,为程序设计提供了方便。

内置对象包括String,Math,Date,Array等,它们都有自己的属性和方法,其访问方式也同自定义对象一样。其中String对象是JavaScript本身内建的一个对象,用来处理与字符串有关的功能。String对象可用于处理或格式化文本字符串以及确定和定位字符串中的子字符串;Math对象用来处理各种数学运算,它是一个静态对象,无须构造实例,可直接引用其属性,即一些常数;和方法,即一些常用的数学函数;Date对象可以储存任意一个日期,从0001—9999年,并且可以精确到毫秒数(1/1 000 s);JavaScript提供的预定义Array对象及其方法可对创建任何数据类型的数组给予支持。

3)JavaScript的主要内置函数

JavaScript里有一些预先定义好的函数,这些函数不从属于任何对象,被称JavaScript的内置函数。表7.28列出了JavaScript的一些主要的内置函数。

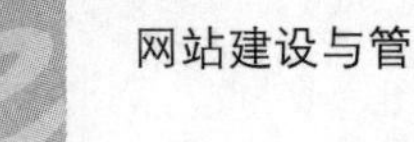

表 7.28　JavaScript 的内置函数

内置函数	功　能
eval( )函数	用来接收一个字符串形式的表达式 str,并试图求出表达式的值
parseInt ( )函数	用来接收一个字符串形式的表达式 str,并试图从一个字符串中提取一个整数,参数 radix 用来指定 str 中字符串表示的数据的基数,是一个可选的整数 n,返回 n 进制的一个整数
parseFloat ( )函数	接收一个字符串形式的表达式 str,并试图从一个字符串中提取一个浮点数
isNaN ( )函数	计算一个参数 testValue 的值,以确定它是否是"NaN(不是数字)"
isFinite ( )函数	该函数计算一个参数 number 的值,以确定它是否是一个有限数值
escape ( ) unescape( )函数	escape 函数将字符串转换为基于 ISO Latin 字符集的十六进制 ASCII 码,unescape 函数是 escape( ) 的反过程,解码括号中的字符串称为一般字符串
Number( ) String( )函数	umber(objRef)函数可将一个对象转换为一个数字,其中 objRef 是一个对象的引用,String(objRef) 函数可以将一个对象转换为一个字符串
toString( )函数	把对象转换成字符串。如果在括号中指定一个数值,则转换过程中所有数值转换成特定进制

7.3.4　JavaScript 中的 DOM 及 DOM 对象

JavaScript 除了内置对象外,还有浏览器文档对象模型(Document Object Model,DOM)中的对象。浏览器文档对象模型中的对象具有一般对象编程语言的特性,具有属性、方法和事件。这些对象都与网页能为用户提供的信息和交互性的好坏有很大的关系,具体内容介绍如下:

1)浏览器 DOM 对象层次模型

文档对象模型中的对象具有一定的层次结构,DOM 提供了一种按顺序、层次方式访问文档中各个元素及其内容的结构化方式。这种方式将文档中的各元素按照父子从属关系联结起来,使所有元素构成一个整体,相当于建立了一个文档内容的关系数据库。它们之间的层次结构关系可通过图 7.4 表示出来。

(1)对象的说明

在浏览器文档对象模型的层次结构中,各对象的关系如同家庭中的父子关系。上层的对象叫作下层对象的父对象,而下层对象则叫作上层对象的子对象。在图 7.4 中可以看出最上层的对象就是浏览器的窗口(window)对象,它是所有其他对象的父对象。在其下面又有多个子对象,主要包括:

①History(历史):指浏览器的历史对象,代表用户浏览过的网页历史。

②Location(地址):指浏览器的地址栏对象,代表用户在当前窗口所打开的网页地址。

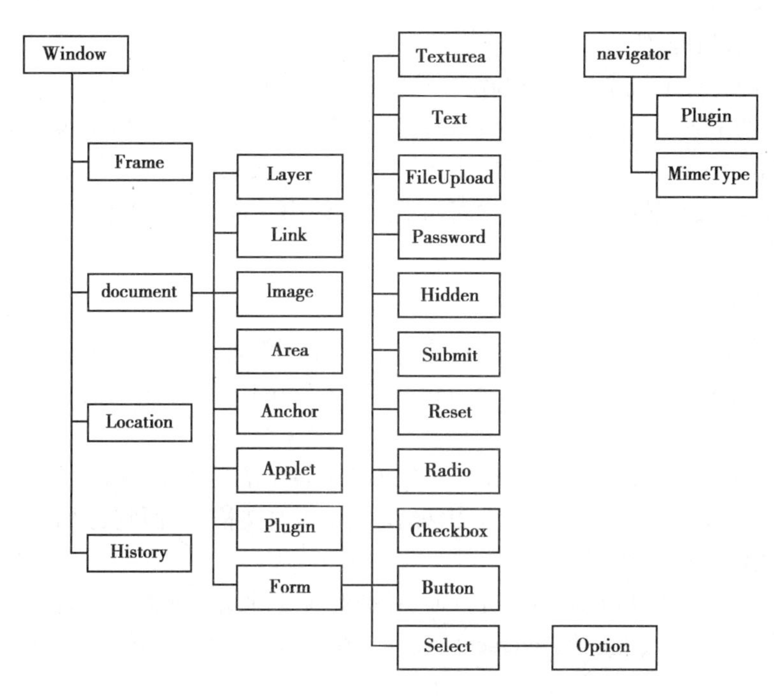

图7.4 浏览器DOM对象的层次结构

③Document(文档):指浏览器的文档对象,代表用户在当前窗口所打开的HTML文档;它里面又包含了多个子对象,如(Form)表单、(Image)图像、(Layer)图层等子对象。

④Frame(框架):指浏览器的框架对象,代表用户在当前窗口所打开的框架文档。

(2)对象的引用

浏览器文档对象模型的层次结构中,每个对象或是子对象都具有自己的属性和方法,可通过JavaScript访问,像打印一张网页、改变链接地址等,访问的方法总是从高层对象开始向底层对象定位,各层之间通过圆点符号"."连接。

一个对象的"子对象"可以看成是该对象的属性;例如,一个名为form的表单对象,可以看成是父对象document的一个属性。因此,可以像这样来引用它:document.form。也就是说,为了引用一个指定的子对象,我们必须指定其对象名及其父对象。通常,一个对象是从HTML标记中的NAME属性获得它的名字的。

引用某个子对象的属性和方法的语法格式为:

父对象1.父对象2.……子对象名.属性名(或方法)

例如:当前文档中有一个名为myform1的表单,它的一个文本框名为text1,则为了引用该文本框的value属性,我们可以用下面的代码:

```
var str= document.myform1.text1.value;
document.write( str);
```

2) window(**窗口**)**对象**

window对象描述的是一个浏览器窗口,它位于浏览器DOM对象模型层次结构的顶层。因此,一般引用它的属性时,不需要使用"window.属性"这种形式,而直接使用"属性"。

通过窗口对象提供的方法和属性可对窗口进行动态控制、制作出各种各样的窗口特效,以满足不同页面设计的需要。

在网站页面设计上最常见的控制窗口的特效有,打开一个具有工具栏或状态条的窗口、改变目前窗口的位置、大小、关闭一个窗口等。还有一些小技巧,像如何在一张网页执行另一张网页的 Javascript 等,这些都和窗口操作有很大的关系。

有关窗口对象的属性、方法及其在网站页面设计中的应用,参见参考文献中的《商务网站页面设计技术》一书。

3)frame(框架)对象

frames 最主要的功能是“分割”窗口,使每个“小窗口”能显示不同的 HTML 文件,并拥有自己的 URL。例如,我们可以建立两个 frames,第一个 frame 可显示书的目录,第二个 frame 则显示章节的具体内容。

frame 对象描述当前窗口或指定窗口对象中打开的所有的 frame 信息,它是 window 对象的子对象;一个 frame 也是一个窗口,其中可以打开其他文档,因而它也是其中打开的文档(document)对象的父对象。

frame 对象继承了窗口对象的所有特征,并拥有所有的属性和方法。通过 Frames[ ]数组对象可以实现不同框架的互动(interact)、访问。也就是说,不同框架之间可以交换信息和数据。

有关 frame 对象的属性、方法及其在网站页面设计中的应用,参见参考文献中的《商务网站页面设计技术》一书。

4)document(文档)对象

document 对象描述当前窗口或指定窗口对象中打开的文档,它是 window 对象的子对象,提供了访问文档中所有元素的属性和方法,是最常用的对象之一。而 document 对象也包含着很多子对象,如表单、图像等。

通过文档对象提供的方法和属性可以对文档进行动态控制,以满足不同页面设计的需要。如把一段文字写到文档的指定位置、改变网页背景颜色和文档中链接的颜色等,这些都和文档操作有很大的关系。

有关 document 对象的属性、方法及其在网站页面设计中的应用,参见参考文献中的《商务网站页面设计技术》一书。

5)form(表单)对象

form 对象也是 document 对象的子对象,表示文档中定义的表单。form 对象提供了对文档中表单所包含的各个子对象,如按钮、文本框等进行访问的属性和方法。

表单是访问者和网站之间最主要的互动渠道,如留言板、讨论区、聊天室等,都需要利用表单来传送资料,因而非常重要。

有关 form 对象的属性、方法及其在网站页面设计中的应用,参见参考文献中的《商务网站页面设计技术》一书。

6)img(图像)对象

img 对象也是 document 对象的子对象,表示文档中定义的图像。img 对象提供了对文档中 img 元素及其属性的访问方法。

(1)img 对象的访问

img 对象的访问方式包括以下几种:

①利用<img>(图像)数组 images[]访问。由于文档中所有的<img>(图像)可以组成 img 对象数组 images[],因此要引用某个图像,代码格式可以是:document.images[i]。

②利用元素的 name 属性访问。如果某图片包含"name"属性,也就是用"<img name="…">"这种格式定义了一幅图像,也可直接用"document.图像名"访问。

③利用<img>(图像)数组 images[]和 ID 属性值访问。

(2)img 对象的属性

img 对象提供了许多属性供程序设计者使用,使用这些属性,可以在程序中通过脚本来控制图像的显示效果。常用的 img 对象属性为:name, src, lowsrc, width, height, vspace, hspace, border。由于这些属性跟<img>标记里的同名属性是一样的,所以这里不再赘述。此外,还有属性 complete,表示图像加载是否完成。上述属性中最有用的就是 src,因为通过对 src 属性赋值,可以实时的更改图片。

7) location(地址栏)对象

location 对象是 window 对象的子对象。它提供了当前文档 URL 地址的各部分信息。通过 location 对象的属性和方法可以了解当前文档的相关信息,并进行某种操作,如重新加载当前页面或将当前页面用新页面替换等。

location(地址)对象的访问方式包括以下两种:

①访问当前窗口的 location(地址):只需使用"location"即可。

②访问某一个窗口的 location(地址):使用"窗口对象.location"。

有关 location 对象的属性、方法及其在网站页面设计中的应用,参见参考文献中的《商务网站页面设计技术》一书。

8) history(历史)对象

history 对象是 window 对象的子对象。该对象记录了浏览器的浏览历史,即最近访问过的页面 URL 地址。鉴于安全性的需要,该对象受到很多限制,现在只剩下少量属性和方法可以使用。

(1)history 对象的属性

IE 和 Netscape Navigator 的 history 对象提供了一个共同的属性 length 供程序设计者使用,该属性表示历史记录列表中历史的项数,即页面 URL 地址的数量。

(2)history 对象的方法

history 对象提供了部分方法,用于在 history 对象的历史记录列表中进行切换。常用的 history 对象方法见表 7.29。

表 7.29 history 对象的常用方法

方法名称	方法说明
back()	back(后退)方法加载历史记录列表中当前页面的前一个页面,与按下浏览器工具栏的"后退"按钮是等效的

续表

方法名称	方法说明
forward( )	forward(前进)方法加载历史记录列表中当前页面的下一个页面,与按下浏览器工具栏的"前进"按钮是等效的
go(para)	在历史记录的范围内去到指定的一个地址。参数 para 可以取整数 x 或字符串 如果 x < 0,则后退 x 个地址;如果 x > 0,则前进 x 个地址;如果 x = 0,则刷新当前打开的网页。history.go(0)跟 location.reload( )是等效的 如果参数 para 为字符串,则加载 URL 中包含 para 字符串的最近一个网页

9) navigator(浏览器)对象

navigator 对象同 window 对象一样,是浏览器中的顶层对象,而不是其他对象的子对象。它提供了当前浏览器的类型和版本信息。通过 navigator 对象的属性和方法可以了解当前系统所用的浏览器,从而进行相应的页面设计。

有关 navigator 对象的属性、方法及其在网站页面设计中的应用,参见参考文献中的《商务网站页面设计技术》一书。

10) screen(屏幕)对象

screen 对象是和 window 对象相关的一个对象,通过 screen 对象的属性可以了解当前系统所用的显示器的特性,从而进行相应的页面设计,如网页的全屏显示等。

screen 对象提供了部分属性供程序设计者使用,常用的 screen 对象属性见表 7.30。

表 7.30 screen 对象的常用属性

属性名称	属性说明
Width,Height	分别返回屏幕的宽度和高度(像素数)
availWidth	返回屏幕的可用宽度(除去了一些不自动隐藏的类似任务栏的东西所占用的宽度)
availHeight	返回屏幕的可用高度
colorDepth	返回当前用户使用的显示卡所支持的颜色位数。其值为整数。-1:黑白;8:256 色;16:增强色;24/32:真彩色

【例 7.3】 本例的功能是:说明 JavaScript 函数及对象等的使用方法。要求"运用内部 JavaScript 代码,实现用户注册"功能,具体如下:

(1)页面上设计 1 个"提交按钮"、1 个"重置按钮"、多个信息填写"文本框"。

(2)自定义一个对象的构造函数,名称为 customer ( );一个对象的属性显示函数,名称为 show ( )。并调用 confirm( )函数,以便用户确认填写内容正确与否,alert( )函数,给用户相应的提示。

(3)当用户单击“提交”按钮时,由 newcustomer ( )函数调用函数 customer( )和 show( ),创建并显示对象的属性。

(4)如果内容正确,则显示欢迎词;否则返回重填。

有关的代码可参见下面的源程序文件 E7_3.htm,在浏览器中的显示效果如图 7.5 所示。

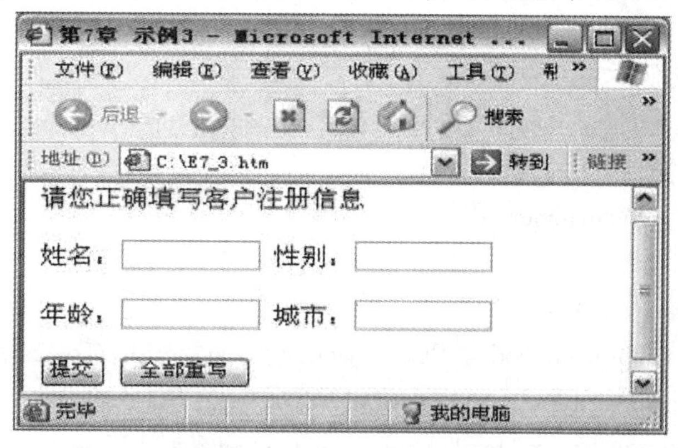

图 7.5 函数及对象的使用

【源程序清单:E7_3.htm】

```
<html><head><title>第 5 章 示例 3</title>
<script language="JavaScript">
<! -- Begin  //对象的构造函数
 function customer(name,sex,age,city,profession,like)
  {this.name=name;this.sex=sex;this.age=age;
   this.city=city;this.profession=profession;this.like=like;//this 必须有}
 //输出“对象属性”的函数
 function show(obj_name,obj)
  { var result="",i="";
   document.writeln("<h3>您填写的信息如下:</h3>");
   //for(i in obj)语句的使用,以及对象属性的两种引用方法
   for(i in obj)
    {result += obj_name+"."+i+"="+obj[i]+"<br>";  }
 document.writeln(result);
 a=confirm("请确认您填写的内容是否正确");
 if(a==false)
  {history.go(-1);alert("请重新注册!");}
 else{alert("欢迎您成为我们的新客户!");}
  } // End -->
</script></head><body>
<script language="JavaScript">
```

```
<!—
function newcustomer()
  {//获取表单数据
  name=custform.name.value;sex=custform.sex.value;
  age=custform.age.value;city=custform.city.value;
  profession=custform.profession.value;like=custform.like.value;
  //创建对象实例
  var MYcustomer=new customer(name,sex,age,city,profession,like);
  //调用输出对象属性的函数
  show("您的",MYcustomer);
  } //-->
</script>
<form  name=custform method="POST" action="javascript:newcustomer( )">
    <p><font color="blue">请您正确填写客户注册信息</font>
    <p>姓名:<input type="text" name="name" size="10">
       性别:<input type="text" name="sex" size="10"></p>
    <p>年龄:<input type="text" name="age" size="10">
       城市:<input type="text" name="city" size="10"></p>
    <input type="submit" value="提交" name="B1">
    <input type="reset" value="全部重写" name="B2">
</form> </body> </html>
```

7.4 服务器页面编程语言——JSP

7.4.1 JSP 技术概述

JSP 是 Java Server Pages 的缩写,中文名叫 Java 服务器页面,其根本是一个简化的 Servlet 设计。JSP 是基于 Java Servlet 以及整个 Java 体系的 Web 开发技术,利用这一技术可以开发安全的、跨平台的、先进的动态网站。现在,这项技术仍在不断地被更新和优化。

1) JSP 页面

通俗来说,JSP 页面是由传统的 HTML 页面加入 Java 程序片和 JSP 标签构成的。除了普通的 HTML 标签以外,再使用"%<""%>"来加入 Java 程序片。JSP 页面文件的扩展名是 jsp,文件的名字必须符合标识符规定,由于 JSP 技术基于 Java 语言,名字需区分大小写。一个简单地 JSP 页面如下:

```
<html>
    <head>
            <title>第一个 JSP 程序</title>
    </head>
```

```
    <body>
            <%
                    out.println("Hello World!");
            %>
    </body>
</html>
```

2)JSP 的优势

与其他编程语言相比,JSP 有自己独特的优势。

(1)与 ASP 相比

JSP 有两大优势。首先,动态部分用 Java 编写,而不是 VB 或其他 MS 专用语言,所以更加强大与易用。第二点就是 JSP 易于移植到非 MS 平台上。

(2)与纯 Servlets 相比

JSP 可以很方便地编写或者修改 HTML 网页而不用去面对大量的 println 语句。

(3)与 SSI 相比

SSI 无法使用表单数据、无法进行数据库链接。

(4)与 JavaScript 相比

虽然 JavaScript 可以在客户端动态生成 HTML,但很难与服务器交互,因此不能提供复杂的服务,比如,访问数据库和图像处理等。

(5)与静态 HTML 相比

静态 HTML 不包含动态信息。

3)JSP 的开发环境

JSP 的开发环境是用来开发、测试和运行 JSP 程序的地方。开发环境的搭建具体是运行 JSP 的基础,以下列出 JSP 的开发环境搭建的具体步骤。

(1)配置 Java 开发工具

JSP 的开发工具主要有 JDK,Tomcat 和 MyEclipse。这些软件开发工具可以在相应官网上进行下载。在下载过程中注意选择与计算机配套的版本。

(2)安装和配置 J2sdk

执行 J2sdk 的安装程序,然后按默认设置进行安装即可。

安装完毕后,需配置环境变量。配置环境变量的步骤为可依次单击:我的电脑—属性—高级—环境变量—系统变量中添加以下环境变量(假定 J2sdk 安装在 M:\Java\jdk1.6.0)。

JAVA_HOME=M:\Java\jdk1.6.0.

CLASSPATH=.;%JAVA_HOME%\lib;%JAVA_HOME%\lib\dt.jar;%JAVA_HOME%\lib\tools.jar;

PATH 变量的设置:在当前的 PATH 变量的后面再添加以下内容:;%JAVA_HOME%\bin(注意不要将原来的内容删除了)。

(3)安装和配置 Tomcat

执行 Tomcat 的安装程序,按默认的设置进行安装。

安装完成后，仍需设置环境变量。依次单击“我的电脑→属性→高级→环境变量(N)→新建”。

变量名为：TOMCAT_HOME，变量值为 M：\Tomcat5.5。

然后修改环境变量中的 CLASSPATH，把 tomat 安装目录下的 common\lib 下的(可根据实际追加)servlet.jar 追加到 CLASSPATH 中去，修改后的 CLASSPATH 如下：

.;%JAVA_HOME%\lib;%JAVA_HOME%\lib\dt.jar;%JAVA_HOME%\lib\tools.jar;%TOMCAT_HOME%\common\lib\servlet.jar;

接着可以启动 tomcat，运行 Tomcat，M：\Tomcat5.5\bin\tomcat5.exe。

在浏览器中输入：http://localhost:8080 就可以看到 Tomcat 的缺省页面了。

(4)安装和配置 MyEclipse

执行 MyEclipse 的安装程序，按默认的设置进行安装。

启动 MyEclipse 程序，在弹出来的对话框中依次选择：MyEclipse→Application Servers→Tomcat5。激活 Tomcat，并且还要选择 Tomcat 的 home 路径：M：\Tomcat5.5 选择好后，再单击 MyEclipse→Application Servers→Tomcat5→JDK，在右边选择 Add 按钮，选择正确的 JDK。完成这些操作后，一个完整的 JSP 开环境就搭建成功了。

7.4.2 JSP 的基本语法

一个 JSP 页面由 5 种元素组成，分别为：普通的 HTML 标记符；JSP 标签；变量和方法的声明；Java 程序片；Java 表达式。

1)声明变量

在一个 JSP 页面中首先是要生命变量。一个声明语句可以声明一个或多个变量、方法，供后面的 Java 代码使用。在 JSP 文件中，必须先声明这些变量和方法，然后才能使用它们。

JSP 声明的语法格式为：

<%! declaration;[declaration;]+...>

2)声明方法

在“<%!”和“%>”之间声明方法，该方法在整个 JSP 页面内都有效，但是在该方法内定义的变量只在该方法内有效。这些方法将在 Java 程序片内被调用，当被调用时，方法内定义的变量被分配内存，调用之后便可释放所占用的内存。

3)JSP 表达式

一个 JSP 表达式中包含的脚本语言表达式，先被转化成 String，然后插入表达式出现的地方。由于表达式的值会被转化成 String，因此你可以在一个文本行中使用表达式而不用去管它是否是 HTML 标签。表达式元素中可以包含任何符合 Java 语言规范的表达式，但是不能使用分号来结束表达式。JSP 表达式的语法格式为：

<%=表达式%>

4)JSP 注释

JSP 注释主要有两个作用：为代码作注释以及将某段代码注释掉。JSP 注释的语法格式：

<%-注释内容-%>

不同情况下使用注释的语法规则见表 7.31。

表 7.31 JSP 注释

语法	描述
<%-注释-%>	SP 注释,注释内容不会被发送至浏览器甚至不会被编译
<! -注释->	HTML 注释,通过浏览器查看网页源代码时可以看见注释内容
<\%	代表静态 <%常量
%\>	代表静态 %> 常量
\'	在属性中使用的单引号

5) JSP 指令

JSP 指令用来设置与整个 JSP 页面相关的属性。JSP 指令语法格式:

<%@ directive attribute="values"%>

6) JSP 动作标签

动作标签是一种特殊的标签,它影响 JSP 运行时的功能。标签使用 XML 语法结构来控制 servlet 引擎。它能够动态插入一个文件,重用 JavaBean 组件,引导用户去另一个页面为 Java 插件产生相关的 HTML 等。动作标签只有一种语法格式,它严格遵守 XML 标准:

<jsp:action_name attribute="value"/>

动作标签基本上是一些预先就定义好的函数,表 7.32 罗列出了一些可用的 JSP 动作标签:

表 7.32 JSP 动作标签

语法	描述
jsp:include	用于在当前页面中包含静态或动态资源
jsp:useBean	寻找和初始化一个 JavaBean 组件
jsp:setProperty	设置 JavaBean 组件的值
jsp:getProperty	将 JavaBean 组件的值插入 output 中
jsp:forward	从一个 JSP 文件向另一个文件传递一个包含用户请求的 request 对象
jsp:plugin	用于在生成的 HTML 页面中包含 Applet 和 JavaBean 对象
jsp:element	动态创建一个 XML 元素
jsp:attribute	定义动态创建的 XML 元素的属性
jsp:body	定义动态创建的 XML 元素的主体
jsp:text	用于封装模板数据

7.4.3 JSP 的内置对象

内置对象是指不用声明就可以在 JSP 页面的脚本部分使用的对象。JSP 支持 9 个自动定义的变量，江湖人称隐含对象。这 9 个内置对象的简介见表 7.33。

表 7.33 JSP 内置对象

对 象	描 述
request	HttpServletRequest 类的实例
response	HttpServletResponse 类的实例
out	PrintWriter 类的实例，用于把结果输出至网页上
session	HttpSession 类的实例
application	ServletContext 类的实例，与应用上下文有关
config	ServletConfig 类的实例
pageContext	PageContext 类的实例，提供对 JSP 页面所有对象以及命名空间的访问
page	类似于 Java 类中的 this 关键字
Exception	Exception 类的对象，代表发生错误的 JSP 页面中对应的异常对象

7.4.4 JSP 中使用数据库

在 JSP 中可以使用 Java 的 JDBC 技术，对数据库中的表进行查询、修改和删除等操作。JDBC（Java Data Base Connectivity，Java 数据库连接）是一种用于执行 SQL 语句的 Java API，可以为多种关系数据库提供统一访问，它由一组用 Java 语言编写的类和接口组成。

1）建立数据源

要想使用 JDBC 与数据库进行连接，首先必须事先设置好数据源。具体操作步骤为：

①在控制面板中选择目标数据源，将其添加到已有的数据源中。

②添加数据源之后，为该数据源选择驱动程序，选定目标服务器，单击完成按钮。

③确定了服务器之后，应选择要连接的 ID 名称。

④最后，选择相应的数据库。

2）连接数据库

完成了数据源的设定以后，接下来需与互数据库进行连接。数据库常用的连接方式有两种：

（1）加了一个 JDBC-ODBC 桥接器来驱动程序

加载桥接器可以用以下代码来实现。

```
Class.forName("sun.jdbc.odbc.JdbcOdbcDriver");
```

在这组代码中,Class 是包 Java.lang 中的一个类,这个类通过 forName 就可以建立 JDBC-ODBC 桥接器。针对建立桥接器可能发生的异常,制定了以下标准:

```
try{Class.forName("sun.jdbc.odbc.JdbcOdbcDriver");
}
Catch(ClassNotFoundException e)
{}
```

(2)使用纯 Java 数据库驱动程序

这种方式加载 SQLServer 驱动程序代码如下:

```
Class.forName("com.microsoft.sqlserver. jdbc .SQLServerDriver");
```

3)对数据库的操作

在完成与数据库的连接之后,就可以与数据库进行交互,进行查询、修改和删除等操作了。

(1)查询记录

查询记录的基本逻辑过程是:首先与数据库进行连接,然后向数据库发送查询的 SQL 语句,最后是处理查询的结果。查询操作有多种类型,根据查询的目的及查询的方式不同可以分为顺序查询、游动查询、随机查询参数查询、排序查询分析结果集查询以及使用通配符查询等。

(2)更新、添加和删除记录

要想更新、添加或者删除记录中字段的值,首先应调用 Statement 对象。方法是:

```
public int executeUpdate(String sqlStatement);
```

通过参数 sqlStatement 指定的方式可以实现对数据库表中所需要的操作,包括记录的更新、添加和删除操作等。

(3)分页显示记录

分页显示数据库中的记录,可以帮助用户更好地获取数据库表中暗含的信息。用户使用分页方式显示 ResultSet 对象中的数据,就必须始终保持和数据库的连接,直到用户将 ResultSet 对象中的数据查看完毕。但应该注意的是应当避免长时间占用数据库的连接资源。

7.4.5 JavaBean 技术

JavaBean 是特殊的 Java 类,使用 Java 语言书写,并且遵守 JavaBeans API 规范。

JavaBean 与其他 Java 类相比有一些独一无二的特征:提供一个默认的无参构造函数;需要被序列化并且实现了 Serializable 接口;可能有一系列可读写属性;可能有一系列的"getter"或"setter"方法。

1)JavaBean 的属性

一个 JavaBean 对象的属性应该是可访问的。这个属性可以是任意合法的 Java 数据类型,包括自定义 Java 类。一个 JavaBean 对象的属性可以是可读写,或只读,或只写。JavaBean 对象的属性通过 JavaBean 实现类中提供的两个方法来访问,见表 7.34。

表 7.34　JavaBean 对象的属性

方　法	描　述
getPropertyName()	举例来说,如果属性的名称为 myName,那么这个方法的名字就要写成 getMyName()来读取这个属性,该方法也称为访问器
setPropertyName()	举例来说,如果属性的名称为 myName,那么这个方法的名字就要写成 setMyName()来写入这个属性,该方法也称为写入器

2)编写 beans

编写 JavaBeans 就是编写一个 Java 类,这个类创建的一个对象成为一个 beans。beans 类的方法命名上应遵循一定的规则:

①对于成员变量名为×××的类,更改或获取属性的方法为:

getXxx(),获取属性×××。

setXxx(),修改属性×××。

②对于布尔类型的属性,可以使用 is 来代替 get 和 set。

③类中方法的访问属性都必须是 public 的。

④对于类中的构造方法,也应该是 public 的,并且是无参的。

3)访问 JavaBeans

<jsp:useBean>标签可以在 JSP 中声明一个 JavaBean,然后使用。声明后,JavaBean 对象就成了脚本变量,可以通过脚本元素或其他自定义标签来访问。<jsp:useBean>标签的语法格式为:

```
<jsp:useBean id="bean's name" scope="bean's scope" typeSpec/>
```

根据具体情况,scope 的值可以是 page,request,session 或 application。id 值可任意只要不和同一 JSP 文件中其他<jsp:useBean>中的 id 值一样即可。

本章小结

本章主要讲述了建设网站需要的 4 种页面编程技术,分别是 HTML,CSS,JavaScript 和 JSP 技术。针对 HTML,主要从其概念、基本语法、适用性、所具有的功能等方面进行了说明,其中针对 HTML 的新规范——HTML5 新增加的属性、元素及选择器进行了详细介绍。第二部分是 CSS 的学习,除了基本的概念、属性之外,着重说明了 CSS3 的一些新增加的功能属性,可以实现新的显示效果。JavaScript 是世界上最流行的脚本语言,本章详细介绍了它的概念、优点以及应用。相对其他 3 种静态页面的编程技术来说,JSP 是一种具有交互功能的、跨平台的编程语言,它具有非常强大的功能,可帮助完成动态网页的设计。这 4 种编程技术是建设网站不可或缺的,任何网页的编写都离不开这 4 种技术的支持。因此,要想学好网站的建设,这 4 种技术是基础。

复习思考题

1.HTML 的编程规范有哪些?
2.HTML5 主要更改了哪些元素?
3.CSS 样式表有哪些应用方式,并简要介绍?
4.与 CSS2 相比,CSS3 新增了哪些选择器?
5.JavaScript 的特点有哪些?
6.JSP 可以对数据库进行哪些操作?

第 8 章
网站建设数据库技术

📖 学习要求

- 数据库系统的基本概念。
- 常见的 Web 数据库。
- SQL 语言的概念及常见 SQL 语句。
- 数据库访问技术的分类及各自的特点。

📖 学习指导

了解数据库系统的基本概念及其应用,并熟悉常见的 Web 数据库系统;同时了解 SQL 查询语言的语法结构,熟悉常见的 SQL 操作语句,能够根据自身需要编写对应的 SQL 语句;此外,了解目前常见的数据库访问技术,并掌握实现每种数据库访问的相关操作,能够实现对数据库内容的相关操作,从而根据需要采取不同的数据库访问技术。

案例导入

数据库营销提升企业市场竞争力①

新技术、新理念很多时候都是双刃剑,信息技术的普及给纸媒发行带来巨大变化,也让邮政的报刊发行专业面临严峻的挑战。同时,大数据、互联网思维等新兴工具又给邮政的市场开拓带来了更有效的手段。目前来看,读者对一些内容独特、针对性强的纸媒仍有很强的需求。如果邮政能将这些需求进行有效地发掘和归集,报刊发行专业还是可以开拓出一片蓝海的。

为方便投递人员精准开发市场,提升报刊收订成功率,河南省邮政报刊发行局在 2016 年度报刊收订工作中,向全省邮政下发了 60 余万条客户信息,并以此为基础,开展重点报刊专项数据库营销活动。截至目前,活动实现重点报刊流转额 8 133 万元,较上一年的活动增长 239%,找回重点报刊流失客户 8.9 万户,为全省发行专业拓展收订市场插上了“隐形的翅膀”。

---

① 资料来源:中国邮政 http://www.chinapostnews.com.cn/newspaper/epaper/html/2016-01/16/content_80286.htm.

数据分析应用在邮政市场营销中的作用日益凸显,不需要借助第三方数据信息供应商,就可以实现对目标客户的精准定位,提供方向性的营销指导,根据相关信息开展个性化的客户关系维护。因此,河南省发行局决定将数据库营销作为重要营销手段,以进一步提升市场开发效率。

数据库营销在全省各地取得了明显成效,其中,濮阳市分公司由投递班长每周3次将信息发给投递员,由投递员进行上门走访,成功率达到了59.58%,重点报刊流失客户挽回率达19.64%。通过此次活动,全省邮政以数据库营销征订报刊63万份,有效拉动了重点畅销报刊的发展。

问题:1.结合案例分析,大数据时代的来临,为传统企业的发展带来了哪些机遇和挑战?
2.根据自己的理解,谈谈企业除了利用数据库进行营销活动外,还可进行哪些活动?

8.1 数据库概述

数据库技术的发展和应用是保障电子商务网站成功运行和有效管理不可或缺的一部分。本节从数据库的基本概念出发,介绍 Web 数据库的基本原理和优点,以及目前主要的 Web 数据库产品。

8.1.1 数据库系统

数据库(Data Base,DB)、数据库管理系统(Data Base Management System,DBMS)和数据库系统(Data Base System,DBS)是数据库技术中最重要、最常用和最易混淆的3个术语,它们之间既存在着一定的区别,也存在着一定的联系。

1)数据库

数据库,顾名思义就是存放数据的仓库。只不过这个仓库是建立在计算机的大容量存储器(如硬盘等)设备上的,而且数据必须按一定的格式存放,比如,层次模型采用树型结构存储数据,关系模型采用关系表存储数据。因此,可以认为数据库就是长期存储在计算机内、统一管理的、相关的、有组织的、可共享的数据集合。数据库中的数据按一定的数据模型组织、存储和描述,具有较小的冗余度,较高的数据独立性和可扩展性,并可为多个用户共享。

2)数据库管理系统

数据库管理系统是位于用户和操作系统之间的一层数据管理软件,它是数据库系统的一个重要组成部分。数据库的建立、运用和维护是由数据库管理系统统一管理、统一控制的。用户能方便地定义数据和操纵数据,并保证数据的安全性、完整性、多用户的并发使用及发生故障后的系统恢复。常见的数据库管理系统有 Access,SQL Server,MySQL,Oracle 等。

3)数据库系统

数据库系统是指计算机系统中引入数据库后的系统构成,一般由数据库、数据库管理系统、应用开发工具、应用系统、数据库管理员和用户构成。应当注意的是,数据库的建立、使用和维护等工作只靠一个数据库管理系统远远不够,还要有专门的人员来完成,这些人被称为数据库管理员。数据库系统构成可以用图8.1表示。

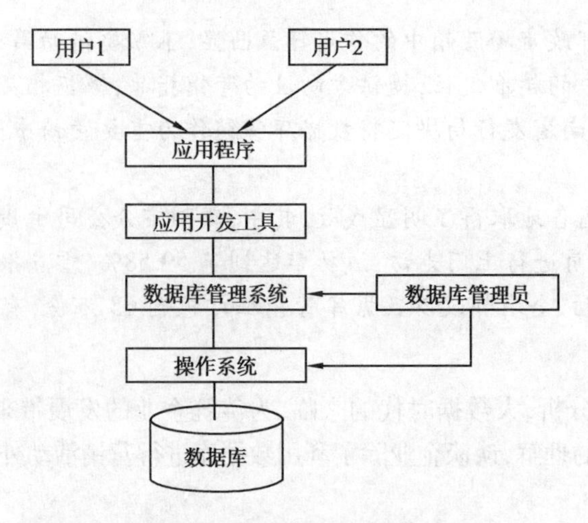

图 8.1 数据库系统构成

综上所述,数据库、数据库管理系统和数据库系统是 3 个不同的概念。数据库强调的是数据;数据库管理系统则是系统软件;而数据库系统强调的是整个系统,目的在于维护信息,并在必要时提供协助来获取这些信息。

8.1.2 Web 数据库的运行模式及优点

1) Web 数据库的运行模式

Web 数据库指在互联网中以 Web 查询接口方式访问的数据库资源。它将数据库技术与 Web 技术融合在一起,使数据库系统成为 Web 的重要有机组成部分,从而实现数据库与网络技术的无缝结合。可以认为,一个 Web 数据库就是用户利用浏览器作为输入接口,输入所需要的数据。浏览器将这些数据传送给网站,而网站再对这些数据进行处理,例如,将数据存入后台数据库,或对后台数据库进行查询操作等,最后网站将数据操作结果传回给浏览器,通过浏览器将结果告知用户。整个 Web 与数据库的运行模式如图 8.2 所示。

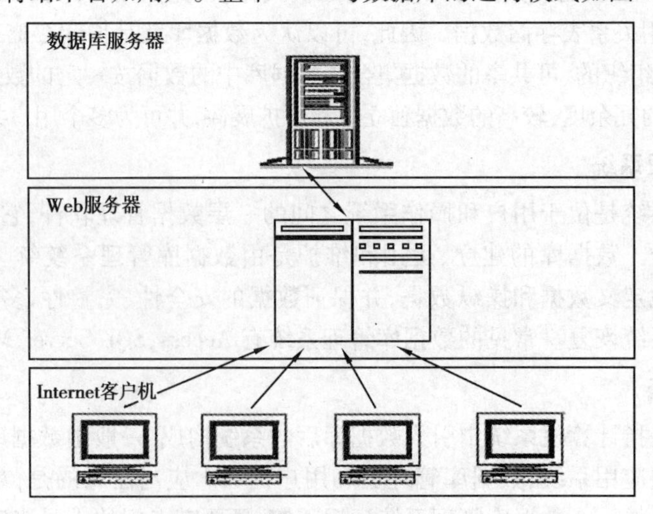

图 8.2 Web 数据库的运行模式

Web服务器端的实现技术有CGI,SAPI,ASP,PHP,JSP等,客户端的实现技术有JDBC(Java Database Connectivity)、DHTML(Dynamic HTML)等。总之,在浏览器中访问Web数据库的方法较多,开发Web应用程序的人员需要根据自身需要和网站功能选择适当的方法。

2)Web数据库的优点

(1)可维护性

Web数据库对数据和事务的处理集中在Web服务器上进行,这将使系统维护变得简单、容易。当处理规则和逻辑需要发生变化时,只需更新Web服务器上的相关组件,所有连接到该Web服务器的客户机就可以及时的、同步的使用新的结果。

(2)安全性

在客户机和服务器之间插入Web服务器,使得二者不直接相连,客户机不能直接存取数据库,难以非法入侵。同时,把对数据和事务的处理集中放置在Web服务器上,便于集中控制,防止非法用户访问敏感的数据。

(3)一统化

利用Web客户机可以使不同系统的界面具有一种公共的显示格式,大大降低用户的培训费用,有利于用户的跨系统使用。

(4)减少客户机负载,提高系统反应速度

由于客户机不承担数据库的存取等工作,大大减少了客户机的负载,从而使得客户机的配置要求相应降低。客户端和服务器间传送的数据仅仅是请求资源的条件和返回的结果,从而大大降低了网络的通信量,提高了系统的反应速度。

8.1.3 主要的Web数据库

当前比较流行的Web数据库主要有:SQL Server,My SQL和Oracle。这3种数据库适应性强、性能优越,易于使用,在国内外得到了广泛的应用。

1)SQL Server数据库概述

SQL Server是微软公司从Sybase获得基本部件的使用许可后开发出的一种关系型数据库。由于均出自微软之手,使得SQL Server与Windows,IIS等产品有着天然的联系。这样它就可以同微软的很多软件相互调用,而且配合的非常密切。因此,如果用户使用的是Windows操作系统,那么SQL Server应该是首选。其最新版本为SQL Server 2014。SQL Server 2014与之前的版本相比作了多方面的改进。其中包括内存技术改进,即在核心数据库管理组件中,它不需要特殊的硬件和软件,就可以无缝整合现有的事务过程,并且允许将SQL Server内存缓冲池扩展到固态硬盘上,从而实现更快的分页速度,同时也降低了数据风险;另一个方面的改进就是微软将SQL Server 2014定位为混合云平台,引入了智能备份概念,其中SQL Server将自动决定要执行完全备份还是差异备份,以及何时执行备份。

2)MySQL数据库概述

MySQL是当今Unix或Linux类服务器上广泛使用的Web数据库系统。它于1996年诞生于瑞典的TcX公司,支持大部分的操作系统平台,其最新版本为MySQL5.5。MySQL的设计思想是快捷、高效和实用。虽然对ANSI SQL标准的支持并不完善,但支持所有常用的内容,完全可以胜任一般 Web 数据库的工作。由于不支持事务处理,因此 MySQL 的速度要比一些商业数据库快 2~3 倍,并且 MySQL 还针对很多操作平台做了优化,完全支持多 CPU 系统的多线程方式。在编程方面,MySQL 也提供了 C,C++,Java,Perl,Python 和 TCL 等 API 接口,而且有 MyODBC 接口,任何使用 ODBC 接口的语言都可以使用它。更重要的是 MySQL 的源代码是公开的,可以免费使用,这就使得 MySQL 成为许多中小型网站、个人网站的首选产品。MySQL 具有以下的主要特征:

①MySQL 的核心程序采用完全的多线程编程。线程是轻量级的进程,它可以灵活地为用户提供服务而不过多地占用系统资源,用多线程和 C 语言实现能很容易充分利用 CPU。

②MySQL 可运行在不同的操作系统下。MySQL 可以支持 Windows95/98/NT/2000 以及 UNIX,Linux 和 SUN OS 等多种操作系统平台。这意味着在一个操作系统中实现的应用可以很方便地移植到其他的操作系统下。

③MySQL 有一个非常灵活而且安全的权限和口令系统。当客户与 MySQL 服务器连接时,它们之间所有的口令传送被加密,而且 MySQL 支持主机认证。

④MySQL 支持 ODBC for Windows。MySQL 支持所有的 ODBC 2.5 函数和其他许多函数,这样就可以用 Access 连接 MySQL 服务器,从而使得 MySQL 的应用被大大扩展。

⑤MySQL 支持大型的数据库。虽然对于用 PHP 编写的网页来说只要能够存放上百条以上的记录数据就足够了,但 MySQL 可以方便支持上千万条记录的数据库。作为一个开放源代码的数据库,MySQL 可以针对不同的应用进行相应的修改。

⑥MySQL 拥有一个非常快速而且稳定的基于线程的内存分配系统,可以持续使用而不必担心其稳定性。事实上,MySQL 的稳定性足以应付一个超大规模的数据库。

⑦强大的查询功能。MySQL 支持查询的 SELECT 和 WHERE 语句的全部运算符和函数,并且可以在同一查询中混用来自不同数据库的表,从而使得查询变得快捷和方便。

⑧PHP 为 MySQL 提供了强力支持,PHP 中提供了一整套的 MySQL 函数,对 MySQL 进行了全方位的支持。

3) Oracle 数据库概述

Oracle 数据库是 Oracle 公司开发的一种面向网络计算并支持面向关系模型的数据产品。可以说 Oracle 数据库系统是目前世界上最流行的关系数据库管理系统之一,系统可移植性好、使用方便、功能强大,适用于各类大、中、小、微机环境。Oracle 之所以备受用户喜爱是因为具有以下突出的特点。

①支持大型数据库、多用户和高性能的事务处理。Oracle 支持最大的数据库,其大小可达到数百千兆,可充分利用硬件设备;支持大量用户同时对数据库执行各种数据操作;系统维护具有很高的性能,Oracle 每天可连续 24 h 工作,正常的系统操作不会中断数据库的应用;可在数据库级或子数据库级上控制数据的可用性。

②Oracle 遵守数据库存取语言、操作系统、用户接口和网络通信协议的工业标准,所以是一个开放系统,保护了用户的投资。美国标准化和技术研究所(NIST)对 Oracle Server 进行过检验,安全与 ANSI/ISO SQL89 标准相兼容。

③实施安全性控制和完整性控制。Oracle 为限制系统对各监控数据库存取提供可靠的安全性,并为可接受的数据制定标准,保证数据的完整性。

④支持分布式数据库和分布式处理。为了充分利用计算机系统和网络,Oracle 允许将处理分为数据库服务器和客户应用程序处理,所有共享的数据管理由数据库管理系统的计算机处理,而运行数据库应用的工作站集中于解释和显示数据。通过网络连接环境,Oracle 将存放在多台计算机上的数据组合成一个逻辑数据库,可被全部网络用户存取。分布式系统像集中式数据库一样具有透明性和数据一致性。

8.2 结构化查询语言 SQL

用户使用数据库时需要对数据库进行各种各样的操作,如查询、添加、删除和修改数据等。数据库管理系统必须为用户提供相应的命令或语言,这就构成了用户和数据库的接口。SQL 语言是用户操作关系型数据库的通用语言,现有的所有关系型数据库管理系统都支持 SQL 语言,它已成为关系数据库的标准语言。

8.2.1 SQL 语言简介

SQL 全称是结构化查询语言(Structured Query Language),是一种数据库查询和程序设计语言,用于存取数据以及查询、更新和管理数据库系统,最早是 IBM 的圣约瑟研究实验室为其关系数据库管理系统 SYSTEM R 开发的一种查询语言,它的前身是 SQUARE 语言。SQL 语言结构简洁、功能强大、简单易学,所以自从 IBM 公司 1981 年推出以来,SQL 语言得到了广泛的应用。目前,SQL 语言已被确定为关系数据库的国际标准,被绝大多数商品化关系数据库系统采用,如 Oracle,Sybase,DB2,Informix,SQL Server 这些数据库管理系统都支持 SQL 语言作为查询语言。

1)SQL 语言的特性

SQL 之所以能够被用户和业界所接受并成为国际标准,是因为它是一个综合的、功能强大的且又简易易学的语言。SQL 语言集数据查询、数据操纵、数据定义和数据控制功能于一身,其主要特点包括:

(1)一体化

SQL 语言风格统一,可以完成数据库活动中的全部工作,包括定义表、录入数据、查询、更新、维护、建立数据库、数据库安全性控制等一系列操作功能,这些都为数据库应用系统开发提供了良好的环境。

(2)高度非过程化

非关系数据库模型的数据操纵语言是面向过程的语言,当完成某项请求时,必须指定存取路径。而在使用 SQL 语言访问数据库时,用户没有必要告诉计算机"如何"一步一步地实现操作,只需描述清楚要"做什么"就可以了,而存取路径的选择及 SQL 语言的操作过程均由系统自动完成。

(3)面向集合操作

非关系数据模型采用的是面向记录的操作方式,而 SQL 语言采用集合操作方式,不仅查询的结果可以是记录的集合,而且一次插入、删除、更新操作的对象也可以是记录的集合。

(4)简洁易学

SQL 语言功能强大,但是语法简单,很接近自然语言,容易学习掌握。而且语言设计巧妙,只有为数不多的几条命令。

(5)能以多种方式使用

SQL 语言可以直接以命令方式交互使用,也可以嵌入程序设计语言中使用。以命令方式交互使用就是用户可以在终端键盘上直接键入 SQL 命令对数据库进行操作,这种方式适用于终端用户、应用程序员和数据库管理人员。嵌入式的使用就是将 SQL 语句嵌入高级语言中,如 Java,C,Fortran,PL/1 程序中,这种方式主要适用于应用程序员开发应用程序时使用。

2)SQL 语言的功能

SQL 语言的功能主要分成 4 个部分:数据定义功能、数据控制功能、数据查询功能和数据操纵功能。表 8.1 列出了实现这 4 个部分功能的命令。

表 8.1　SQL 语言的功能及其命令

SQL 功能	命　令	SQL 功能	命　令
数据定义	CREATE,DROP,ALTER	数据查询	SELECT
数据控制	GRANT,REVOKE	数据操纵	INSERT,UPDATE,DELETE

(1)数据定义

用于定义和管理数据库以及数据库中的各种对象,其命令包括 CREATE,ALTER 和 DROP 等语句。数据库对象包括表、视图、触发器、存储过程、规则、用户自定义的数据类型等。这些对象的创建、修改和删除等都可通过使用相关的语句来完成。

(2)数据操纵

用于添加、修改和删除数据库中的数据,其命令包括 INSERT,UPDATE,DELETE 等。在默认情况下,只有 sysadmin,dbcreator,db_owner 或 db_datawrite 等角色的成员才有权力执行数据操作语言。

(3)数据控制

用于设置或者更改数据库用户或角色权限,其命令包括 GRANT,DENY,REVOKE 等语句,在默认情况下,数据控制包括对基本表和视图的授权、完整性规则的描述、事务控制语句等。

(4)数据查询

用于从数据库中检索满足条件的数据,其命令有 SELECT 语句。查询的数据源可以是一张表,也可以是多张表甚至视图,查询的结果是由 0 行(没有满足条件的数据)或多行记录组成的一个记录集合,还可对查询的结果进行排序、汇总等。

8.2.2　常用的 SQL 语句

1)数据查询(SELECT)语句

SQL 语句中用得最多的就是 SELECT 语句。通过 SELECT 语句可以检索数据库并从中返回数据。SELECT 语句有 5 个主要的子句可以选择,SELECT 语句的命令格式为:

```
SELECT [ALL|DISTINCT] <目标列组>
FROM <数据源>
[ WHERE <元组选择条件> ]
[ GROUP BY <分组列> ]
[ HAVING <组选择条件> ]
[ ORDER BY <列排序> [ASC|DESC] ]
```

在上述结构中,SELECT 子句用于指定查询结果表的属性或属性表达式列表;FROM 子句用于指定与查询数据有关的基本表或视图列表;WHERE 子句用于指定查询结果表中的记录应满足的条件。GROUP BY 子句用于将查询结果集按某一列或多列的值分组,值相等的为一组,一个分组以一个元组的形式出现;HAVING 子句用于指定分组必须满足的条件,作用于分组计算的结果集,该子句跟在 GROUP BY 子句的后面,如果没有 GROUP BY 则针对整个表进行;ORDER BY 子句用于对查询的结果进行排序,查询结果可以按多个排序列进行排序,每个排序列后都可以跟一个排序要求,ASC 表示元组按升序排列,DESC 表示元组按降序排列。

需要注意的是,在这些子句中 SELECT 子句和 FROM 子句是必需的,其他的子句都是可选的。此外,HAVING 子句与 WHERE 子句的根本区别在于作用对象不同。WHERE 子句作用于基本表或视图,从中选择满足条件的记录。HAVING 子句作用于组,从中选择满足条件的组,必须用于 GROUP BY 子句之后,但 GROUP BY 子句可以没有 HAVING 子句。

(1)选择查询

选择查询是 SQL 中最简单的查询。如果用户只对表中的某一部分列感兴趣,这时可通过指定要查询的列来完成。

【例 8.1】 从"学生"表中查询电子商务学院全体学生的学号和姓名。

SELECT 学号,姓名 FROM 学生 WHERE 所在系='电子商务';

(2)投影查询

投影查询就是要查询表中的全部列,只需将选择查询命令中 SELECT 子句中的目标列组用"*"代替即可。

【例 8.2】 查询电子商务学院全体学生的信息。

SELECT * FOM 学生 WHERE 所在系='电子商务';

(3)多表连接查询

如果一个查询涉及两个或两个以上的表,则称为连接查询。连接查询是关系数据库中最主要的查询,主要包括以下内容:

①内连接:是一种最常用的连接类型。使用内连接时,如果两个表的相关字段满足连接条件,则从这两个表中提取数据并组合成新的记录。内连接的格式为:

```
FROM 表1 [INNER] JOIN 表2 ON <连接条件>
```

在连接条件中要指明两个表按什么条件进行连接,连接条件中的比较连接符称为连接谓词。连接条件的一般格式为:

```
[<表名1.>][<列名1>] <比较连接符>[<表名2.>][<列名2>]
```

当比较连接符为等号(=)时,称为等值连接,使用其他运算符的连接称为非等值连接。

【例 8.3】 查询电子商务学院学生的选课情况,要求列出学生姓名、所选课的课程号和成绩。

```
SELECT 姓名,课程号,成绩
FROM 学生 JOIN 学生选课 ON 学生.学号=学生选课.学号
WHERE 所在系='电子商务';
```

可以为表提供别名,以简化表的书写,而且在有些连接查询中必须指定别名。其格式为:<原表名>[AS] <表别名>。例如,上例可写成:

```
SELECT 姓名,学号,成绩
FROM 学生 S JOIN 学生选课 SC ON S.学号=SC.学号
WHERE 所在系='电子商务';
```

②自连接:是一种特殊形式的内连接,它是指一个表与其自己进行连接,这张表在物理上为同一张表,在逻辑上可以理解为两张表。使用自连接必须为两张逻辑上的表分别取别名。

【例 8.4】 查询每门课的间接选修课,即选修课的选修课。

```
SELECT FIRST.课程号,SECOND.选修课号 FROM 课程 FIRST JOIN 课程 SECOND
WHERE FIRST.选修课号=SECOND.课程号;
```

③外连接:在内连接的操作中,只有满足连接条件的元组才能作为结果输出,但有时也希望输出哪些不满足连接条件的元组的信息,此时就要使用外连接。当两个表进行外连接时,首先保证一个表中满足条件的记录都在结果中,然后将满足条件的记录与另一个表的记录进行连接,不满足连接条件的元组在另一张表的属性值将被置为空值。外连接的语法格式为:

```
FROM 表 1 LEFT|RIGHT [OUTER] JOIN 表 2 ON <连接条件>
```

其中,LEFT [OUTER] JOIN 称为左外连接,RIGHT [OUTER] JOIN 称为右外连接。左外连接表示结果表中包含第一个表中满足条件的所有记录,对于在连接条件上匹配的记录,第二个表返回相应值,否则第二个表返回空值。右外连接表示结果表中包含第二个表中满足条件的所有记录,对于在连接条件上匹配的记录,第一个表返回相应值,否则第一个表返回空值。

【例 8.5】 查询学生的选课情况,包括选修课程的学生和没有修课的学生。

```
SELECT 学生.学号,姓名,课程号,成绩
FROM 学生 LEFT OUTER JOIN 学生选课
ON 学生.学号=学生选课.学号;
```

此查询也可以用右外连接来实现。

```
SELECT 学生.学号,姓名,课程号,成绩
FROM 学生选课 RIGHT OUTER JOIN 学生
ON 学生.学号=学生选课.学号;
```

(4)子查询

如果一个 SELECT 语句嵌套在一个 SELECT,INSER,UPDATE 或 DELECT 语句中,则称为子查询或内层查询,而包含子查询的语句则称为主查询或外层查询。一个子查询也可以

嵌套在另一个子查询中。SQL对子查询的处理方法是从内层向外层处理,即先处理最内层的子查询,然后把查询的结果用于其外查询的查询条件,再层层向外求解,最后得出查询结果。子查询语句可以出现在任何能够使用表达式的地方,但一般是在外层查询的WHERE子句或HAVING子句中,与比较运算符或逻辑运算符一起构成查询条件。

【例8.6】 查询与陈冬在同一个系的学生。

SELECT 学号,姓名,所在系 FROM 学生

WHERE 所在系 IN(SELECT 所在系 FROM 学生 WHERE 姓名='陈冬');

【例8.7】 查询成绩大于90的学生的学号和姓名。

SELECT 学号,姓名 FROM 学生 WHERE 学号 IN(SELECT 学号 FROM 学生选课 WHERE 成绩>90);

此查询也可用多表连接的方式实现:

SELECT 学号,姓名 FROM 学生 WHERE 学生.学号=学生选课.学号 AND 成绩>90;

(5)查询条件的构成

通过WHERE子句实现条件查询,WHERE子句常用的查询条件及其含义见表8.2。

表8.2 WHERE子句中常用的查询条件及其含义

查询条件	运算符
比较	=,>,>=,<,<=,<>(或!=)
确定范围	BETWEEN AND,NOT BETWEEN AND
确定集合	IN,NOT IN
字符匹配	LIKE,NOT LIKE
空值	IS NULL,IS NOT NULL
多重条件	AND,OR

【例8.8】 查询年龄在20~22岁的学生的姓名和年龄。查询所有姓王的学生的姓名和性别。

SELECT 姓名,年龄 FROM 学生 WHERE 年龄 BETWEEN 20 AND 22;

SELECT 姓名,性别 FROM 学生 WHERE 姓名 LIKE'王%';

其中,LIKE用来进行字符串的匹配,语法格式为:[NOT] LIKE'<匹配串>'

匹配串可包含以下通配符:

①_(下划线):匹配任意一个字符。

②%(百分号):匹配0个或多个字符。

③[]:匹配[]中任意一个字符。如[acdg]表示匹配a,c,d,g中的任何一个。

④[^]:不匹配[]中的任意一个字符。如[^abdg]表示不匹配a,c,d,g。

【例8.9】 查询无考试成绩的学生的学号和相应的课程号。SELECT 学号,课程号 FROM 学生选课 WHERE 成绩 IS NULL;

(6)输出排序

有时,我们希望查询的结果能按一定的顺序显示出来,比如将学生的考试成绩从高到低

排列。查询的结果可按照一个属性列排序，也可按照多个属性列排序，如果使用多个属性列进行排序，首先按第一个出现的属性列排序，如果该属性列的值相同，则按第二个属性列的值排序，以此类推。查询的结果既可以从小到大（升序）排列，也可以从大到小（降序）排列。排序子句的格式为：

ORDER BY <属性列>［ASC|DESC］

【例 8.10】 查询选修课程号为 3 的学生的学号及成绩，查询结果按成绩降序排列。

SELECT 学号，成绩 FROM 学生选课 WHERE 课程号=‘3’ ORDER BY 成绩 DESC；

【例 8.11】 查询全体学生的成绩，查询结果按所在系系名升序排列，同一个系的学生按年龄降序排列。

SELECT * FROM 学生 ORDER BY 系名 ASC，成绩 DESC；

（7）聚合函数

聚合函数也称聚集函数或集合函数，其作用是对一组进行计算并返回一个单值。SQL 提供了 5 个聚合函数，见表 8.3。

表 8.3 聚合函数及其含义

函数名	含 义
COUNT	按列值统计记录个数
SUM	求某列中所有值的和（此列必须是数值列）
AVG	求某列中所有制的平均值（此列必须是数值列）
MAX	求某列中的最大值
MIN	求某列中的最小值

【例 8.12】 统计学生的总人数。

SELECT COUNT（*） FROM 学生；

【例 8.13】 计算学号为 0205101 的学生的考试总成绩。

SELECT SUM（成绩）FROM 学生选课 WHERE 学号=‘0205101’；

【例 8.14】 计算课程号为 3 的学生的考试平均成绩。

SELECT AVG（成绩）FROM 学生选课 WHERE 课程号=‘3’；

【例 8.15】 查询选修了课程号为 3 的学生的最高分和最低分。

SELECT MAX（成绩），MIX（成绩）FROM 学生选课 WHERE 课程号=‘3’；

（8）分组查询

有时我们需要先将数据分组，然后再对每个组进行计算，而不是对全表进行计算。比如，统计每个学生的平均成绩、每个系的学生人数就要将数据分组，这时就需要使用到分组子句 GROUP BY。可以对任意多个列进行分组。如果使用了 GROUP BY，则查询列表中的每个列必须要么是分组依据列（即 GROUP BY 后边的列），要么是计算函数。通常与 GROUP BY 一起使用的是 HAVING 子句，HAVING 用于对分组后的结果进行过滤，它的功能类似于 WHERE 子句，但它用于组而不是单个记录。

【例 8.16】 统计每门课程的选课人数，列出课程号和人数。

SELECT 课程号，COUNT（学号）FROM 学生选课 GROUP BY 课程号；

【例 8.17】 查询计算机系选修了 5 门以上课程的学生的学号。

SELECT 学号 FROM 学生选课 WHERE 所在系='计算机系'

GROUP BY 学号 HAVING COUNT（*）> 5；

2）数据插入（INSERT）语句

使用 INSERT 语句可以向已存在的表内插入数据。插入数据有两种格式：一种是向具体记录插入常量数据；另一种是把子查询的结果输入另一个关系中去。前者一次只能插入一个记录，后者一次可插入多个记录。

（1）插入单个记录

在 SQL 语言中，插入单个记录的命令格式为：

INSERT INTO<表名>（<列表 1>[，<列表 2>…]）VALUE（<常量 1>[，<常量 2>]…）

需要注意的是，如果某些属性列在 INTO 子句中没有出现，则新记录在这些列上将取空值。但如果在表定义时说明了 NOT NULL 的属性列不能取空值，否则会出错。如果 INTO 子句中没有指明任何列名，则新插入的记录必须在每个属性列上均有值。指定列名时，列名的排列顺序不一定要和表定义时的顺序一致，但 VALUES 子句的排列顺序必须和列名表中列名排列顺序一致且个数相等。

【例 8.18】 将新生记录（'0607125'，陈冬，男，电子商务学院，18 岁）插入学生表中。

INSERT INTO 学生 VALUES（'0607125'，'陈冬'，'男'，'电子商务'，18）；

【例 8.19】 在学生选课表中插入一个新记录（'0607125'，C01），成绩缺省。

INSERT INTO 学生选课（学号，课程号）VALUES（'0607125'，'C01'）；

在例 8.19 中，由于提供的值的个数与表中的列的个数不一致，此时必须提供列名，而且学生选课表中的成绩一列必须允许为空值。

（2）插入子查询结构

子查询不仅可以嵌套在 SELECT 语句中，用以构造父查询的条件，也可嵌套在 INSERT 语句中，用以生成要插入的数据。

在 SQL 语言中，插入子查询结果的命令格式为：

INSERT INTO <表名>（<列名 1>[，<列名 2>…]） 子查询；

上述命令的功能是一次将子查询的结果全部插入指定列表中。

【例 8.20】 对每一个系求学生的平均年龄，并把结果存入数据库中。

首先在数据库中建立一个有两个属性列的新表，其中一列存放系名，另一列存放相应系的学生平均年龄。完成该功能的 SQL 语句为：

CREATE TABLE 系表（系名 CHAR（15），平均年龄 INT）；

然后对数据库的学生表按系分组求平均年龄，再把系名和平均年龄存入新表中。完成该功能的 SQL 语句为：

INSERT INTO 系表（系名，平均年龄）SELECT 所在系，AVG（年龄）FROM 学生；

3）数据更新（UPDATE）语句

使用 UPDATE 语句可以修改记录中的一个或多个属性的值。UPDATE 语句的命令格式为：

UPDATE<表名> SET<列名>=<表达式>[,<列名>=<表达式>]… [WHERE<条件>];

其中,<表名>给出了需要修改数据的表的名称。UPDATE 语句的功能是修改指定表中满足 WHERE 子句条件的记录。其中 SET 子句用于指定修改方法,即用<表达式>的值取代相应的属性列表。如果省略 WHERE 子句,则表示要修改表中的所有记录。

(1)修改某一个记录的值

【例 8.21】 将学号为'0607125'学生的年龄改为 20 岁。

UPDATE 学生 SET 年龄=20 WHERE 学号='0607125';

(2)修改多个记录的值

【例 8.22】 将所有学生的年龄增加 1 岁。

UPDATE 学生 SET 年龄=年龄+1;

(3)带子查询的修改语句

【例 8.23】 将电子商务学院全体学生的成绩加 5 分。

UPDATE 学生选课 SET 成绩=成绩+5

WHERE 学号 IN(SELECT 学号 FROM 学生 WHERE 所在系='电子商务');

4)数据删除(DELETE)语句

使用 DELETE 语句可以删除表中的一条记录。DELETE 语句的命令格式为:

DELETE FROM <表名> [WHERE<条件>];

其中,<表名>给出了需要删除数据的表的名称,WHERE 子句指明删除的记录需要满足的条件,如果省略 WHERE 子句,则表示要删除表中的全部记录。需要说明的是,数据删除只能对某个元组或一条记录删除,不能只删除某些属性上的值。

(1)删除某一个记录的值

【例 8.24】 删除学号为'0607125'的学生选课记录。

DELETE FROM 学生选课 WHERE 学号='0607125';

(2)删除多个记录的值

【例 8.25】 删除所有不及格的学生选课记录。

DELETE FROM 学生选课 WHERE GRADE<60

(3)带子查询的删除语句

【例 8.26】 删除电子商务学院不及格学生的选课记录。

DELETE FROM 学生选课 WHERE GRADE<60 AND 学号

IN(SELECT 学号 FROM 学生 WHERE 所在系='电子商务');

8.3 数据库访问(连接)技术

通常,数据库管理系统都支持两种数据访问接口:一种是专用接口,另一种是通用接口。专用接口是与特定的数据库管理系统有关的,不同的数据库管理系统提供的专用接口不同。而通用接口是很多数据库管理系统都可以使用的,目前最流行的通用数据库访问接口是 ODBC 和 ADO,现在很多数据库管理系统都支持这两种通用接口。

8.3.1 ODBC 数据库访问(连接)技术

1)ODBC 简介

ODBC(Open Database Connectivity,开放数据库互连)是 Microsoft 公司开放服务器结构(Windows Open Services Architecture)中有关数据库的一个组成部分,它建立了一组规范,并提供了一组对数据访问的标准 API(应用程序编程接口)。这些 API 利用 SQL 来完成其大部分任务。ODBC 本身也提供了对 SQL 语言的支持,用户可直接将 SQL 语句送给 ODBC。

一个基于 ODBC 的应用程序对数据库的操作不依赖任何 DBMS,不直接与 ODBC 打交道,所有的数据库操作由对应的 DBMS 的 ODBC 驱动程序完成。也就是说,不论是 Access,SQL Server 还是 Oracle 数据库,均可用 ODBC API 进行访问。由此可见,ODBC 的最大优点是能以统一的方式处理所有的数据库。

2)ODBC 体系结构

一个完整的 ODBC 包括,应用程序、ODBC 管理器、驱动程序管理器、驱动程序管理器、ODBC API、ODBC 驱动程序和数据源。各部分之间的关系如图 8.3 所示。

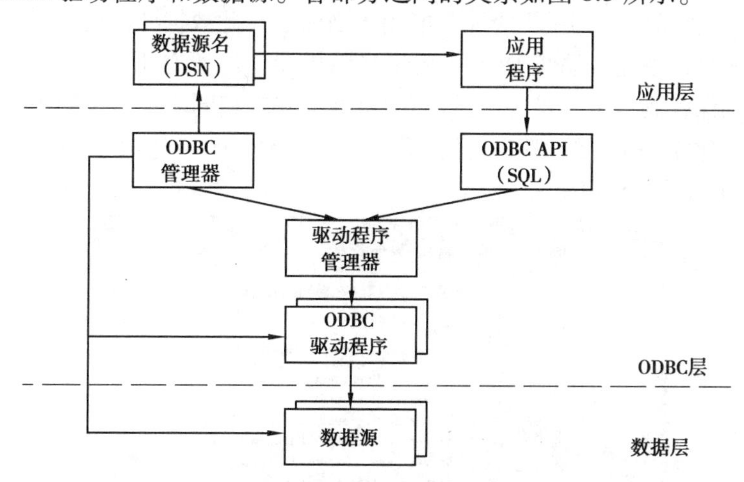

图 8.3 ODBC 的体系结构

应用程序要访问一个数据库,首先必须用 ODBC 管理器注册一个数据源,管理器根据数据源提供的数据库位置、数据库类型及 ODBC 驱动程序等信息,建立起 ODBC 与具体数据库的联系。只要应用程序将数据源名提供给 ODBC,ODBC 就能建立起与相应数据库的连接。在 ODBC 中,ODBC API 不能直接访问数据库,必须通过驱动程序管理器与数据库交换信息。驱动程序管理器负责将应用程序对 ODBC API 的调用传递给正确的驱动程序,而驱动程序在执行完相应的操作后,将结果通过驱动程序管理器返回给应用程序。

3)建立 ODBC 数据源

可通过 Windows 的控制面板建立 ODBC 数据源。建立 ODBC 数据源的步骤为:

①打开控制面板。如果使用的是 Windows 98,则直接单击控制面板上的"ODBC 数据源"。如果使用的是 Windows 2000,则双击控制面板的"管理工具",然后再双击管理工具上的"数据源(ODBC)"。打开"ODBC 数据源管理器"窗口,如图 8.4 所示。

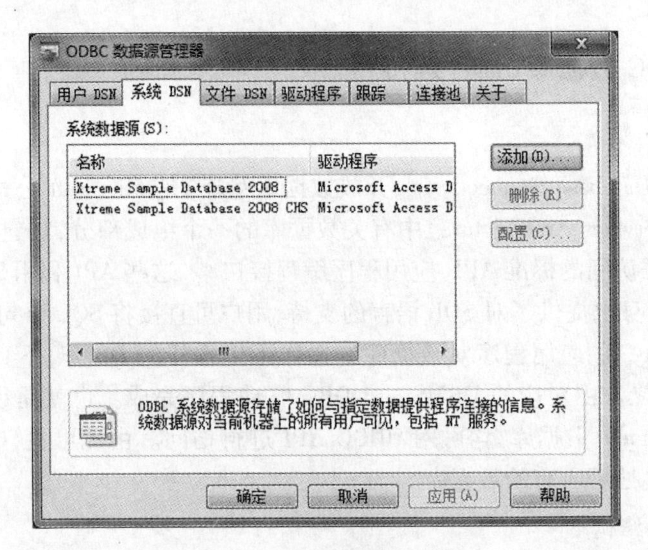

图 8.4 ODBC 数据源管理器

②ODBC 数据源共有 3 种类型，分别是用户数据源（用户 DSN）、系统数据源（系统 DSN）和文件数据源（文件 DSN）。用户 DSN 只能用于当前定义此数据源的机器上，而且只有定义数据源的用户才可以使用。系统 DSN 可用于当前机器上的所有用户。文件 DSN 将用户定义的数据源信息保存到一个文件中，可被不同机器上安装相同驱动程序的用户共享。

假设我们要建立一个系统 ODBC 数据源，选择“系统 DSN”选项卡，然后单击“添加”按钮，弹出如图 8.5 所示的窗口。

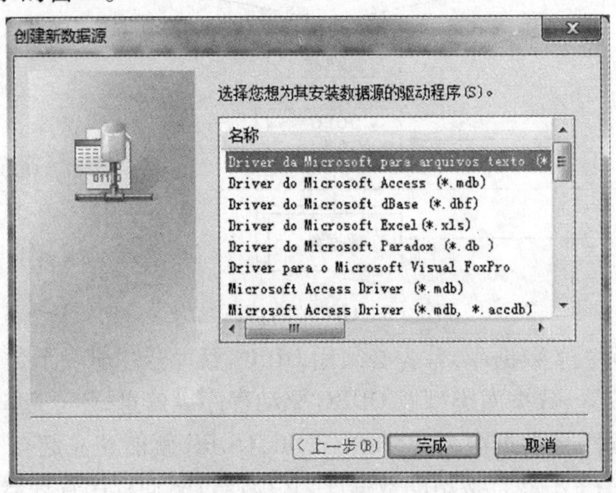

图 8.5 创建数据源窗口

③在图 8.5 所示的窗口中选择要连接的数据库管理系统的驱动程序。这里选择的是“SQL Server”，单击“完成”后会弹出如图 8.6 所示的窗口。

④在图 8.6 所示的窗口中，为数据源命名，并指定要连接到的数据库服务器的名字。在“名字”文本框中输入数据源的名字，在“说明”文本框中输入此数据源的说明信息，在“服务器”下拉列表框中指定要连接的数据库服务器的名字。指定完毕后单击“下一步”，弹出如图 8.7 所示的窗口。

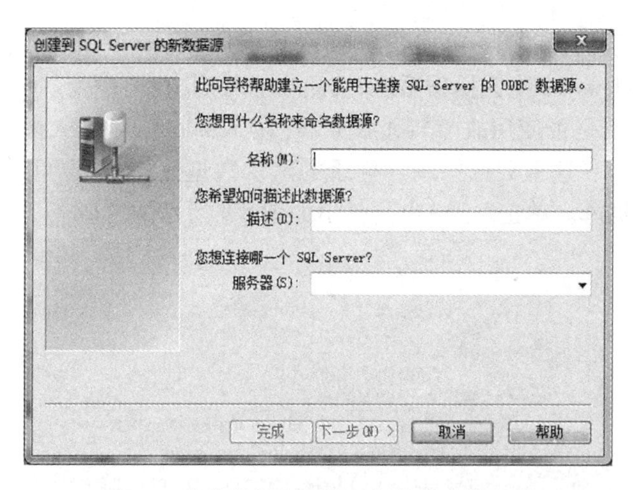

图 8.6 指定数据源名并选择数据库服务器

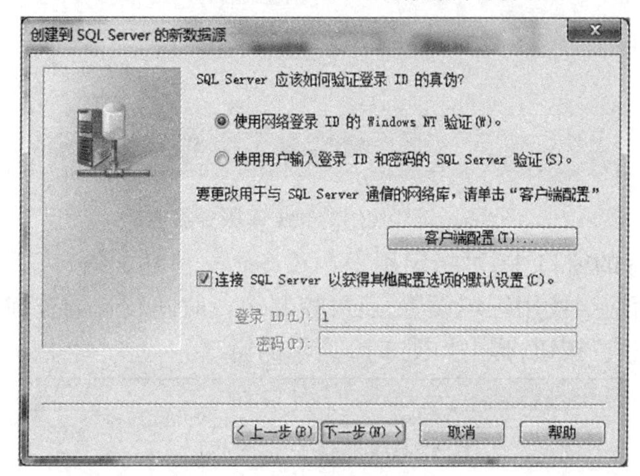

图 8.7 输入连接到数据库服务器的用户标识

⑤在图 8.7 所示的窗口中选择用户登录到数据库服务器的身份验证方式和用户登录标识,然后单击"下一步",弹出如图 8.8 所示的窗口。

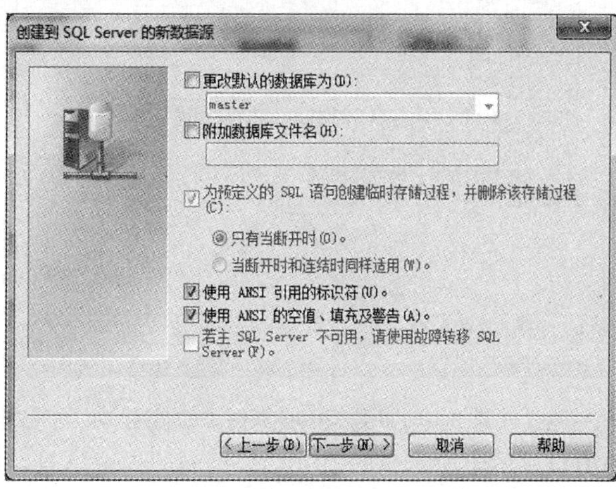

图 8.8 选择用户登录的默认数据库

⑥在图 8.8 所示的窗口中，可以指定默认数据库、驱动程序如何使用存储过程支持 SQLPrepare（在 Windows 98 个人操作系统上，此项不可用，在图中为灰色）、各种用于驱动程序的 ANSI 选项，以及是否使用故障转移服务器（在 Windows 98 个人操作系统上，此项不可用，在图中为灰色）。在这里只选择用户登录的默认数据库即可，也可以在以后使用 ODBC 数据源时再指定数据库。单击“下一步”，弹出如图 8.9 所示的窗口。

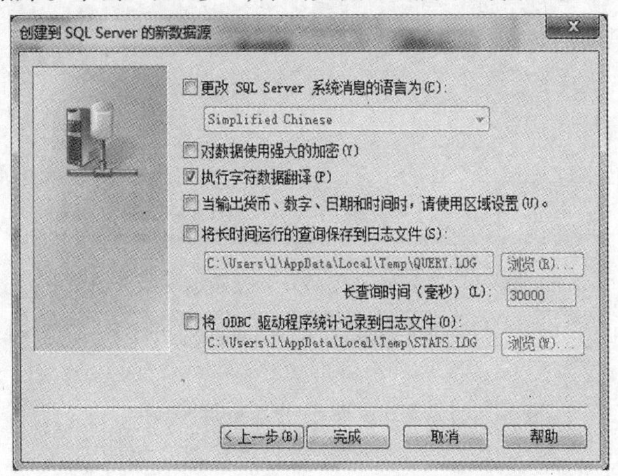

图 8.9　设置使用的数据库服务器选项

⑦在图 8.9 所示的窗口中，可指定用于 SQL Server 消息的语言、字符数据转换和 SQL Server 驱动程序是否应当使用区域设置，还可控制运行时间较长的查询和驱动程序统计设置的记录。单击“完成”按钮，弹出如图 8.10 所示的窗口。

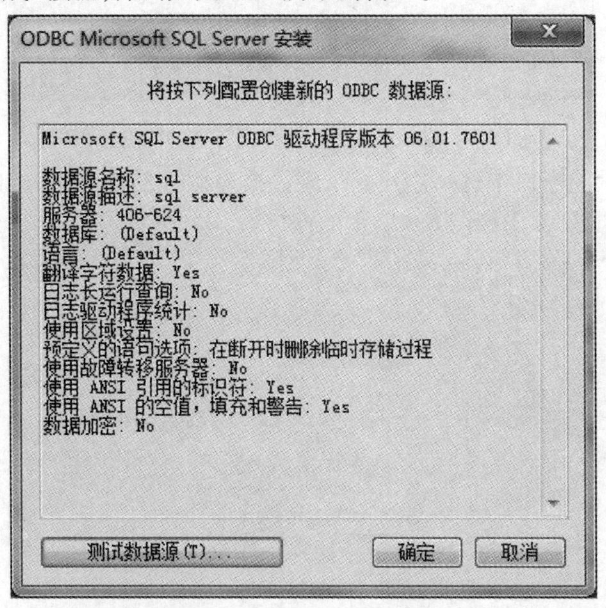

图 8.10　新建 ODBC 数据源的描述

⑧图 8.10 所示的窗口显示了所定义的 ODBC 数据源的描述信息，单击“测试数据源”按钮可测试一下所建立的数据源是否成功，若成功，将弹出一个提示测试成功的窗口，如图

8.11所示，否则，会出现测试失败的提示信息。若测试成功，可单击“确定”按钮，建立 ODBC 数据源。建立好的 ODBC 数据源会列在“ODBC 数据源管理器”窗口中，单击“确定”按钮，关闭“ODBC 数据源管理器”窗口。

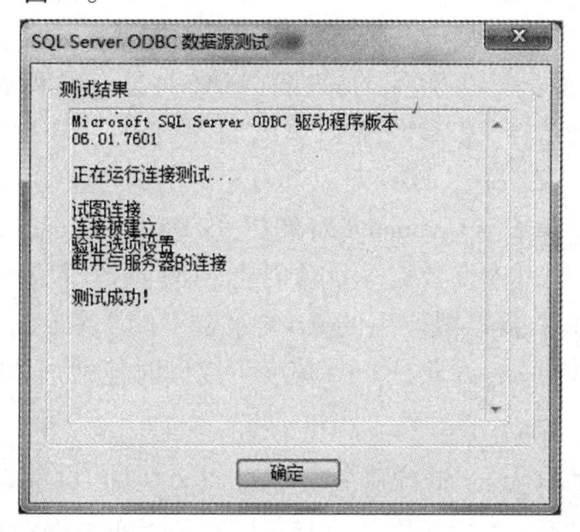

图 8.11　数据源测试成功

8.3.2　ADO 数据库访问技术

1) ADO 技术概述

ADO(ActiveX Data Objects，ActiveX 数据对象)是 Microsoft 提出的应用程序接口(API)，用以实现访问关系或非关系数据库中的数据。例如，如果你希望编写应用程序从 DB2 或 Oracle 数据库中向网页提供数据，可将 ADO 程序包含在作为活动服务器页(ASP)的 HTML 文件中。当用户从网站请求网页时，返回的网页也包含了数据中的相应数据，这些是由于使用了 ADO 代码的结果。

ADO 是对当前微软所支持的数据库进行操作的最有效和最简单直接的方法，它是一种功能强大的数据访问编程模式，从而使得大部分数据源可编程的属性得以扩展到你的 Active Server 页面上。可以使用 ADO 去编写紧凑简明的脚本以便连接到 ODBC 兼容的数据库和 OLE DB 兼容的数据源，这样 ASP 程序员就可以访问任何与 ODBC 兼容的数据库，包括 SQL SERVER，Oracle 等。

2) 常用的 ADO 对象

ADO 对象模型中包含了 3 个一般用户的对象：Connection，Command 和 Recordset。开发人员可以创建这 3 个对象并使用这些对象访问数据库。在 ADO 对象模型中还有 Field，Property，Error 和 Parameter 等对象，它们是前面 3 个对象的子对象。ADO 对象之间的关系如图 8.12 所示，其具体描述如下：

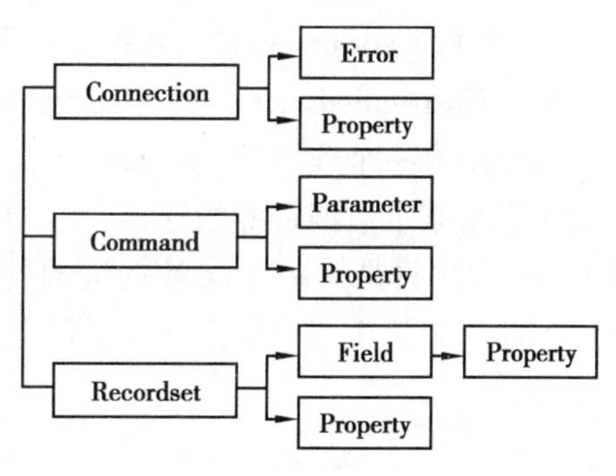

图 8.12　ADO 对象模型

①Connection 对象：包含了与数据源连接的信息。

②Command 对象:包含了与一个命令相关的信息。例如,查询字符串、参数定义等。

③Recordset 对象:包含了从数据源得到的记录集。

④Field 对象:包含了记录集中的某个记录的字段信息。字段包含在一个字段集合中。字段信息包含字段的数据类型、精度和数据范围等。

⑤Property 对象:包含了 ADO 对象的属性。ADO 对象有两种属性:内置属性和动态生成的属性。内置属性是指包含在 ADO 对象里的属性,任何 ADO 对象都有这些内置属性。动态属性有底层的数据定义,每个 ADO 对象都有对应的属性集合。

⑥Parameter 对象:包含了与 Command 对象相关的参数。Command 对象的所有参数都包含在它的参数集合中,可通过查询数据库自动创建 ADO 参数对象。

⑦Error 对象:包含了由数据源产生的 Error 集合中的扩展的错误信息。由于一个单独的语句会产生一个或多个错误,因此,Errors 集合可以同时包括一个或多个 Error 对象。

3) Connection 对象

Connection 对象是使用 ADO 组件访问数据资源的基础,只有在使用 Connection 对象创建并打开与数据源的连接后,才能使用其他对象访问和操作数据资源。而在使用 Connection 对象之前,首先必须创建其实例。通常使用 Server 对象的 CreateObject 方法创建 Connection 对象,其语句为:

```
<% Set Conn=Server.CreateObject("ADODB.Connection")%>
```

这里创建了一个名为 Conn 的对象,该对象创建后,就可调用其方法和属性,下面对其中的主要方法和属性作简要介绍。

(1) Connection 对象的方法

Connection 对象独立于其他对象,使用其方法可以打开与数据资源的连接、访问数据资源并进行数据库的事务处理。

①Open 方法和 Close 方法。使用 Open 方法可以打开与数据资源的连接,其语法为:

```
Connection.Open ConnectionString, UserID, Password, Options
```

其中,ConnectionString 是打开与数据资源链接的连接字符串,在该字符串中含有连接数据资源所需要的信息,对其也可使用 Connection 对象的 ConnectionString 属性进行定义;UserID 和 Password 分别是打开数据资源时所使用的用户名和密码,它们既可作为单独参数在 Open 方法中使用,也可放置在 ConnectionString 中分别使用 UID 和 PWD 定义;Options 用于决定是同步打开连接(adConnectUnspecified)还是异步打开连接(adAsyncConnect),默认值是 adConnectUnspecified。

当使用完一个连接后,应及时利用 Close 方法将其予以关闭,以免继续消耗系统资源。若关闭了与某个数据资源的连接,就不能再与该连接进行数据通信。不过需要注意的是使用 Close 方法只是关闭了与数据资源的连接,但是 Connection 对象本身并没有从内存中删除。因此一般使用以下的方法来关闭与数据资源的连接,以完全释放该连接所占用的全部资源。

```
<% Conn.Close
Set Conn=nothing %>
```

②Execute 方法。当使用 Open 方法打开与数据库的连接后,可直接使用 Execute 方法执

行 SQL 语句,以实现对数据库的操作。Execute 方法的语法为:

Connection.Execute CommandText, RecordsAffected, Options

其中,CommandText 是一段字符串,表示要执行的 SQL 语句、表名、存储过程和其他文本;RecordsAffected 是一个变量,用于返回执行操作时所影响记录的数量;Options 用于指定 CommandText 参数的性质,其值可为 adCmdText(表示将执行一条 SQL 语句)、adCmdTable(表示一个表名)、adCmdStoreProc(表示将执行一个存储过程)和 adCmdUnknown(表示命令的类型是未知的),该参数是可选的,若不予以指定,ADO 也能自动识别 CommandText 参数的性质。

③BeginTrans,CommitTrans 和 RollbackTrans 方法。在事务处理过程中,为了防止破坏事务的完整性,往往要求要么所有的操作都执行成功,要么所有的操作都不成功。为此,在 Connection 对象中提供了 BeginTrans,CommitTrans 和 RollbackTrans3 种方法以支持事务处理,其中 BeginTrans3 方法用于标识一个新事务处理的开始;CommitTrans 方法用于提交事务,并结束当前事务;RollbackTrans 方法用于取消当前事务处理中已进行的操作,使数据库恢复到事务处理执行以前的状态,并结束当前事务。

④Cancel 方法和 OpenSchema 方法。Cancel 方法用于取消异步执行的 Execute 方法或对 Open 方法的调用,而 OpenSchema 方法则用于从提供者处获取数据库的模式信息。

(2)Connection 对象的属性

使用 Connection 对象的属性可以设置 Connection 对象访问数据资源的方式,以实现高级数据处理的控制。

①Attributes 属性。该属性用于控制事务处理成功或失败后,Connection 对象将数据写入数据库的方式,其值可为 AdXactCommitRetaining(事务处理成功时将数据写入数据库,并自动启动另一个事务处理)和 AdXactAbortRetaining(取消事务处理时自动启动另一个事务处理)。

②CommandTimeout 属性。该属性定义了连接错误产生之前的等待时间,当网络阻塞或服务器负载过重时,可能无法在 CommandTimeout 规定的时间内执行完命令,因此服务器将会终止命令的执行并返回错误信息。

③ConnectionString 属性。该属性定义了创建数据资源链接时所需要的全部信息,它可以是 DSN 信息,也可以是连接数据资源的所有参数,其用法在前面已作了介绍。

④ConnectionTimeout 属性。该属性用于定义连接数据资源时的最长等待时间(缺省值为 15 s),若超出规定的时间,服务器将停止打开连接的尝试,并返回错误信息。

⑤DefaultDatabase 属性。该属性用于指定 Connection 对象连接数据资源时所使用的缺省数据库,指定了该属性值后,SQL 语句就可以使用非限定语法访问数据库中的对象。

⑥Mode 属性。该属性用于定义在 Connection 中修改数据的权限,其最常用的取值有 adModeRead(只读)、adModeWrite(只写)、adModeReadWrite(读写)和 adModeUnknown(权限尚未设置或不确定)。

⑦Provider 属性。该属性用于指定 OLE DB 的数据提供者,其缺省值为 MSDASQL(ODBC 数据提供者)。

⑧State 属性。使用该属性可了解 Connection 对象所处的状态。若其值为 0(或

AdStateClosed),则表示 Connection 对象处于关闭状态;若其值为 1(或 AdStateOpen),则表示 Connection 对象处于打开状态。

⑨Version 属性。利用该属性可查看所使用的 ADO 的版本号。

(3)Connection 对象的集合

Connection 对象含有 Errors 和 Properties 两个集合,其中 Errors 集合中包括了数据连接中的错误信息,Properties 集合中包括了 Connection 对象的属性信息。

4)Recordset 对象

Recordset 对象是 ADO 中使用最为普遍的一个对象,它可用在 ASP 应用程序中,描述从数据库中所查询到的结果集合。在使用 Recordset 对象之前,首先必须创建该对象,其方法有以下两种:

①显式创建 Recordset 对象。方法如下:

Set Rs=Server.CreateObject("ADODB.Recordset")

显式创建的 Recordset 对象使用 Open 方法打开后,才可进行操作。

②隐式创建 Recordset 对象。使用 Connection 对象和 Command 对象的 Execute 方法,可以隐式创建 Recordset 对象,而且创建后就可直接使用。

(1)Recordset 对象的方法

使用 Recordset 对象的方法,可以灵活地控制该对象,完成对结果集合的处理。

①Open 和 Close 方法。使用 CreateObject 方法创建的 Recordset 对象,需要使用 Open 方法予以打开。Open 方法的使用方法如下:

recordset.Open Source, ActiveConnection, CursorType, LockType, Options

其中,recordset 为 Recordset 对象变量;Source 参数(可选)确定了数据的来源,它可以是 Command 命令、SQL 语句、表名或存储过程;ActiveConnection 参数(可选)指定了所使用的有效 Connection 对象;CursorType 参数(可选)指定了游标类型;LockType 参数(可选)指定了锁定类型;Options 参数可用于优化 Recordset 对象,类似于 Connection 对象的 Open 方法中的 Options 参数。

使用 Close 方法可以关闭 Recordset 对象并释放相应的资源,但要从内存中删除 Recordset 对象本身,应使用以下语句:

Set rst=nothing

②移动游标的方法。用于在记录集合中移动游标的方法主要有:

a.Move 方法:将游标移到 Recordset 中某一条记录。

b.MovePrevious 方法:将游标移到 Recordset 中上一条记录。

c.MoveNext 方法:将游标移到 Recordset 中下一条记录。

d.MoveFirst 方法:将游标移到 Recordset 中第一条记录。

e.MoveLast 方法:将游标移到 Recordset 中最后一条记录。

③更新数据的方法。可用于更新数据的方法主要有:

a.AddNew 方法:向数据库中添加一条新记录。调用该方法时,首先在 Recordset 中插入一个新行,并将游标移到该行准备添加数据。

b.Delete 方法:删除 Recordset 中的当前记录。

c.Update 方法:将 Recordset 中对当前记录所作的任何修改保存到数据库中。

d.CancelUpdate 方法:放弃对当前记录所作的修改。

(2)Recordset 对象的属性

通过 Recordset 对象的属性既可进行游标类型、游标位置等信息的设置,也可判断游标的位置,还可实现记录集合中记录的分页显示等功能。

①实现记录分页显示的属性。若在记录集合中返回的记录较多,可进行分页显示,这时需要用到以下几个属性:

a.AbsolutePage:该属性用于指示当前记录所在的页面。

b.PageSize:该属性用于指定一个页面中所显示的记录条数。

c.PageCount:该属性用于指示记录集合中含有的数据页面数。

②设置游标类型和锁定类型的属性。通过 CursorType 属性和 LockType 属性可分别实现游标类型和锁定类型的设置,例如,使用如下所示的脚本可将游标类型设置为动态游标,将锁定类型设置为悲观锁定。

```
<% rst.CursorType = adOpenDynamic
rst.LockType = adLockPessimistic%>
```

③遍历结果集中记录的属性。当要遍历结果集合中记录时,通常要用到下列属性:

a.AbsolutePosition:该属性用于设置或返回当前记录在结果集合中的位置,使用该属性可对游标进行准确定位。

b.BookMark:该属性用于设置或返回唯一标识 Recordset 对象中当前记录的书签,使用该属性可对游标进行重新定位。

c.BOF:使用该属性可以判断游标向右移动是否该结束,当游标已经移到第一条记录之前时,其值为 TRUE。

d.EOF:使用该属性可以判断游标向前移动是否该结束,当游标已经移到最后一条记录之后时,其值为 TRUE。

④统计记录数量的属性。使用 RecordCount 属性可以统计结果集合中的记录数量,注意使用该属性时必须将游标类型设置为静态游标或键集游标。

(3)Recordset 对象的集合

Recordset 对象含有以下两个集合:

①Properties 集合。在 Properties 集合中包含了 Recordset 对象的属性信息。

②Fields 集合。Recordset 对象含有由 Field 对象所组成的 Fields 集合,其中,每个 Field 对象对应于 Recordset 中的一个字段或列。在 Fields 集合中,最常用的是 Count 属性和 Item 方法。

a.Fields 集合的 Count 属性。该属性给出了 Fields 集合中的对象个数,即 Recordset 对象中的字段个数。

b.Fields 集合的 Item 方法。这是 Fields 集合的缺省调用方法,使用该方法可以返回集合中指定的字段对象。

5)Command **对象**

Command 对象代表了可被数据源处理的命令,它提供了一种简单地处理查询或存储过程的方法。创建 Command 对象的方法为：

```
Set Cmd = Server.CreateObject("ADODB.Command")
```

创建了 Command 对象后，就可以使用该对象的 Execute 方法执行 SQL 语句和存储过程。

(1) Command 对象的属性

使用 Command 对象的属性可控制对数据源进行操作的特性。Command 对象的主要属性为：

①ActiveConnection 属性。该属性定义了 Command 对象所使用的数据资源链接，通过该属性可以设置或返回一个字符串，也可指向一个当前打开的 Connection 对象或定义一个新的连接。例如，下面的示例将 Command 对象的数据资源链接设置为当前打开的 Connection 对象 Conn：

```
<%Set Cmd = Server.CreateObject("ADODB.Command")
Cmd.ActiveConnection = Conn%>
```

②CommandText 属性。使用该属性可设置要在数据库中执行的命令，它可以是 SQL 语句、存储过程或表名。当该属性为 SQL 语句或存储过程时，数据源会自动将参数添加到 Command 对象的 Parameters 集合中。例如，下面的示例将 CommandText 属性设置为 SQL 语句：

```
<% Set MyCmd = Server.CreateObject("ADODB.Command")
MyCmd.ActiveConnection = "DSN = MyDsn; UID = sa; PWD = password"
MyCmd.CommandText = "select * from Student"
Set MyRec = MyCmd.Execute%>
```

③CommandTimeout 属性。使用该属性可定义 Command 对象终止并产生一个错误之前的等待时间，它可以继续和重载 Connection 对象中的对应属性。若服务器不能在 CommandTimeout 属性规定的时间内完成命令，则将会返回错误信息。

④CommandType 属性。通过该属性可以设置 Command 对象所执行的命令类型，其取值为 adCmdText(SQL 语句)、adCmdTable(表名)、adCmdStoreProc(存储过程)和 adCmdUnknown(命令类型未知)。

⑤Prepared 属性。该属性用于指定数据提供者是否需要保存命令的编译版本。若该属性的值为 TRUE，则当数据提供者第一次执行命令时，将对命令进行编译、优化并保存，使以后的运行速度大大提高。

⑥State 属性。该属性用于指定 Command 对象所处的状态，若 Command 对象处于打开状态，则 State 的值为 adStateOpen，否则为 adStateClosed。

(2) Command 对象的方法

使用 Command 对象的方法可以执行命令，也可以创建存储过程中的参数，其中最常用的方法为：

①Execute 方法。使用 Execute 方法可以执行 Command 对象中的命令，若执行命令后有返回结果，则会将结果保存到记录集合中。使用 Execute 方法的语法如下：

```
Set recordset = Command.Execute RecordAffected, Parameters, Options
```

其中，recordset 是保存运行结果的 Recordset 对象；RecordAffected 参数是一个可获取受影响记录数目的变量;Parameters 参数是使用 SQL 语句时传送的参数值;Options 参数提供了命令类型,可以不设置 CommandType 属性,而在此进行指定。

②CreateParameter 方法。使用 CreateParameter 方法可以创建新的 Parameter 对象,并将其加入 Parameters 集合。每个 Parameter 对象表示了传递给 SQL 语句或存储过程的一个参数,创建的语法为:

```
Set parameter=Command.CreateParameter( Name, Type, Direction, Size, Value)
```

其中,paremeter 是返回的 Parameter 对象;Name 指定了 Parameter 对象的名称;Type 指定了 Parameter 对象的类型(如 adInteger);Direction 指明了 Parameter 对象属于输入参数、输出参数还是返回参数;Size 指明了 Parameter 对象的长度;Value 给出了 Parameter 对象的值。

③Cancel 方法。若在 Command 对象的 Options 参数中设置了 adAsyncExecute 值,即该对象采用异步执行方式时,可使用 Cancel 方法取消其执行。

(3)Command 对象的集合

①Parameters 集合。该集合包含了 Command 对象的所有 Parameter 对象,该集合具有下列常用属性和方法:

a.Count 属性。该属性给出了 Parameters 集合中所包含的 Parameter 对象的数目。

b.Append 方法。使用该方法可将创建的 Parameter 对象加入 Parameters 集合。例如,在以下脚本中,首先使用 CreateParameter 方法创建了一个名为"minnage"的输入参数,紧接着使用 Append 方法将其加入 Parameters 集合。

```
<% Set cm=Server.CreateObject("ADODB.Command")
Set pm=cm.CreateParameter("minnage",adInteger,adParamInput)
cm.Parameters.Append pm%>
```

c.Delete 方法。使用 Delete 方法可将指定的 Parameter 对象(使用名称或序号指定对象)从 Parameters 集合中删除。

d.Item 方法。该方法是 Parameters 集合的默认方法,它可根据指定的名称或序号返回相应的 Parameter 对象。例如,可以使用以下语句对 Parameter 对象进行赋值:

```
<% cm.Parameters.Item("minnage")=30%>
```

该语句也可改为:

```
<% cm.Parameters("minnage")=30%>
```

e.Refresh 方法。使用该方法可根据数据提供者的需要更新 Parameters 集合中的对象。

②Properties 集合。该集合中包含了 Command 对象的属性信息。

8.3.3 JDBC 数据库访问技术

Java 语言显示出优于以往编程语言的诸多特色,赢得了众多数据库厂商的支持。由于 Java 是一种面向对象的、多线程的网络编程语言,因此能够用多个线程对多个不同的数据库进行查询操作。用户发出的同一条查询语句同时启动多个线程,并行运行,同时进行异构数据库的联合查询。

在数据库处理方面,Java 还提供了 JDBC(Java Database Connectivity,Java 数据库连接),为数据库开发应用提供了标准的应用程序编程接口。与 ODBC 类似,JDBC 也是一种特殊的

API,是执行 SQL 语句的 Java 应用程序接口,规定了 Java 如何与数据库进行交互作用。JDBC 由一组用 Java 语言写的类和接口组成,利用 Java 机制设计的标准 SQL 数据库连接接口 JDBC 去访问数据库。JDBC 也是一种规范,其宗旨是让各数据库开发商为 Java 程序员提供标准的数据库访问类和接口。JDBC 与 Java 结合,使用户很容易地把 SQL 语句传送到任何关系数据库中,程序员用它编写的数据库应用软件,可在各种数据库系统上运行。采用 JDBC 可以很容易用 SQL 语句访问任何商用数据库,如 SQL Server,Sybase 或 Oracle。因此,采用 Java 和 JDBC 编写的数据库应用程序具有与平台无关的特性。

JDBC 代表 Java 数据库连接,是一个标准的用于执行 SQL 语句的 Java API,可以为多种关系数据库提供统一访问,由一组用 Java 语言编写的类和接口组成。JDBC API 支持两层和三层的处理模式对数据库的访问,但一般 JDBC 体系结构有两层组成:

(1)JDBC API

JDBC API 提供了应用程序到 JDBC 管理器的连接。

(2)JDBC Driver API

JDBC Driver API 支持 JDBC 管理器到驱动器的连接。

JDBC API 使用一个驱动程序管理器和数据库特定的驱动程序提供透明的异构数据库的连接,确保使用正确的驱动程序来访问每个数据源的 JDBC 驱动程序管理器。驱动程序管理器能够支持多个并发连接到多个异构数据库。JDBC 的架构如图 8.13 所示。

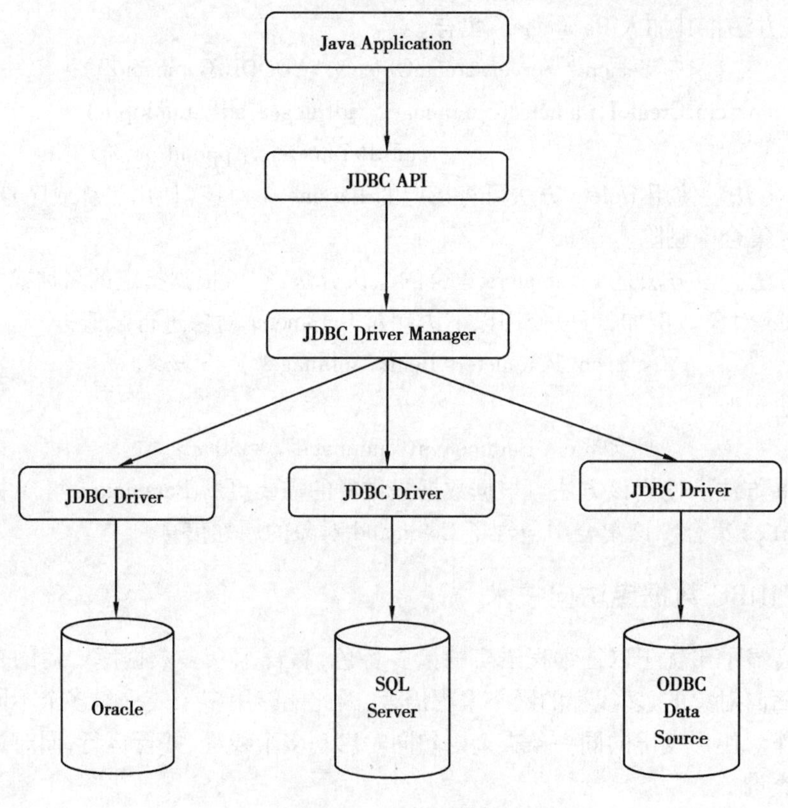

图 8.13 JDBC 架构图

本章小结

本章首先介绍了数据库、数据库管理系统和数据库系统的基本概念，同时介绍了 Web 数据库的概念、特点以及目前主要的 Web 数据库产品，包括 SQL Server，My SQL 和 Oracle。接着重点介绍了 SQL 语言的基本功能，包括数据定义功能、数据控制功能、数据查询功能和数据操纵功能，以及常用的 SQL 查询语句。最后详细说明了 ODBC 的体系结构和建立数据源的操作步骤，以及 ADO 的常用对象、方法和属性的使用。

复习思考题

1.分析 Web 数据库与传统数据库相比存在哪些优势？
2.简述 Web 数据库的运行模式。
3.分析 SQL 查询语言的特性。
4.说明 ODBC 的体系结构。

第 9 章
网站服务器建设

学习要求

- Web 服务器的基本概念。
- Web 架构中的新技术。
- Tomcat 服务器的应用。
- IIS 服务器的应用。

学习指导

了解 Web 服务器技术的基本概念及其应用，以及 Web 架构中的技术，包括.NET 技术、Ajax 技术和移动电子商务技术；了解 Tomcat 服务器，同时掌握 Tomcat 服务器的安装、配置，并能建立 Web 目录、Servlet 和 Bean；了解 IIS 服务器，同时掌握 IIS 服务器的安装、配置以及 IIS 服务的远程管理。

案例导入

携程网官网出现大面积瘫痪　称服务器遭到不明攻击①

凤凰科技讯　2015 年 5 月 28 日消息，今日多名网友反映，携程网官网出现网络故障，页面无法正常打开。携程方面回应称，部分服务器遭到不明攻击导致网络故障，正在紧急恢复。

据凤凰科技验证，通过百度推广链接进入携程网，页面显示 404 报错。直接浏览携程网官网首页（http://www.ctrip.com/）页面正常，但首页提示"携程网站目前遇到问题，深表歉意，正在紧急修复中……"。同时，单击其他链接无法显示。

对此，携程网方面回应称，5 月 28 日上午 11:09，因携程部分服务器遭到不明攻击，导致官方网站及 APP 暂时无法正常使用，目前正在紧急恢复。对用户造成的不便，我司深表歉意。

今日下午，携程官网在首页顶部挂出"携程网站暂时无法提供服务，正在紧急修复

① 资料来源：凤凰网科 http://tech.ifeng.com/a/20150528/41094043_0.shtml?url_type=39&object_type=webpage&pos=1.

中……您可以访问:艺龙旅行网”的通知。

同时,继携程官网网络故障之后,同程旅游网站也挂出公告,称酒店系统遇到问题,正在紧急修复中。据悉,在2014年4月携程2.2亿美元战略投资同程后,同程接入携程的现付酒店业务。由于携程网问题,同程旅游的酒店系统也出现故障。

对于携程网及客户端出现的问题,网上众说纷纭,有传言称携程全线酒店数据库遭到了物理删除。纽约时报专栏作家李成东在微博上表示,携程正在重建缓存,估计3 h内恢复,原因据说是内部离职员工的报复。

携程方面称网络上的传言为谣言,并表示“5月28日上午11:09,因携程部分服务器遭到不明攻击,导致官方网站及APP暂时无法正常使用,目前系统正在逐步恢复中。经过紧急排查,携程数据没有丢失,预订数据也保存完整。在恢复过程中,对用户造成的不便,我司深表歉意。”

凤凰科技连线漏洞报告平台乌云网创始人孟卓表示目前尚不清楚携程网本次网络故障的原因。服务器遭到不明攻击确实可能会造成携程网目前瘫痪的状态,但他也表示,一般对于服务器的攻击都是有目的性的,本次携程网络故障并不是窃取数据等目的,并且持续这么长时间的故障确实是近年来比较少见的。

问题:1.结合案例分析网络服务器安全性对企业及用户的重要性?

2.根据自己的理解,谈谈企业应如何选择适合自己网站的服务器?

9.1 Web服务器技术综述

如今互联网的Web服务器种类繁多,各种软硬件组合的Web系统更是数不胜数,下面介绍几种常用的Web服务器。

1) Microsoft IIS

Microsoft的Web服务器产品为Internet Information Server (IIS),IIS是允许在公共Intranet或Internet上发布信息的Web服务器。IIS是目前最流行的Web服务器产品之一,很多著名的网站都是建立在IIS的平台上。IIS提供了一个图形界面的管理工具,称为Internet服务管理器,可用于监视配置和控制Internet服务。

IIS是一种Web服务组件,其中包括Web服务器、FTP服务器、NNTP服务器和SMTP服务器,分别用于网页浏览、文件传输、新闻服务和邮件发送等方面,它使得在网络(包括互联网和局域网)上发布信息成了一件很容易的事。它提供ISAPI(Internet Server API)作为扩展Web服务器功能的编程接口;同时,它还提供一个Internet数据库连接器,可以实现对数据库的查询和更新。

2) IBM WebSphere

WebSphere软件平台能够帮助客户在Web上创建自己的业务或将自己的业务扩展到Web上,为客户提供了一个可靠、可扩展、跨平台的解决方案。作为IBM电子商务应用框架的一个关键组成部分,WebSphere软件平台为客户提供了一个使其能够充分利用互联网的集成解决方案。

WebSphere软件平台提供了一整套全面的集成电子商务软件解决方案。作为一种基于行业标准的平台,它拥有足够的灵活性,能够适应市场的波动和商业目标的变化。它能够创建、部署、管理、扩展出强大、可移植、与众不同的电子商务应用,所有这些内容在必要时都可以与现有的传统应用实现集成。以这一稳固的平台为基础,客户可以将不同的IT环境集成在一起,从而能够最大限度地利用现有的投资。

WebSphere Application Server是一种功能完善、开放的Web应用程序服务器,是IBM电子商务计划的核心部分,它是基于Java的应用环境,用于建立、部署和管理Internet和Intranet Web应用程序。这一整套产品进行了扩展,以适应Web应用程序服务器的需要,范围从简单到高级直到企业级。

WebSphere针对以Web为中心的开发人员,他们都是在基本HTTP服务器和CGI编程技术上成长起来的。IBM将提供WebSphere产品系列,通过提供综合资源、可重复使用的组件、功能强大并易于使用的工具,以及支持HTTP和IIOP通信的可伸缩运行时环境,来帮助这些用户从简单的Web应用程序转移到电子商务世界。

3) BEA WebLogic

BEA WebLogic Server是一种多功能、基于标准的Web应用服务器,为企业构建自己的应用提供了坚实的基础。各种应用开发、部署所有关键性的任务,无论是集成各种系统和数据库,还是提交服务、跨互联网协作,起始点都是BEA WebLogic Server。由于它具有全面的功能、对开放标准的遵从性、多层架构、支持基于组件的开发,基于互联网的企业都选择它来开发、部署最佳的应用。

BEA WebLogic Server在使应用服务器成为企业应用架构的基础方面继续处于领先地位。BEA WebLogic Server为构建集成化的企业级应用提供了稳固的基础,它们以互联网的容量和速度,在联网的企业之间共享信息、提交服务,实现协作自动化。BEA WebLogic Server的遵从J2EE、面向服务的架构,以及丰富的工具集支持,便于实现业务逻辑、数据和表达的分离,提供开发和部署各种业务驱动应用所必需的底层核心功能。

4) IPlanet Application Server

作为Sun与Netscape联盟产物的iPlanet公司生产的iPlanet Application Server满足最新J2EE规范的要求。它是一种完整的Web服务器应用解决方案,它允许企业以便捷的方式,开发、部署和管理关键任务的互联网应用。该解决方案集高性能、高度可伸缩性和高度可用性于一体,可以支持大量的具有多种客户机类型与数据源的事务。

iPlanet Application Server的基本核心服务包括事务监控器、多负载平衡选项、对集群和故障转移全面的支持、集成的XML解析器和可扩展格式语言转换(XLST)引擎以及对国际化的全面支持。iPlanet Application Server企业版所提供的全部特性和功能,并得益于J2EE系统构架,拥有更好的商业工作流程管理工具和应用集成功能。

5) Oracle IAS

OracleIAS的英文全称是Oracle Internet Application Server,即互联网应用服务器,Oracle IAS是基于Java的应用服务器,通过与Oracle数据库等产品的结合,Oracle IAS能够满足互联网应用对可靠性、可用性和可伸缩性的要求。

OracleIAS 最大的优势是其集成性和通用性，它是一个集成的、通用的中间件产品。在集成性方面，Oracle IAS 将业界最流行的 HTTP 服务器 Apache 集成到系统中，集成了 Apache 的 Oracle IAS 通信服务层可以处理多种客户请求，包括来自 Web 浏览器、胖客户端和手持设备的请求，并根据请求的具体内容，将它们分发给不同的应用服务进行处理。在通用性方面，Oracle IAS 支持各种业界标准，包括 JavaBeans，CORBA，Servlets 以及 XML 标准等，这种对标准的全面支持使得用户很容易将在其他系统平台上开发的应用移植到 Oracle 平台上。

6）Apache

Apache 源于 NCSAhttpd 服务器，经过多次修改，成为世界上最流行的 Web 服务器软件之一。Apache 是自由软件，所以不断有人来为它开发新的功能、新的特性、修改原来的缺陷。Apache 的特点是简单、速度快、性能稳定，并可做代理服务器来使用。本来它只用于小型或试验互联网网络，后来逐步扩充到各种 Unix 系统中，尤其对 Linux 的支持相当完美。

Apache 是以进程为基础的结构，进程要比线程消耗更多的系统开支，不太适合于多处理器环境，因此，在一个 Apache Web 站点扩容时，通常是增加服务器或扩充群集节点而不是增加处理器。到目前为止，Apache 仍然是世界上用得最多的 Web 服务器，世界上很多著名的网站都是 Apache 的产物，它的成功之处主要在于它的源代码开放、有一支开放的开发队伍、支持跨平台的应用（可以运行在几乎所有的 Unix，Windows，Linux 系统平台上）以及它的可移植性等方面。

7）Tomcat

Tomcat 是一个开放源代码、运行 servlet 和 JSP Web 应用软件的基于 Java 的 Web 应用软件容器。Tomcat Server 是根据 servlet 和 JSP 规范进行执行的，因此，可以说 Tomcat Server 也实行了 Apache-Jakarta 规范且比绝大多数商业应用软件服务器要好。

Tomcat 是 Java Servlet 2.2 和 JavaServer Pages 1.1 技术的标准实现，是基于 Apache 许可证下开发的自由软件。Tomcat 是完全重写的 Servlet API 2.2 和 JSP 1.1 兼容的 Servlet/JSP 容器。Tomcat 使用了 JServ 的一些代码，特别是 Apache 服务适配器。随着 Catalina Servlet 引擎的出现，Tomcat 第四版号的性能得到提升，使得它成为一个值得考虑的 Servlet/JSP 容器，因此，目前许多 Web 服务器都是采用 Tomcat。

9.2 Web 架构的新技术

网络上的新技术一直在努力改善用户的使用感受，简化系统的开发，提高网络开发的效率，下面我们就来介绍几种常见的 Web 架构的新技术。

9.2.1 NET 平台

Microsoft 公司的.NET 平台对早期的开发平台作了重大改进。

①.NET 提供了一种新的软件开发模型，它允许用不同程序设计语言创建的应用程序能

相互通信。这个平台也允许开发者创建基于 Web 的应用程序,这些应用程序能够发布到多种不同的设备(甚至是无线电话)和台式机上。

.NET 策略的一个主要方面是它与具体的语言或平台无关。程序员可以将多种与.NET 兼容的语言结合起来开发.NET 应用程序。多个程序员可以共同参与同一个软件项目,每个人可以使用自己最精通的.NET 语言(如 Visual C++.NET、C#、Visual Basic®和其他许多语言)来编写代码。

.NET 体系结构的一个主要组件是 Web 服务,它是通过互联网向客户端开放其功能的应用程序。客户端和其他应用程序可以将这些 Web 服务作为可重用的构件块。程序员可以利用 Web 服务为数据库、安全性、身份验证、数据存储和语言翻译创建应用程序,而无须知道这些组件的内部细节。

②ASP.Net。作为.Net 架构最重要的 Web 开发工具,ASP.Net 已不能被单纯视为 ASP 的下一个版本,实际上它在.Net 架构中的地位犹如 JSP 在 Java 架构中的地位一样,因而它也责无旁贷地挑起了抗衡 JSP 的使命。不仅如此,在微软的精心打造下,ASP.Net 已成为统一的 Web 应用开发规范,能够利用.Net 的全部资源并同所有.Net 开发工具协同工作。

ASP.Net 已内置了开发 Web 应用的各种要素,其中包括开发移动设备软件的多种控件,这使它能胜任各种 Web 应用的开发。尽管 ASP.Net 的语法在很大程度上与 ASP 兼容,但两者在实质上已相差甚远。ASP.Net 已成为一种全新的编程模型,可生成伸缩性和稳定性更好的应用程序,并提供令人放心的安全特性。同 JSP 类似,ASP.Net 程序在首次执行时被编译成.Net 的中间代码,然后交由 CLR 执行,其运行效率远远高于逐句解释执行的 ASP。ASP.Net在诞生之初即被整合到微软 Visual Studio.Net 集成环境中,使它能够充分共享开发资源,而程序员也可利用各自熟悉的编程语言开发 APS.Net 程序,不必像 ASP 那样拘泥于特定的脚本语言和开发环境。

9.2.2 Ajax 技术

Ajax 是 Asynchronous JavaScript and XML 的简称,Ajax 不是一个技术,它实际上是几种技术,每种技术都有其独特之处,合在一起就成了一个功能强大的新技术。

(1)Ajax 的种类

Ajax 包括:XHTML 和 CSS;使用文档对象模型(Document Object Model)作动态显示和交互;使用 XML 和 XSLT 做数据交互和操作;使用 XMLHttpRequest 进行异步数据接收;使用 JavaScript 将它们绑定在一起。

(2)Ajax 的特性

Ajax 不是适用于所有地方的,它的适用范围是由它的特性所决定的。它的特性主要有:

①按需取数据,减少了冗余请求和响应对服务器造成的负担。页面不读取无用的冗余数据,而是在用户操作过程中的某项交互需要某部分数据时才会向服务器发送请求。

②无刷新更新页面,减少用户实际和心理等待时间。客户端利用 XML HTTP 发送请求得到服务端应答数据,在不重新载入整个页面的情况下用 JavaScript 操作 DOM 最终更新页面。

③预读功能也可通过 Ajax 实现,但并不是 Ajax 的优势所在,它的主要优势还是在交互方面。

(3) Ajax 运行特点

通过在用户和服务器之间引入一个 Ajax 引擎,可消除 Web 的开始—停止—开始—停止这样的交互过程。它就像增加了一层机制到程序中,使其响应更灵敏,而它的确做到了这一点。

不像加载一个页面一样,在会话的开始,浏览器加载了一个 Ajax 引擎——采用 JavaScript 编写并且通常在一个隐藏 frame 中。这个引擎负责绘制用户界面以及与服务器端通信。Ajax 引擎允许用异步的方式实现用户与程序的交互——不用等待服务器的通信。因此用户再不用打开一个空白窗口,看到等待光标不断地转,等待服务器完成后再响应。

通常要产生一个 HTTP 请求的用户动作,现在通过 JavaScript 调用 Ajax 引擎来代替。任何用户动作的响应不再要求直接传到服务器,例如,简单的数据校验,内存中的数据编辑,甚至一些页面导航,引擎自己就可以处理它。如果引擎需要从服务器取数据来响应用户动作,假设它提交需要处理的数据,载入另外的界面代码,或者接收新的数据,引擎让这些工作异步进行,通常使用 XML, 不会再耽误用户界面的交互。

9.2.3 移动电子商务技术

移动电子商务是利用手机、PDA 及掌上电脑等无线终端进行的 B2B,B2C,C2C 或者 O2O 的电子商务。它将互联网、移动通信技术、短距离通信技术及其他信息处理技术完美的结合、使用户可以在任何时间、任何地点进行任意形式的商务活动,从而实现随时随地、线上线下的购物交易、电子支付以及其他相关的服务活动。

移动商务是电子商务的一个新的分支,但是从应用角度来看,它的发展是对有线电子商务的整合与发展,是电子商务发展的新形态。移动商务将传统的商务和已经发展起来的但是分散的电子商务整合起来,将各种业务流程从有线向无线转移和完善,是一种新的突破。

因特网、移动通信技术和其他技术的完美结合创造了移动电子商务,移动电子商务以其灵活、简单、方便的特点开始受到消费者的欢迎。通过移动电子商务,用户可随时随地获取所需的服务、应用、信息和娱乐。服务付费可通过多种方式进行,可直接转入银行、用户电话账单或者实时在专用预付账户上借记,以满足不同需求。随着科学的发展,实现移动电子商务的技术有:

1)无线应用协议(WAP)

WAP 是开展移动电子商务的核心技术之一。通过 WAP,手机可以随时随地、方便快捷地接入互联网,真正实现不受时间和地域约束的移动电子商务。WAP 是一种通信协议,它的提出和发展是基于在移动中接入互联网的需要。WAP 提供了一套开放、统一的技术平台,用户使用移动设备很容易访问和获取以统一的内容格式表示的互联网或企业内部网信息和各种服务。它定义了一套软硬件的接口,可以使人们像使用 PC 机一样使用移动电话收发电子邮件以及浏览互联网。同时,WAP 提供了一种应用开发和运行环境,能够支持当前最流行的嵌入式操作系统。WAP 可支持目前使用的绝大多数无线设备,包括移动电话、FLBX 寻呼机、双向无线电通信设备等。在传输网络上,WAP 也可以支持目前的各种移动网络,如 GSM,CDMA,PHS 等,它也可以支持未来的第三代移动通信系统。目前,许多电信公司已经推出了多种 WAP 产品,包括 WAP 网关、应用开发工具和 WAP 手机,向用户提供网上资讯、机票订购、手机银行、游戏、购物等服务。WAP 最主要的局限在于应用产品所依赖的无线通信线路带宽。对于 GSM,目前简短消息服务的数据传输速率局限在 9.6 Kbit/s。

2)"蓝牙"(Bluetooth)

Bluetooth 是由爱立信、IBM、诺基亚、英特尔和东芝共同推出的一项短程无线连接标准,旨在取代有线连接,实现数字设备间的无线互联,以便确保大多数常见的计算机和通信设备之间可方便地进行通信。"蓝牙"作为一种低成本、低功率、小范围的无线通信技术,可以使移动电话、个人电脑、个人数字助理(PDA)、便携式电脑、打印机及其他计算机设备在短距离内无须线缆即可进行通信。例如,使用移动电话在自动售货机处进行支付,这是实现无线电子钱包的一项关键技术。"蓝牙"支持 64 Kbit/s 实时话音传输和数据传输,传输距离为 10~100 m,其组网原则采用主从网络。

3)通用分组无线业务(GPRS)

GPRS 是通用分组无线业务(General Packet Radio Service)的简称,它突破了 GSM 网只能提供电路交换的思维方式,只通过增加相应的功能实体和对现有的基站系统进行部分改造来实现分组交换,这种改造的投入相对来说并不大,但得到的用户数据速率却相当可观。GPRS 是一种以全球手机系统(GSM)为基础的数据传输技术,可以说是 GSM 的延续。GPRS 和以往连续在频道传输的方式不同,是以封包(Packet)式来传输,因此,使用者所负担的费用是以其传输资料单位计算,并非使用其整个频道,理论上较为便宜。GPRS 的另一个特点,就是其传输速率可提升至 56 甚至 114 Kbit/s。而且,因为不再需要现行无线应用所需要的中介转换器,所以连接及传输都会更方便容易。如此,使用者既可联机上网,参加视讯会议等互动传播,而且在同一个视讯网络上(VRN)的使用者,甚至可以无须通过拨号上网,而持续与网络连接。

4)移动定位系统

移动电子商务的主要应用领域之一就是基于位置的业务,如它能够向旅游者和外出办公的公司员工提供当地新闻、天气及旅馆等信息。这项技术将会为本地旅游业、零售业、娱乐业和餐饮业的发展带来巨大商机。

有了这些新技术的支撑,移动电子商务作为一种新型的电子商务方式,利用了移动无线网络的诸多优点,相对于传统的"有线"电子商务有着明显的优势,是对传统电子商务的有益补充。尽管目前移动电子商务的开展还存在很多问题,但随着它的发展和飞快的普及,很可能成为未来电子商务的发展方向。

5)Wi-Fi 技术

Wi-Fi 技术是一种可以将个人电脑、手持设备等终端以无线方式互相连接的技术,事实上它是一个高频无线电信号。无线网络上网可以简单地理解为无线上网,几乎所有智能手机、平板电脑和笔记本电脑都支持无线保真上网,是当今使用最广的一种无线网络传输技术。其原理实际上就是把有线网络信号转换成无线信号。与其他网络技术相比,Wi-Fi 技术有以下优点:

(1)Wi-Fi 技术能满足用户移动性需求的特点

在以往的有线接入网络中,用户在固定的、有有线接入点的地方访问网络,这极大地限制了用户的使用范围。然而,接入 Wi-Fi 以后,用户可以手持笔记本或者智能手机以及平板电脑等终端设备,在任何地点连入互联网进行商务活动,这有利于推动移动商务的快速发展。

(2) Wi-Fi 技术的建设比有线网络方便

Wi-Fi 接入方式相比于有线网络接入,更加方便、灵活。传统的物理布线有时需要穿墙打洞,布线过程非常繁杂;相比较而言,Wi-Fi 接入只需安装一个或多个 AP 设备,就可以解决一个区域的上网问题,有利于互联网的快速覆盖,让更多的用户更快的使用互联网。

(3) Wi-Fi 技术经济节省,成本低

与有线网络接入相比,Wi-Fi 使用非常灵活,无须考虑线路的铺设位置,只需根据日后用户使用情况逐渐进行扩展,且只需要响应区域增加 AP 数量即可,在维护成本上,也比有线网络更为节省。

9.3 Tomcat 服务器的创建与管理

Tomcat 是 Apache 软件基金会(Apache Software Foundation)的 Jakarta 项目中的一个核心项目,由 Apache,Sun 和其他一些公司及个人共同开发而成。由于有了 Sun 的参与和支持,最新的 Servlet 和 JSP 规范总是能在 Tomcat 中得到体现,Tomcat 5 支持最新的 Servlet 2.4 和 JSP 2.0 规范。因为 Tomcat 技术先进、性能稳定、而且免费,因而深受 Java 爱好者的喜爱并得到了部分软件开发商的认可,成为目前比较流行的 Web 应用服务器。

Tomcat 服务器是一个免费的开放源代码的 Web 应用服务器,属于轻量级应用服务器,在中小型系统和并发访问用户不是很多的场合下被普遍使用,是开发和调试 JSP 程序的首选。对于一个初学者来说,可以这样认为,当在一台机器上配置好 Apache 服务器,可利用它响应 HTML(标准通用标记语言下的一个应用)页面的访问请求。实际上,Tomcat 部分是 Apache 服务器的扩展,但它是独立运行的,因此当运行 tomcat 时,它实际上是作为一个与 Apache 独立的进程单独运行的。目前 Tomcat 最新版本为 9.0。

9.3.1 准备工作

在开始安装之前,先准备 JDK 和 Tomcat 两个软件,如果已经安装了 JDK①,就只需 Tomcat 即可。到 Tomcat 官方站点(http://tomcat.apache.org/download-90.cgi)下载 Tomcat,本文中使用的是最新版本 Tomcat 9.0。关于 JDK 的安装和配置请参见有关资料,这里主要介绍 Tomcat 的安装和配置。

9.3.2 安装 Tomcat

运行下载的 Tomcat 安装程序,按照提示安装,根据需要选择安装类型,这里选择 normal,即标准安装,如图 9.1 所示。

在图 9.2 所示的窗口中设置 Tomcat 使用的端口以及 Web 管理界面用户名和密码,请确保该端口未被其他程序占用。

---

① JDK 下载:http://www.oracle.com/technetwork/java/javase/downloads/index.html.

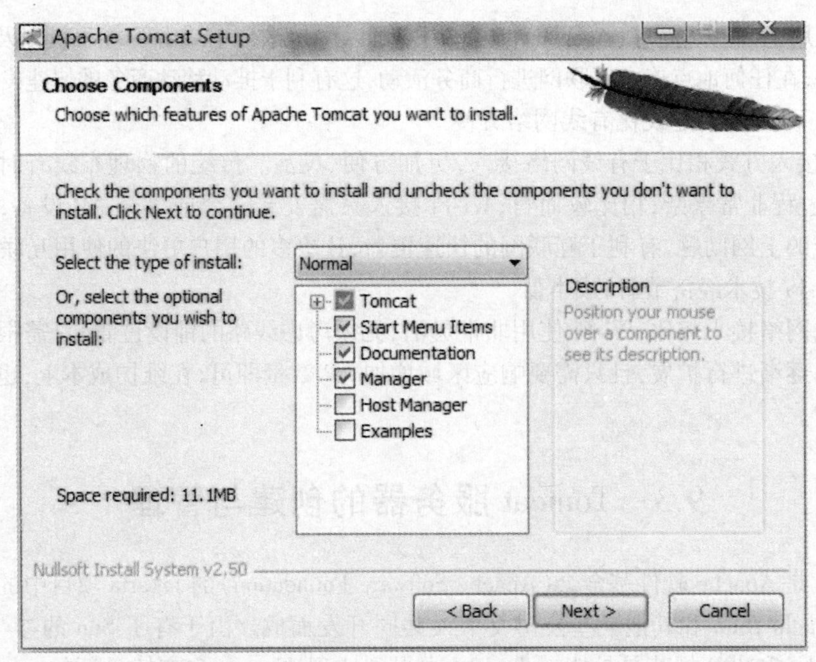

图 9.1 Tomcat 安装选项

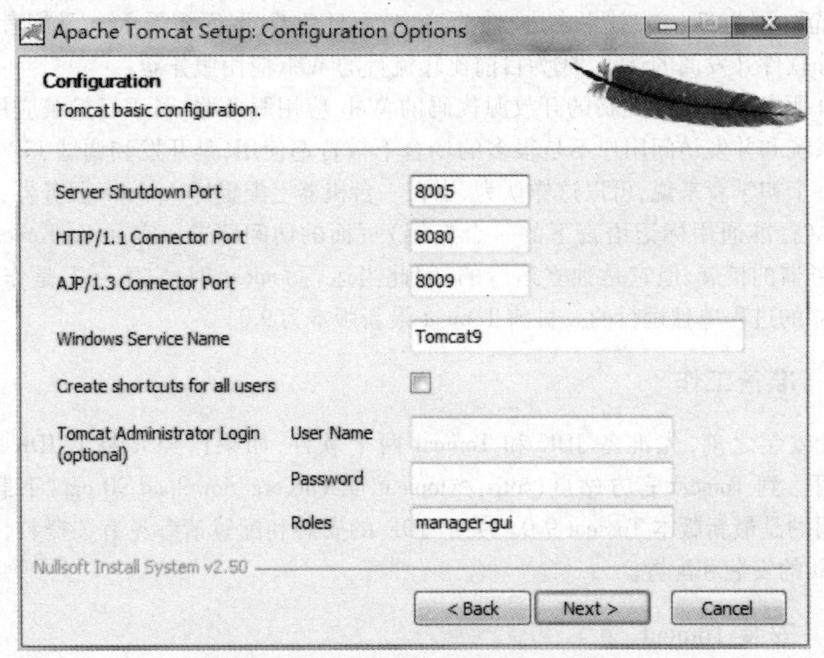

图 9.2 设置 Tomcat 使用的端口以及管理员用户名和密码

选择 JDK 的安装路径,安装程序会自动搜索,如果没有正确显示,则可以手工修改,如图 9.3 所示。

接下来选择 Tomcat 的安装路径,然后 Tomcat 即可安装成功。

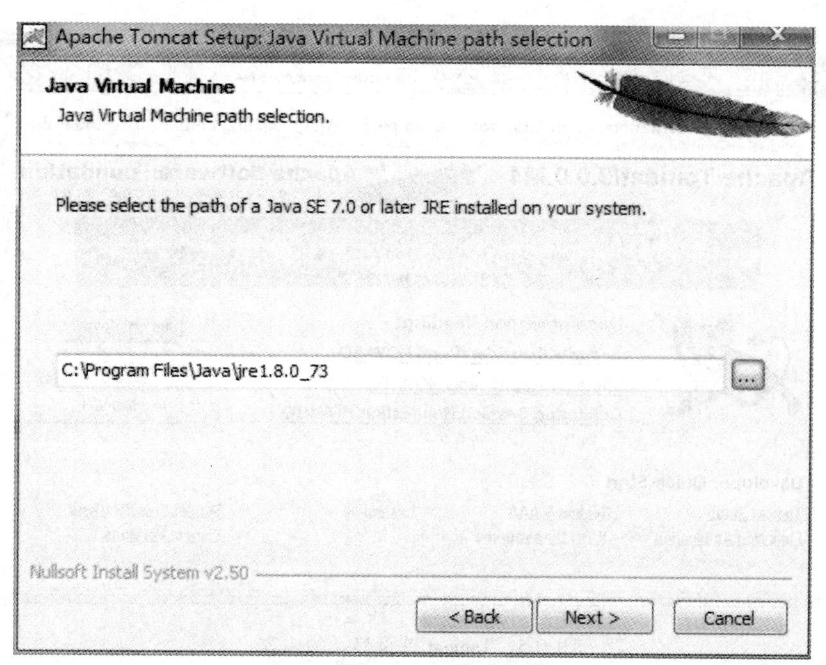

图 9.3　选择 JDK 安装路径

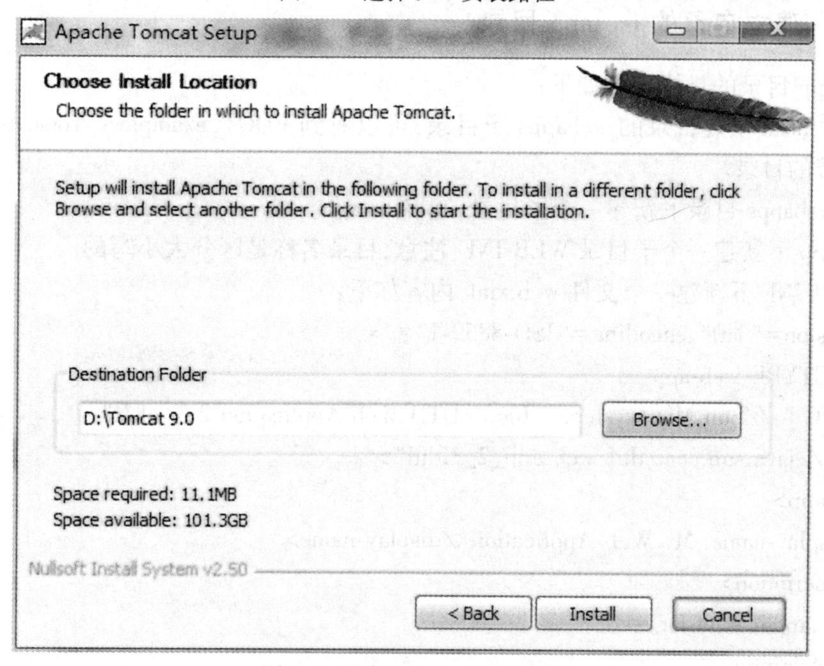

图 9.4　选择 Tomcat 安装路径

9.3.3　测试 Tomcat

Tomcat 安装完成后，打开浏览器输入：http://localhost:8080，即可看到如图 9.5 所示的 Tomcat 首页信息。

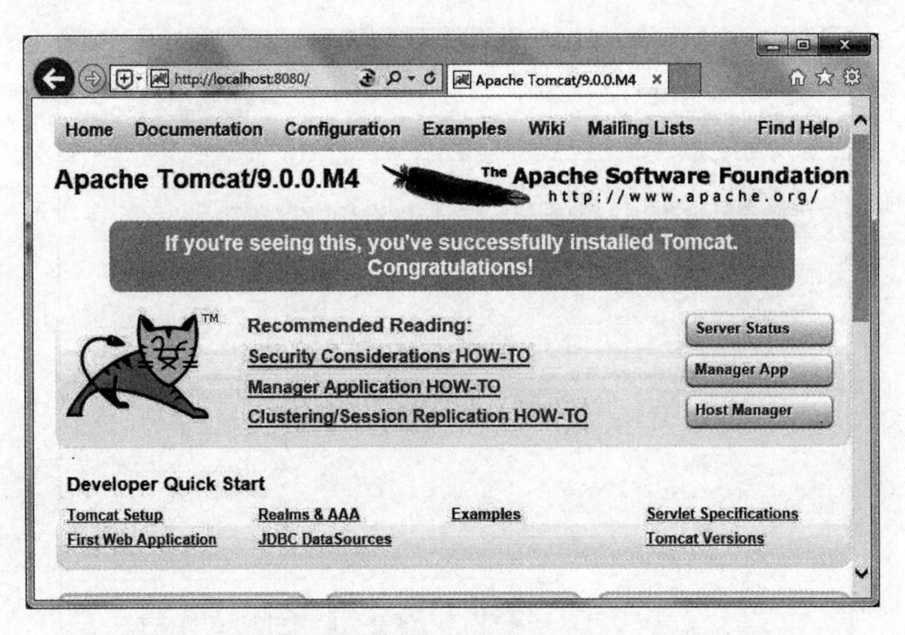

图 9.5　Tomcat 首页显示的内容

9.3.4　建立自己的 jsp app 目录

建立 app 目录的具体步骤如下：

①到 Tomcat 安装目录的 webapps 子目录，可以看到 ROOT，examples，Tomcat-docs 之类 Tomcat 自带的目录。

②在 webapps 目录下新建一个子目录，起名 myapp。

③myapp 下新建一个子目录 WEB-INF，注意，目录名称是区分大小写的。

④WEB-INF 下新建一个文件 web.xml，内容如下：

```
<? xml version="1.0"  encoding="ISO-8859-1" ? >
    <!DOCTYPE web-app
    PUBLIC "-//Sun Microsystems, Inc.//DTD Web Application 2.3//EN"
    "http://java.sun.com/dtd/web-app_2_3.dtd">
    <web-app>
      <display-name>My Web Application</display-name>
      <description>
        A application for test.
      </description>
    </web-app>
```

⑤在 myapp 下新建一个测试的 jsp 页面，文件名为 index.jsp，文件内容如下：

```
<html><body><center>
      Now time is: <%=new java.util.Date( )%>
    </center></body></html>
```

⑥重启 Tomcat。

⑦打开浏览器,输入 http://localhost:8080/myapp/index.jsp 看到当前时间的话说明安装成功了。

9.3.5 建立自己的 Servlet

建立 Servlet 的具体步骤如下:

①用你熟悉的编辑器(建议使用有语法检查的 java ide)新建一个 servlet 程序,文件名为 Test.java,文件内容如下:

```
package test;
    import java.io.IOException;
    import java.io.PrintWriter;
    import javax.servlet.ServletException;
    import javax.servlet.http.HttpServlet;
    import javax.servlet.http.HttpServletRequest;
    import javax.servlet.http.HttpServletResponse;
    public class Test extends HttpServlet {
    protected void doGet(HttpServletRequest request, HttpServletResponse response)
        throws ServletException, IOException {
        PrintWriter out=response.getWriter( );
        out.println("<html><body><h1>This is a servlet test.</h1></body></html>");
        out.flush( );
        }
    }
```

②编译。将 Test.java 放在 c:\test 下,使用如下命令编译:

```
c:\Test>javac Test.java
```

然后在 c:\Test 下会产生一个编译后的 servlet 文件:Test.class。

③将文件目录 test\Test.class 剪切到%CATALINA_HOME%\webapps\myapp\WEB-INF\classes 下,如果 classes 目录不存在,就新建一个。

④修改 webapps\myapp\WEB-INF\web.xml,添加 servlet 和 servlet-mapping,编辑后的 web.xml 如下:

```
<? xml version="1.0" encoding="ISO-8859-1"? >
    <! DOCTYPE web-app
    PUBLIC "-//Sun Microsystems, Inc.//DTD Web Application 2.3//EN"
    "http://java.sun.com/dtd/web-app_2_3.dtd">
    <web-app>
      <display-name>My Web Application</display-name>
      <description>A application for test.</description>
    <servlet>
      <servlet-name>Test</servlet-name>
```

```
        <display-name>Test</display-name>
        <description>A test Servlet</description>
          <servlet-class>test.Test</servlet-class>
</servlet>
    <servlet-mapping>
        <servlet-name>Test</servlet-name>
        <url-pattern>/Test</url-pattern>
    </servlet-mapping>
    </web-app>
```

这段代码中的 servlet 这一段声明了你要调用的 servlet,而 servlet-mapping 则是将声明的 servlet"映射"到地址/Test 上。

⑤重启动 Tomcat,启动浏览器,输入 http://localhost:8080/myapp/Test ,如果看到输出"This is a servlet test."就说明编写的 servlet 成功了。

注意:修改了 web.xml 以及新加了 class,都要重启 Tomcat。

9.3.6 建立自己的 Bean

建立 Bean 的具体步骤如下:

①用你最熟悉的编辑器(建议使用有语法检查的 java ide)新建一个 java 程序,文件名为 TestBean.java,文件内容如下:

```
package test;
    public class TestBean{
        private String name = null;
        public TestBean(String strName_p)
            { this.name=strName_p; }
        public void setName(String strName_p)
        {this.name=strName_p;}
        public String getName()
        {return this.name;}
    }
```

②编译。将 TestBean.java 放在 c:\test 下,使用如下命令编译:

```
c:\Test>javac TestBean.java
```

然后在 c:\Test 下会产生一个编译后的 bean 文件:TestBean.class。

③将 TestBean.class 文件剪切到 %CATALINA_HOME%\webapps\myapp\WEB-INF\classes\test 下。

④新建一个 TestBean.jsp 文件,文件内容为:

```
<%@ page import="test.TestBean" %>
    <html><body><center>
    <% TestBean testBean=new TestBean("This is a test java bean.");%>
```

Java bean name is：<% =testBean.getName( )%>

</center></body></html>

⑤重启 Tomcat，启动浏览器，输入 http://localhost:8080/myapp/TestBean.jsp 如果看到输出“Java bean name is：This is a test java bean.”就说明编写的 Bean 成功了。

这样就完成了整个 Tomcat 下的 jsp，servlet 和 javabean 的配置。

9.4 IIS 服务器的创建与管理

IIS(Internet Information Server)是微软公司主推的服务器，最新的版本是 IIS 7，IIS 与 Window Server 完全集成在一起，因而用户能够利用 Windows Server 和 NT 的文件系统 NTFS (NT File System)内置的安全特性，建立强大、灵活而安全的 Internet 和 Intranet 站点。

IIS 支持 HTTP(Hypertext Transfer Protocol，超文本传输协议)，FTP(Fele Transfer Protocol，文件传输协议)以及 SMTP 协议，通过使用 CGI 和 ISAPI，IIS 可以得到高度的扩展。

IIS 支持与语言无关的脚本编写和组件，通过 IIS，开发人员就可以开发新一代动态的，富有魅力的 Web 站点。IIS 不需要开发人员学习新的脚本语言或者编译应用程序，IIS 完全支持 VBscript，Jscript 开发软件以及 Java，它也支持 CGI 和 WinCGI，以及 ISAPI 扩展和过滤器。

9.4.1 IIS 的安装

请进入“控制面板”，选择“打开或关闭 Windows 功能”，勾选“Internet 信息服务(IIS)”并单击“确定”按钮，如图 9.6 所示。

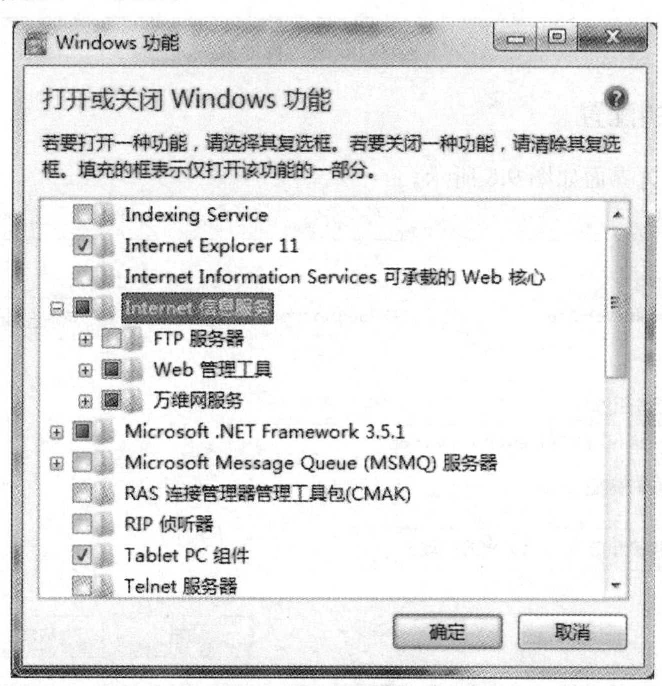

图 9.6 IIS 的安装界面

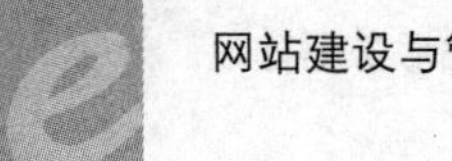

9.4.2 IIS 的运行

当 IIS 添加成功之后,再进入“开始→程序→管理工具→Internet 服务管理器”以打开 IIS 管理器,如图 9.7 所示。对于有“已停止”字样的服务,均在其上单击右键,选“启动”来开启。

图 9.7　IIS 的运行界面

9.4.3 IIS 的配置

IIS 的网站配置界面如图 9.8 所示。

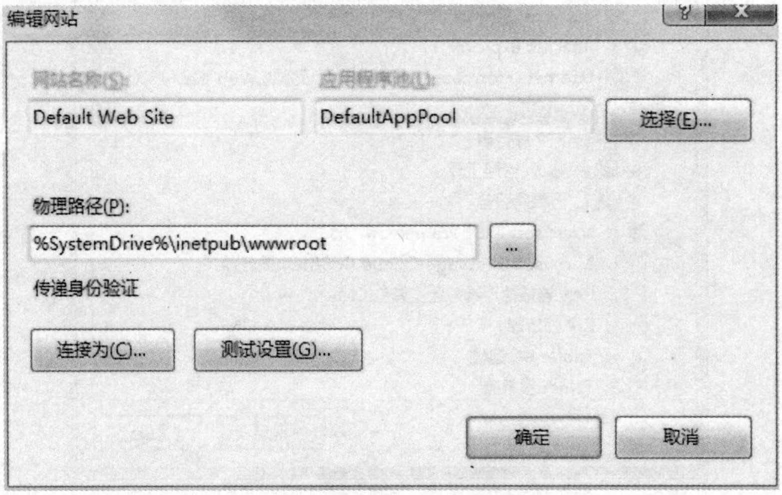

编辑网站
网站名称(S):
Default Web Site
应用程序池(L):
DefaultAppPool
选择(E)...
物理路径(P):
%SystemDrive%\inetpub\wwwroot
...
传递身份验证
连接为(C)...
测试设置(G)...
确定
取消

图 9.8　IIS 的配置界面

1)建立第一个 Web 站点

例如本机的 IP 地址为 192.168.0.1,自己的网页放在 D:/website 目录下,网页的首页文件名为 Index.htm,现在想根据这些建立好自己的 Web 服务器。

对于此 Web 站点,我们可以用现有的"默认 Web 站点"来作相应的修改后,就可以轻松实现。请先在"默认 Web 站点"上单击右键,选"管理网站—高级设置",以进入属性设置界面。

(1)修改主目录

转到"主目录"窗口,再在"本地路径"输入(或用"浏览"按钮选择)好自己网页所在的"D:/website"目录。

(2)添加首页文件名

转到"文档"窗口,再单击"添加"按钮,根据提示在"默认文档名"后输入自己网页的首页文件名"Index.htm"。

(3)添加虚拟目录

例如你的主目录在"D:/website"下,而你想输入"192.168.0.1/test"的格式就可调出"E:/All"中的网页文件,这里面的"test"就是虚拟目录。请在"默认 Web 站点"上单击右键,选"添加虚拟目录",依次在"别名"处输入"test",在"物理路径"处输入"E:/All"后再按提示操作即可添加成功。

(4)效果的测试

打开 IE 浏览器,在地址栏输入"192.168.0.1"之后再按回车键,此时就能调出你自己网页的首页,则说明设置成功。

2)添加更多的 Web 站点

(1)多个 IP 对应多个 Web 站点

如果本机已绑定了多个 IP 地址,想利用不同的 IP 地址得出不同的 Web 页面,则只需在"默认 Web 站点"处单击右键,选"新建→站点",然后根据提示在"说明"处输入任意用于说明它的内容(例如为"我的第二个 Web 站点")、在"输入 Web 站点使用的 IP 地址"的下拉菜单处选中需给它绑定的 IP 地址即可;当建立好此 Web 站点之后,再按上步的方法进行相应设置。

(2)一个 IP 地址对应多个 Web 站点

当按上步的方法建立好所有的 Web 站点后,对于做虚拟主机,可以通过给各 Web 站点设不同的端口号来实现,例如给一个 Web 站点设为 80,一个设为 81,一个设为 82,则对于端口号是 80 的 Web 站点,访问格式仍然直接是 IP 地址就可以了,而对于绑定其他端口号的 Web 站点,访问时必须在 IP 地址后面加上相应的端口号,也即使用如"http://192.168.0.1:81"的格式。

很显然,改了端口号之后使用起来就麻烦些。如果你已在 DNS 服务器中将所有你需要的域名都已经映射到了此唯一的 IP 地址,则用设不同"主机头名"的方法,可以让你直接用域名来完成对不同 Web 站点的访问。绝大多数情况下,Windows 虚拟主机都是用主机头名的方式来搭建多个 Web 站点的。

例如你的本机只有一个 IP 地址为 192.168.0.1,你已经建立(或设置)好了两个 Web 站点,一个是"默认 Web 站点",一个是"我的第二个 Web 站点",现在你想输入"www.aaa.com"可直接访问前者,输入"www.bbb.com"可直接访问后者。其操作步骤如下:

①请确保已先在 DNS 服务器中将你这两个域名都已映射到了那个 IP 地址上;并确保所有的 Web 站点的端口号均保持为 80 这个默认值。意思即在域名面板修改 a 记录指向服务器的 ip。

②再依次选"默认 Web 站点→右键→属性→Web 站点",单击"IP 地址"右侧的"高级"按钮,在"此站点有多个标识下"双击已有的那个 IP 地址(或单击选中它后再按"编辑"按钮),然后在"主机头名"下输入"www.bbb.com",再按"确定"按钮保存退出。

9.4.4 对 IIS 服务的远程管理

(1)在"管理 Web 站点"上单击右键,选"属性",再进入"Web 站点"窗口,选择好"IP 地址"。

(2)转到"目录安全性"窗口,单击"IP 地址及域名限制"下的"编辑"按钮,点选中"授权访问"以能接受客户端从本机之外的地方对 IIS 进行管理;最后单击"确定"按钮。

(3)在任意计算机的浏览器中输入如"http://192.168.0.1:3598"(3598 为其端口号)的格式后,将会出现一个密码询问窗口,输入管理员账号名(Administrator)和相应密码之后就可登录成功,现在就可以在浏览器中对 IIS 进行远程管理了。在这里可以管理的范围主要包括对 Web 站点和 FTP 站点进行的新建、修改、启动、停止和删除等操作。

本章小结

通过本章的学习,读者应该掌握电子商务网站的运行环境——Web 服务器的概念,各种不同的 Web 平台的选择,以及两款常见的 Web 服务器平台 Tomcat 和 IIS 服务器的创建与管理。通过合理地选择搭配并创建 Web 服务器端的运行环境,为接下来的网站程序开发做好准备工作。

复习思考题

1.常见的 Web 服务器有哪些?

2.简述 Ajax 技术。

3.简述移动电子商务技术。

4.简述 Wi-Fi 技术的优点。

5.简述在 IIS 中建立 Web 站点的步骤。

第3篇

网站管理

第10章

网站的维护管理

📖 学习要求

- 了解网站测试的内容及工具。
- 了解网站发布的过程。
- 网站日常管理所包含的内容。
- 网站性能管理所包含的内容。

📖 学习指导

熟悉网站维护与管理的基础知识，包括网站的测试；了解网站测试的内容；理解网站发布的全过程。了解网站的主机方案，包括什么情况下使用哪种主机方案，以及各个主机方案的优缺点，以使学生了解各个主机方案。熟悉网站的日常管理维护内容，并了解网站的性能管理包含哪些内容，如何进行网站性能管理。

案例导入

通用电气（中国）网站维护①

GE 中国网站首建于1999年8月，是GE在全球的第一个当地语言的门户网站。网站将GE能为中国客户提供的各种服务和产品的类别都直接放置在首页。作为扁平化设计结构的结果，从主页进入任何GE在中国的有关部门和各类企业及其产品的页面都只需要1~2次的点击。作为GE在中国的门户，GE中国网站链接GE各集团的电子商务网站和它们在中国现有的和潜在的客户。更重要的是，访问者在通过这里登录不同的电子商务网站时，可以感受到GE作为一个著名品牌的影响力。

www.ge-china.com 作为展现GE公司形象的一个重要窗口，GE十分重视其日常的维护工作，这次在服务商的选择上，公司相关部门做了大量的工作。通用电气（中国）有限公司相关人士表示："www.ge-china.com 作为通用在中国的门户网站，其日常的维护工作

---

① 资料来源：http://www.wangqi.com/html/2006-04/5645.html.

无疑非常重要和繁重,因此决定选择一家专业的网络服务商来进行维护。上海火速网络信息技术有限公司凭借一流的技术实力和快速周到的服务响应,受托完成这一大型网站的日常维护工程。”

计算机互联网发展到今天,已经成为一个真正的商业工具,企业要成功地运用这个现代化工具,必要的维护保养,可以保证企业网络的易用性和安全性。全程作为互联网应用服务商,为中小型企业提供内部网络维护服务,旨在真正帮助企业应用好互联网络这个工具,真正做到成为企业的电子商务部、网络技术部的角色。

通用电气(中国)网站做出了种种的更新与维护:

1.网站改版

GE 原有网站在设计上比较粗糙,网站结构布局、色彩搭配都不尽如人意,这样不仅不能很好地展示企业的品牌形象、推广企业的产品及服务,而且还有可能产生负面影响。GE 新网站重新创意了网站的设计风格,以充分体现 GE 的整体形象;重新规划网站的功能,使供应商登录、诚信投诉、新闻查找更加快捷方便。这样企业各业务集团的电子商务服务都能更快、更好地延伸到中国的客户和供应商;此外,还重新设计网站的导航,使内容规划简洁有序,重点突出,让浏览者能够迅速地找到相关资料。

2.硬件维护

GE 中国网站数据多,访问量大,每天都有众多客户和代理商、经销商通过 GE 中国网站获取 GE 中国最新资讯,因而网站的数据服务显得特别重要。上海火速网络对 GE 中国网站进行全程托管服务,GE 中国网站服务器位于上海各项条件最好的机房,以确保数据安全、服务器环境和访问出口带宽。

为保证网站安全、稳定的运行,上海火速网络为 GE 中国网站制订了服务器更换平台计划,实现零间断的无缝转移,服务器接入将由 10 MB 升级到 100 MB,并且将以前在 Linux 平台下开发的部分程序在 WIN2000 平台下重新开发了一遍。GE 中国网站硬件升级之后,网站访问性能显著提高,能够更加有效的为网站访问者提供服务。此外,上海火速对于网络硬件维护还作出了网络联通性保证、电力的持续供应保证、紧急情况报告保证、技术支持保证、技术操作保证、投诉保证、机房开放保证 7 项服务承诺,以保证 GE 中国网站能够安全、稳定、高效地运行。

3.网站维护更新

火速为 GE 中国网站进行维护更新服务从做好域名管理服务开始,免费对每个客户的所有域名进行整理,在每个域名到期前的一个月,提醒对域名进行续费,避免通用公司在忙于经营时,忽视了公司域名跟踪续费工作,由此带来如网站不能访问、空间被停乃至域名被人抢注等众多麻烦。

4.网站新增栏目或系统功能规划

GE 中国网站供应商档案系统是火速为 GE 中国网站规划开发的新增内容之一,其主要作用在于记录供应商在线登记的信息,方便管理人员查找、联系供应商。供应商在 GE 中国网站上单击“供应商登录”,就可以进入供应商在线登记页,填写公司名称、地址、联系人、联系人职位、电话、传真、电子信箱、企业性质、年销售额、产品应用领域等基本信息。为了让 GE 更全面的了解,供应商还可填写能提供的每项产品信息,包括产品名、年产量、可供货量、备注等。系统将供应商的基本信息和产品信息都记录在数据库中，并且可以直接从后台管理中进行查找、修改、删除等操作。

问题：1.网站维护的重点和关键是什么？
　　2.通用电气（中国）有限公司网站的主要功能和用途是什么？

一个好的企业网站，不仅仅是一次性制作完美就可以的了，由于企业的情况在不断地变化，网站的内容也需要随之调整，给人以常新的感觉，公司网站才会更加吸引访问者。这就要求对站点进行长期的、不间断的维护和更新。特别是在企业推出了新产品，或者有了新的服务内容等，都应该把企业的现有状况及时的在网站上反映出来，以便让客户和合作伙伴及时了解企业详细状况，企业也可以及时得到相应的反馈信息，以便作出合理的处理结果。

10.1　网站的测试

10.1.1　网站测试阶段

在网站开发、规划、设计和制作过程中，对网站系统的测试、确定和验收是一项重要而富有挑战性的工作。网站系统测试与传统的软件测试不同，它不但需要检查是否按照设计的要求运行，而且还要测试系统在不同用户端的显示是否合适，最重要的是从最终用户的角度进行安全性和可用性测试。完成了网站的开发工作，在把网站投入真正使用之前，必须对网页内容和网站整体性能进行有效地测试。测试的目的是为了找出网站中的问题，并对之加以修正。

10.1.2　网站测试的内容和测试工具

1）功能测试

对于网站的测试而言，每一个独立的功能模块需要单独的测试，主要依据为《需求规格说明书》及《详细设计说明书》。主要测试以下几个方面的内容：

（1）链接测试

链接是网站系统的一个主要特征，它是在页面之间切换和指导用户去一些不知道地址的页面的主要手段。链接测试可分为3个步骤：首先，测试所有链接是否按指示的那样确实链接到了该链接的页面；其次，测试所链接的页面是否存在；最后，保证网站上没有孤立的页面，所谓孤立页面是指没有链接指向该项页面，只有知道正确的URL地址才能访问。链接测试必须在集成测试阶段完成，也就是说，在整个网站应用系统的所有页面开发完成之后进行链接测试。测试工具：Xenu's Link Sleuth。

（2）表单测试

当用户给网站应用系统管理员提交信息时，就需要使用表单操作，例如用户注册、登录、信息提交等。在这种情况下，我们必须测试提交操作的完整性，以校验提交给服务器的信息的正确性。例如，用户填写的职业与出生日期是否恰当，填写的所在城市与所属省份是否匹配等。如果使用了默认值，还要检验默认值的正确性。如果表单只能接受指定的某些值，也要进行测试。例如,只能接受某些字符,测试时可以跳过这些字符,检测系统是否会报错。要对各个功能模块中的各项功能进行逐一的测试,主要测试方法为:边界值测试、等价类测试,以及异常类测试。

(3)Cookies 测试

Cookies 通常用来存储用户信息和用户在某个应用系统的操作,当一个用户使用 Cookies 访问了某一个应用系统时,服务器将把关于用户的信息以 Cookies 的形式存储在客户端计算机上,这可用来创建动态和自定义页面或者存储登录等信息。

如果在网站建设中使用了 Cookies,就必须检查 Cookies 是否能正常工作,是否对这些信息已经加密。如果使用 Cookies 来统计次数,需要验证次数累计是否正确。测试的内容包括 Cookies 是否起作用,是否按预定的时间进行保存,刷新网页对 Cookies 有什么影响等。测试工具:IECookiesView v1.50,Cookies Manager。

(4)设计语言测试

设计语言版本的差异可能会引起客户端或服务器端严重的问题,例如,使用哪种版本的 HTML 等。当在分布式环境中开发时,开发人员都不在一起,这个问题就显得尤为重要。除了 HTML 的版本问题外,不同的脚本语言,如 Java,JavaScript,ActiveX,VBScript 或 Perl 等也要进行验证。测试工具:页面的编辑语言是否符合标准,可通过页面标准验证工具来测试。

(5)数据库测试

在网站建设应用技术中,数据库起着重要的作用,数据库为网站的管理、运行、查询和实现用户对数据存储的请求等提供空间。在应用中,最常用的数据库类型是关系型数据库,可以使用 SQL 对信息进行处理。

在使用了数据库的网站中,一般情况下可能发生两种错误,分别是数据一致性错误和输出错误。数据一致性错误主要是由于用户提交的表单信息不正确而造成的,而输出错误主要是由于网络速度或程序设计问题等引起的。针对这两种情况,可分别进行测试。测试工具:Crash-me,Mysql(自带的测试数据库性能的工具,能够测试多种数据库的性能)。

2)性能测试

网站的性能测试对于网站的运行而言异常重要,网站系统的性能测试是指抛开网站内容本身,测试承载网站内容的软、硬件系统环境的性能,实际上这一性能是由服务器和网络带宽的性能综合决定的。网站的性能测试主要从 3 个方面进行:连接速度测试、负荷测试(Load)和压力测试(Stress)。

(1)连接速度测试

用户连接到网站的速度根据上网方式的变化而变化,其上网方式可能是电话拨号、专线上网或是宽带上网。当下载一个程序时,用户可能愿意等待较长的时间,但如果仅仅访问一个页面,如果网页的响应时间太长(如超过 8 s),用户就会因没有耐心等待而离开。另外,有些页面有超时的限制,如果响应速度太慢,用户可能还没来得及浏览内容,就需要重新登录了。并且,如果连接速度太慢,还可能引起数据丢失,使用户得不到真实的页面。测试工具:AWBot。

(2)负载测试

负载测试是为了测量网站在某一负载级别上的性能,以保证网站在需求范围内能正常工作。负载级别可以是某个时刻同时访问网站的用户数量,也可以是在线数据处理的数量。

例如,该网站能允许多少个用户同时在线?如果超过了这个数量,会出现什么现象?网站能否处理大量用户对同一个页面的请求?

这个能力很难测量,因为它取决于服务器的线路速度及所传输页面的大小。测量服务器在传输方面的重要指标是吞吐能力和响应时间。吞吐能力是单位时间内能够处理HTTP请求的数目;响应时间是服务器处理一个请求所需的时间。这些数值应处于服务器能够处理的负荷范围之内。负载测试应安排在网站发布之后,在实际的网络环境中进行测试。测试工具:CA,Rational和Mercur Interactive。

(3)压力测试

进行压力测试是指实际破坏一个网站,测试系统的反映。压力测试是测试系统的限制和故障恢复能力,也就是测试网站会不会崩溃,在什么情况下会崩溃。黑客常常提供错误的数据负载,直到网站崩溃,接着当系统重新启动时获得存取权。压力测试的区域包括表单、登录和其他信息传输页面等。测试工具:Loadrunner,WAS和Webload等。

3)用户界面测试

用户界面测试目前只能采用手工测试的方法进行评判,而且缺乏一个很好的评判标准,因此需要测试人员更多地从用户角度出发去考虑。

(1)导航测试

导航描述了用户在一个页面内操作的方式,在不同的用户接口控制之间,例如,按钮、对话框、列表和窗口等,或在不同的链接页面之间。通过考虑下列问题,可以决定一个网站是否易于导航,导航是否直观?网站的主要部分是否可通过主页存取?网站是否需要站点地图、搜索引擎或其他的导航帮助?

在一个页面上放太多的信息往往起到与预期相反的效果。网站的用户趋向于目的驱动,很快地扫描一个网页,看是否有满足自己需要的信息,如果没有,就会很快地离开。很少有用户愿意花时间去熟悉一个网站的结构,因此,网站导航帮助要尽可能地准确。

导航的另一个重要方面是网站的页面结构、导航、菜单、连接的风格是否一致。确保用户凭直觉就知道网站里面是否还有内容,内容在什么地方。网站的层次一旦决定,就要着手测试用户导航功能,让最终用户参与这种测试,效果将更加明显。

(2)图形测试

在网站中,适当的图片和动画既能起到广告宣传的作用,又能起到美化页面的功能。一个网站的图形可以包括图片、动画、边框、颜色、字体、背景、按钮等。图形测试的内容有:

①要确保图形有明确的用途,图片或动画不要胡乱地堆在一起,以免浪费传输时间。网站的图片尺寸要尽量地小,并且要能清楚地说明某件事情,一般都链接到某个具体的页面。

②检测所有页面字体的风格是否一致。

③背景颜色应该与字体颜色和前景颜色相搭配。

④图片的大小和质量也是一个很重要的因素,一般采用JPG或GIF压缩。

(3)内容测试

内容测试用来检验网站提供信息的正确性、准确性和相关性。信息的正确性是指信息是可靠的还是误传的。例如,在商品价格列表中,错误的价格可能引起经济问题甚至导致法律纠纷;信息的准确性是指是否有语法或拼写错误,这种测试通常使用一些文字处理软件来进行，例如使用 Microsoft Word 的"拼音与语法检查"功能；信息的相关性是指是否在当前页面可以找到与当前浏览信息相关的信息列表或入口，也就是一般 Web 站点中的所谓"相关文章列表"。

(4)整体界面测试

整体界面是指整个网站的页面结构设计，是给用户的一个整体感。例如，当用户浏览网站时是否感到舒适，是否凭直觉就知道要找的信息在什么地方？整个网站的设计风格是否一致？

对整体界面的测试过程，其实是一个对最终用户进行调查的过程。一般网站采取在主页上做一个调查问卷的形式，来得到最终用户的反馈信息。对所有的用户界面测试来说，都需要有外部人员（与网站开发没有联系或联系很少的人员）的参与，最好是最终用户的参与。

4)兼容性测试

需要验证应用程序是否可以在用户使用的机器上运行。如果网站用户是全球范围的，需要测试各种操作系统、浏览器、视频设置和 modem 速度。最后，还要尝试各种设置的组合。

(1)平台测试

市场上有很多不同类型的操作系统，最常见的有 Windows，Unix，Macintosh，Linux 等。网站的最终用户究竟使用哪一种操作系统，取决于用户系统的配置。这样，就可能会发生兼容性问题，同一个应用可能在某些操作系统下能正常运行，但在另外的操作系统下可能会运行失败。因此，在网站发布之前，需要在各种操作系统下对网站系统进行兼容性测试。

(2)浏览器测试

浏览器是客户端最核心的构件，来自不同厂商的浏览器对 Java，JavaScript，ActiveX，plug-ins 或不同的 HTML 规格有不同的支持。另外，框架和层次结构风格在不同的浏览器中也有不同的显示，甚至根本不显示。不同的浏览器对安全性和 Java 的设置也不一样。

测试浏览器兼容性的一个方法是创建一个兼容性矩阵。在这个矩阵中，测试不同厂商、不同版本的浏览器对某些构件和设置的适应性。有时当我们制作好网页，在 IE 浏览器中检测时不会出现什么错误，但是换一个浏览器打开网页可能会出现乱码的现象，这就需要对浏览器的兼容性进行不断的调节，直到我们制作的网页在任何浏览器下都可以正常显示。为了更好地被访问者浏览，在首页最好注明浏览器的分辨率。可以采用 Open STA 进行测试，此测试工具可以采用不同的浏览器进行测试。

(3)视频测试

页面版式在 640×400，600×800 或 1 024×768 的分辨率模式下是否显示正常？字体是否太小以至于无法浏览？或者是不是太大？文本和图片是否对齐？

(4)组合测试

最后需要进行组合测试。600×800 的分辨率在 MAC 机上可能不错，但是在 IBM 兼容机上却很难看。在 IBM 机器上使用 Netscape 能正常显示，但却无法使用 Lynx 来浏览。理想的情况是，系统能在所有机器上运行，这样就不会限制将来的扩展和变动。

5)安全性测试

网站的安全性测试区域主要有:

(1)目录设置

网站安全的第一步就是正确设置目录。每个目录下应该有 index.html 或 main.html 页面,这样就不会显示该目录下的所有内容。

(2)登录

现在的网站基本采用先注册,后登录的方式。因此,必须测试有效和无效的用户名和密码,要注意到是否对英文字母大小写敏感,设置可以试多少次的限制,是否可以不需要登录而直接浏览某个页面等。

(3)超时

网站是否有超时的限制,也就是说,用户登录后在一定时间内(如 15 min)没有点击任何页面,是否需要重新登录才能正常使用。

(4)日志文件

为了保证网站的安全性,日志文件是至关重要的。需要测试相关信息是否写进了日志文件、是否可追踪。

(5)加密

当使用了安全套接层协议时,还要测试加密是否正确,检查信息的完整性。

(6)安全漏洞

服务器端的脚本常常构成安全漏洞,这些漏洞又常常被黑客利用。因此,还要测试没有经过授权,就不能在服务器端放置和编辑脚本的问题。测试工具:SAINT(Security Administrator's Integrated Network Tool)能够测出网站系统的相应的安全问题,并且能够给出安全漏洞的解决方案,不过是一些较为常见的漏洞解决方案。

10.2 网站的发布

10.2.1 注册域名和申请 IP 地址

1)IP 地址

Internet 上的每台主机都有一个唯一的 IP 地址。IP 协议就是使用这个地址在主机之间传递信息,这是 Internet 能够运行的基础。IP 地址的长度为 32 位,分为 4 段,每段 8 位,用十进制数字表示,每段数字范围为 0~255,段与段之间用句点隔开。例如,159.226.1.1。IP 地址由两部分组成:一部分为网络地址;另一部分为主机地址。

2)域名的含义

互联网上主机之间通信通过 IP 地址寻址,但 IP 地址是形如 211.83.192.28 的四段数字,难以识记,因此,采用形如 dufe.edu.cn 的域名,域名更容易记忆,域名和 IP 地址存在对应关系,通过域名访问网站时,经过域名解析服务器(即 Domain Name System,DNS)转换成 IP 地址进行访问。

域名是由一串用点分隔的名字组成的，通常包括组织名，而且始终包括 2~3 个字母的后缀以指明组织的类型或该域名所在的国家或地区。如 dufe.edu.cn，其中 dufe 是组织名，edu 是 education 的缩写，代表教育组织，cn 后缀是表示中国。

3）域名的命名规则

由于 Internet 上的各级域名分别由不同的组织机构管理，因此各个机构管理域名的方式和域名命名的规则也会有所不同，但是域名的命名也会有一些大同小异，拥有一些共同的规则。

①只提供英文字母（a~z，不分区分大小写）、数字（0~9）以及"-"（英文中的连词号，即中横线），不能使用空格及特殊字符（如！，￥，&，？等）。

②"-"不能用在开头和结尾。

③长度有一定的限制，如中国万网规定不能超过 63 个字符。

④不得含有危害国家及政府的文字。

4）域名的注册

（1）准备申请资料

目前.com 域名的注册需要提供身份证等资料，.cn 域名不允许个人申请，要申请则需要提供企业营业执照。

（2）寻找域名注册商

由于.com，.cn 域名等不同后缀均属于不同注册管理机构所管理，如要注册不同后缀的域名，则需要从注册管理机构寻找经过其授权的顶级域名注册服务机构。

（3）查询域名

在注册商网站上查询域名，选择你要注册的域名，并根据注册网站上的要求进行注册。

（4）正式申请

查到想要注册的域名，并且确认域名为可申请状态后，提交注册，并缴纳费用。

（5）申请成功

正式申请成功后，就可以开始进入 DNS 解析管理、设置解析记录等操作。

5）域名解析

注册了域名之后，要看到自己的网站内容还需要进行域名解析。域名和网址并不完全是一回事，域名注册后，只能说明你对这个域名拥有了使用权，如果不进行域名解析，那么这个域名就不能发挥它的作用，只有经过解析的域名才可以用来作为网址访问自己的网站，因此域名投入使用的必备环节就是域名解析。域名解析就是将域名重新转换为 IP 地址的过程。一个域名对应一个 IP 地址，一个 IP 地址可以对应多个域名，因此多个域名可以同时被解析到一个 IP 地址。域名解析需要专门的域名解析服务器（DNS）来完成。

10.2.2 网站上传

网站上传也称网站的发布。网站经过测试以及改善，确认可以使用后，即可进行网站的发布工作了。所谓网站发布就是把制作好的网站内容上传到服务器中，以供人们通过互联网或者企业内部网访问该站点。通常将制作好的网站提供给 ISP，由 ISP 提供 Web 服务器。

当然,企业也可以自己架设服务器。网站的发布也就是将制作好的网站发送到 Web 服务器上的过程。

将网站发送到 Web 服务器通常需要 FTP 软件。FTP(File Transfer Protocol)是文件传送协议的简称,它也是源自于 ARPANET 工程的一个协议,主要用于在互联网中传输文件,使得运行在任何操作系统的计算机都可以在互联网上接收和发送文件。通常也将遵循该协议的服务称为 FTP。

10.3 网站日常管理

10.3.1 网站管理的目标、原则和内容

1)网站管理的目标

(1)内部管理目标

网站内部网络要畅通无阻,网站架构的各部分要保持正常稳定的运行,这是保证网站可以高质量应用及提供优质服务的前提条件。

(2)外部管理目标

网站所提供的应用服务可通过互联网迅速、正确地传递给客户,这是用户可以享用高质量服务和应用的关键。

2)网站管理原则

网站在运行过程中与其他软件一样,要不断地更新和改进技术,包括功能完善、消除漏洞等,因此,网站管理并不是一件容易的事。例如,在网站管理的过程中,随着网站访问量的增大、数据量的增多,管理工作量也就逐渐上升,此时就得使用一些智能管理技术,基本淘汰手工管理方式。网站管理需要遵循以下原则:

(1)目录有序原则:

一个较大的网站,可能包括成千上万的文件,这些文件如果安排无序,可能会造成管理混乱,甚至无从管理。文件一般按以下方法进行存储:

①按内容模块存储。一般一个功能模块的所有文件应置于一个独立的文件夹下,此文件夹下可再细分子目录,如果网站删除一个功能模块,则删除此文件夹就可达到目的,这样可以给管理带来很大方便。

②按功能模块存储。一般把一些系统整体设置、多个页面共享用的数据、图片甚至函数、CSS 等构成一个相对独立功能的功能模块统一置放于一个文件夹中,这样可通过修改一个功能模块以达到整体网站的同步管理。

③按文件类型存储。将类型相同的文件尽可能地归类到一起统一置放于相应的文件夹中,便于查看和管理。

(2)安全性原则

①Web 应用程序层安全原则。这是直接面对一般用户而设置的一道安全大门,一般包括以下几个方面:

a.身份验证。验证用户的合法性。

b.有效性验证。验证输入数据的有效性,如电话号码、身份证号码只能是数字,而电子邮箱地址要包含“@”符号等。

c.使用参数化存储过程。防止恶意用户任意对数据库数据操作,可用参数化过程来保证数据的安全操作。

d.直接输出数据于HTML编码中。这样即使恶意用户在Web页中插入恶意代码,也会被服务器当成HTML标识符而不是当成程序运行。

e.信息加密存储。包括数据库加密、敏感数据字段加密、访问安全性验证等。

f.附加码验证。常用于防止从非本站入口直接访问某个文件。

②Web信息服务层安全原则。为保障Web信息服务层安全,应做好以下几个方面的工作:一是尽可能使用最新软件版本,以保证漏洞最少;二是及时给软件打上安全补丁;三是巧设Web站点主目录位置,防止恶意用户直接访问;四是设置访问权限,一般重要数据可限制为只读;五是减少高级权限用户数量。

③操作系统层安全原则。系统层的安全问题主要来自网络中使用的操作系统的安全,如Windows NT,Windows 2000等。主要表现在以下几个方面:一是操作系统本身的缺陷带来的不安全因素,主要包括身份认证、访问控制、系统漏洞等;二是对操作系统的安全配置问题;三是病毒对操作系统的威胁。因此,要及时安装网站服务器的操作系统补丁和升级杀毒软件,以加强系统的安全。

④数据库层安全原则。数据库往往是存放网站系统数据和用户交互式信息的地方,管理尤其重要。

⑤硬件环境安全原则。注意使用防火墙;使用入侵检测,监视系统,安全记录,系统日志;使用现成的工具扫描系统安全漏洞,并修补补丁。

(3)网站管理的内容

在网站管理方面,网站的内容应放在首位,主要是内容方面的更新,特别是时事内容、新闻内容等。同时还要保证内容的正确性、合法性。

网站管理的内容有以下几种:

①网站更新。网站发布到网络之后,经常更新一些现有的客户或潜在的客户日常关注的信息是非常有必要的,例如,更新公司动态、产品信息可让顾客及时了解公司的发展情况及动向,增加公司的可信度;更新行业动态、行业信息可以让顾客及时关注行业发展形势,增加网站的被关注程度,在行业中树立良好的品牌形象;更新新品上市,产品促销等信息,让顾客了解公司产品的最新资讯。同时还可以让网站更加受到搜索引擎的青睐,更有利于网站排名的提高,让潜在客户更容易找到你。

②网站发布。使得企业信息可在互联网上面公布,让搜索引擎增加对企业信息的收录量,更容易使企业潜在客户通过互联网就可以方便快捷地找到。因为网站发布一条信息就好比多一个业务员在市场上跑动,如果能坚持每天发布企业信息、企业产品、企业新闻、企业服务,企业就可以在行业中脱颖而出。每天能带来大量的浏览客户到企业网站光顾。

③网站优化。合理的网站结构、程序编写和简洁明了的网站导航,能大大提高网站的访问速度,节约有限的服务器资源,有利于保持网站的流畅,有利于消费者的浏览习惯,从而可

以吸引更多的顾客。

④网站推广。如果您的网站没有全力去推广,客户想要找到您的网站就如同大海捞针,希望渺茫。这样的网站形同虚设,不能给企业带来任何直接的利益,这种资源的浪费才是一个企业最大的浪费。

⑤网站数据分析。这是通过统计网站访问者的访问来源、访问时间、访问内容等访问信息,加以系统分析,总结出访问者来源、爱好趋向、访问习惯等一些共性数据,为网站进一步调整做出指引的一门新型用户行为分析技术。

⑥网站安全维护。通过安全检测平台进行网站的安全扫描,设置好网站的权限,及时发现漏洞并进行修补。

10.3.2 数据与程序管理

数据管理是利用计算机硬件和软件技术对数据进行有效地收集、存储、处理和应用的过程。其目的在于充分有效地发挥数据的作用。实现数据有效管理的关键是数据组织。随着计算机技术的发展,数据管理经历了人工管理、文件系统、数据库系统 3 个发展阶段。在数据库系统中所建立的数据结构,更充分地描述了数据间的内在联系,便于数据修改、更新与扩充,同时保证了数据的独立性、可靠性、安全性与完整性,减少了数据冗余,进而提高了数据共享程度及数据管理效率。

程序管理是对创建网站的代码、页面等进行及时更新与维护。在进行程序管理时应当注意以下几点:程序员编写的代码要清晰、可修改;标明代码注释,方便其他程序员理解并对程序作出改进;对网页代码进行多次备份,以防止代码丢失,造成不必要的麻烦;程序应当按照一定的目录规则进行存放,不同目录下存放不同功能的页面代码,方便程序员识别;对网站页面要及时更新,不断增加新的功能,及时修改网站漏洞等。

10.3.3 人员权限管理

设置网站后,需要使用一种方式来指定谁能访问它。对于典型的 Internet 网站,你可能希望每一个进入这个网站的人都能够查看内容,但是不希望他们能够更改内容。而对于一个公司的 Intranet 网站而言,你可能希望由一小部分人控制网站的结构,但是更多的人能够添加新内容或参与用户组日历或调查。对于 extranet 而言,你则可能希望小心地控制哪些人能够查看整个网站。总而言之,对网站的访问权限是通过将用户账户和某种权限结构相结合的方式来进行控制的,该权限结构控制用户可以执行的特定操作。

我们可以通过以下几种方法来控制网站访问权限的能力:

1)网站用户组

网站用户组可以指定哪些用户能够在网站中执行特定操作。例如,某个用户是“讨论参与者”网站用户组的成员,那么他可以向列表添加内容,如任务列表或文档库。

2)匿名访问控制

可以启用匿名访问允许用户匿名向列表或调查中投稿,或者匿名查看网页。大多数的 Internet 网站允许匿名查看网站,但是在某人想要编辑网站或在购物网站上购买物品时要求身份验证。也可向“所有验证用户”授予权限,使域内的所有成员不必启用匿名访问即可访问网站。

3)每列表权限

可以通过基于每个列表设置唯一权限来精确地管理权限。例如,如果有一个文档库包含下一财年的敏感财务数据,可以限制对该列表的访问,使得只有适当的用户才能够查看。每列表权限覆盖列表中通用于网站范围的权限。

4)子网站权限

子网站既可以使用与父网站相同的权限(继承父网站上可用的网站用户组和用户),也可使用独有权限(这样就可以创建自己的用户账户并将它们添加到网站用户组中)。

5)网站创建权限

一共有两种权限来控制用户是否能够创建顶级网站、子网站或工作区:使用自助式网站创建和创建子网站。

10.3.4 网站服务器的维护管理

1)服务器的硬件维护

服务器硬件性能影响服务器的存储容量和运行速度,由此做好服务器的硬件维护十分重要,其包括硬件升级、除尘等工作。

(1)硬件升级

随着网络用户不断增加、网络应用不断丰富、网络规模的不断扩大,原有服务器很难再适应新的网络需求,因此,硬件升级是保持服务器良好性能的途径之一,以此存储更多的数据资源,提高处理数据资源的效率。在升级服务器时,应结合实际需求,按照服务器的可用性、可扩充性、兼容性等购买相应的设备,严格按“同品牌、同型号、同参数”进行选购,以防新设备影响服务器性能或无法使用;更换新设备前,先仔细阅读服务器的使用说明书,清楚服务器的机身结构,掌握设备间的连接,并注意安装事项;打开机盖前,切断机箱电源,除去身上静电;操作时,严格遵守设备操作说明进行作业,对号入座,使用指定工具,合理安装,避免强装硬拆。

(2)除尘

服务器长时间的运行,机箱内CPU、主板、内存、电源和风扇等设备上会落积灰尘,影响热量的消散,甚至导致服务器无法启动或死机。因此,需要定期为服务器内的设备进行除尘工作。在除尘作业时须注意:一要谨防静电的危害,避免人员带电对设备造成损害。二要清楚设备的结构,勿强行拆卸。三要选择适当除尘工具,防止造成设备的损坏(如螺丝刀、无水酒精、电吹风、吸尘器、毛刷子、镊子)。

2)服务器的操作系统维护

服务器操作系统的安全增加数据库存取控制的安全可信性,提高网络系统、应用软件信息处理的安全性。操作系统的安全是信息系统安全的基础,由此加强操作系统维护尤为重要。

(1)采用NTFS文件系统格式

对于微软服务器操作系统而言,NTFS是系统的内核支持,是网络和磁盘配额、文件加密等管理安全特性设计的磁盘格式。NTFS文件系统可以为单个磁盘分区单独设置访问权限。将敏感信息和服务信息分开存放在不同的磁盘分区。防止非法用户访问服务文件所在磁盘分区后,进一步获取其他磁盘的敏感信息。

(2)及时安装"补丁"程序

由于服务器操作系统在设计方面具有不确定缺陷,在日常工作中,随着网络用户的正常访问和蓄意攻击访问的日益增多,系统暴露出的漏洞可能随之增多。为更新升级堵住漏洞,应及时对服务器操作系统的漏洞进行必要的"修补",定期进行系统漏洞扫描,并关注服务器操作系统的官方网站,搜索最新漏洞"补丁"程序,有针对性地进行下载和安装,以提高服务器操作系统的性能,确保服务器安全和稳定。

(3)加强账号和密码保护

账号和密码保护是系统安全的第一道防线,通常对系统的攻击都是从截获或猜测系统密码开始。一旦黑客进入了系统,那么前面的防卫措施将失去作用,因此管理服务器系统管理员的账号和密码是确保系统安全的重要措施。为保证服务器操作系统的安全,要加强服务器操作系统账号和密码的维护和管理。在密码设置上,符合口令的复杂性、安全性要求和检查,避免设置成容易被猜测到的密码(如个人生日、办公室电话),在账号管理上,普通用户要设置账号管理策略,不同的用户设置不同的操作权限,并定期更新账号名称和密码,关闭不常用的账户,禁用匿名登录账号,修改默认管理员用户名称。

(4)关闭不需要的服务和端口

服务器操作系统在安装时,为给用户提供更多的服务功能,将默认启动一些不必要的服务和端口,这样即占用系统的资源,也增加了系统的安全隐患。为此,用户可根据服务器的应用,停止不必要的系统服务,限制端口访问,关闭危险端口,如Web服务器只提供80端口访问即可,拒绝外网访问其他端口。

(5)定期进行系统日志监测和审计

加强服务器系统日志的定期监控和分析,确保系统日志程序运行,记录所有网络用户访问系统的信息状况(最近登录的时间、使用的账号、进行的活动等),通过统计、分析、综合生成的报表情况,有效地掌握服务器的运行状态、发现和排除运行过程中的错误原因、了解网络用户的访问情况等。

(6)定期对系统进行备份

为防止不能预料的系统故障或用户非法操作,须定期对系统进行安全备份,以便出现系统崩溃时,及时将系统恢复到正常状态。除了对全系统进行每月一次的备份外,还应对修改过的数据进行每周一次的备份。同时,应将修改过的重要系统文件存放在不同的服务器上,如条件许可,备份服务器与应用服务器分开存放,避免自然环境或战争带来的破坏。

3)服务器应用软件的维护

服务器应用软件的维护,主要通过安装软件防火墙、安装网络杀毒软件、安装防篡改系统、安装入侵检测系统、数据库服务的维护等。从各个角度设置系统服务和通信端口,提高系统的安全性,保证服务器安全稳定的运行。

(1)安装软件防火墙

软件防火墙可对网络通信进行扫描,防止外部攻击和入侵的风险,有效控制应用软件与互联网通信,禁止特定端口流出通信,封锁特洛伊木马、恶意程序、危险软件等,添加可信任网站,拒绝危险网站的访问,从而防止来自不明入侵者的通信,进一步保障系统的安全。

(2)安装网络杀毒软件

网络病毒严重影响系统的正常运行,损耗系统的性能,降低系统的运行速度,由此,病毒防杀是服务器安全维护的重要内容。主动防御病毒,安装正版的杀毒软件,并开启杀毒软件实时监控,定时升级,定期对系统进行扫描,清除病毒。按"防杀结合,以防为主,以杀为辅,软硬互补,标本兼治"原则,确保服务器操作系统在无病毒状态下稳定、安全运行。

(3)安装漏洞扫描系统

无论是外部还是内部蓄意攻击服务器系统,都是针对服务器系统的漏洞。服务器系统的漏洞,给服务器带来安全威胁。安装使用漏洞扫描系统能主动进行安全防范,要根据服务器系统的具体应用环境,发现系统的安全漏洞,采取适当的处理措施进行漏洞修补,排除安全隐患,有效防止入侵事件的发生,构建牢固的服务器系统。

(4)安装入侵检测系统

入侵检测系统是防火墙系统的合理补充和延伸,能够有效地弥补防火墙的防护漏洞,为服务器系统的安全提供较好的协助,具有监视和检测入侵的能力,可对服务器的黑客攻击事件进行分析,并具有反击功能,将攻击行为即时进行阻挡隔断。入侵检测系统还可以配合防火墙的设置,自动为服务器维护管理人员动态修改防火墙的存取规则,拒绝来自攻击位置 IP 的后续联机行为。

(5)数据库服务的维护

服务器的数据库存储重要的数据,是业务系统正常运行的基础。随着业务量的扩大,访问用户的增多,数据库系统日渐庞大,随之影响服务器的稳定运行。数据库的准确性、保密性、安全性是服务器稳定运行的表现。在安装数据库软件时,要按照服务器、操作系统、业务系统的实际情况合理选择适当的软件;在服务器数据库设置上,要合理设置各性能参数,使数据库的运行进入最优状态,根据应用服务器的要求,对数据库实行多方面安全保护;在数据库备份上,要定时定期做好数据库备份,分机分地存储备份数据,以便服务器出现故障或数据库出现问题时,能及时恢复,减少重要数据的损失。

10.3.5 网站的后台内容管理

网站后台,有时也称为网站管理后台或网站后台管理,是指用于管理网站前台的一系列操作,如产品、企业信息的增加、更新、删除等。通过网站管理后台,可以有效地管理网站供浏览者查阅的信息。网站的后台通常需要账号及密码等信息的登录验证,登录信息正确则验证以后进入网站后台的管理界面进行相关的一系列操作。

1)网站后台管理的功能

不同的产品对后台功能的需求都各不相同,但需要把握几个关键的点即可将所需的功能考虑全面。

①公开的信息需要审核：根据信息的类型慎重决定是审核前公开还是审核后再公开。

②流程中需要由员工处理节点：例如，身份认证审核、订单处理、报错、举报处理等都需要通过后台处理。

③界面模板切换及非固定非自动显示的内容：例如，页面中的推荐信息、热门人物等经常变动的内容，如果没有设计自动调用的规则，那就需要考虑是否用后台来管理了。

④员工发布入口：对于文章、信息等数据的添加，根据情况提供一个后台添加的入口，增加一些特殊项、简化一些验证规则等是很有必要的。

⑤管理权限：一个多功能的后台往往需要单独设置权限，然后将一个或多个权限分发给管理员。

⑥其他：常用查询项、统计信息、常用小操作、特殊修改项等。

2）网站后台管理的内容

网站后台管理的内容主要包括以下几个方面：

①数据分析：分析网站客户流量，客户访问情况，网站日志分析。

②网站架构策划：网站框架内容设计分析，市场用户调研分析。

③代码优化与排错：优化前端代码与排错。

④信息内容审核：管理网站发布的信息审核以及发布。

10.3.6 网站功能管理

根据网站的需求的不同，网站的功能也不相同。一般网站所需的功能大概包括以下几个方面：

1）信息发布功能

（1）信息管理

信息管理实现网站内容的更新与维护，提供在后台输入、查询、修改、删除各产品的具体信息的功能，选择本信息是否出现在栏目的首页、网站的首页等一系列完善的信息管理功能。具体包括增添、修改、删除各栏目信息（包括文字与图片）的功能。

（2）网站页面模板管理

网站页面编辑功能可以通过 Web 编辑方式轻松实现网站页面模板的定制功能。将这些日常维护工作量转为系统化、标准化的维护格式，从而保证网站设计风格的统一，同时也可以大大减轻工作量。

（3）类别管理

类别管理为整个网站的灵活高效提供了可能性，它使网站管理员可随时调整各类别，都可以根据需要增加、修改或删除。这对于网站上信息的分类调整以及网站更新具有很大的作用，可以极大地减少二次开发的工作量。类别管理提供的具体功能如下：增加、修改、删除信息类别和专题的功能。

2）产品展示功能

（1）产品分类管理

产品分类管理可以将不同的产品进行分类。

(2)产品资料管理

产品资料管理可以随时完成产品和产品资料(价格、图片、简介描述、发布时间等)的增加、删除、修改。

(3)关键字查询产品

关键字查询产品,用户可以选择按照产品目录、类别、关键字段、促销内容、搜索内容,进行产品精确搜索,使用户快速定位,找到需要了解的产品。

(4)产品发布推荐

产品发布推荐,网站管理员可以将每日团购产品列为推荐产品,在首页上进行发布,以提示浏览者注意。

(5)产品详细资料(价格、图例、简介描述等)显示

在分类查询、关键字查询得到产品列表时,单击详细信息可以浏览到该产品的所有资料,单击详细图片可看到未压缩的产品图片。

(6)限制产品图片缩略图大小

本功能是为了便于管理产品图片按照指定的大小进行展示。

(7)热卖商品展台

客户可以为热卖产品设置展台,展示热卖的产品图片,并且展台的随机显示效果可以使展示商品随每次页面刷新及时更换,起到页面自动更新的效果。

3)会员管理功能

(1)会员注册

网站会建立会员数据库,访问者可以在线注册成为网站会员。获得用户名,密码登录后,可以进入会员平台,系统将自动检测用户名的唯一性,并将会员的信息提交到会员管理数据库,待网站审核通过后成为正式会员,享有网站提供的相应会员服务。

(2)会员信息在线修改

会员可以在线修改自己的注册信息资料以及密码。

(3)会员内部管理

网站管理员在后台进行会员管理,实现会员审批,并发出用户名和密码电子确认信函,以便会员留存。

(4)会员信息分发

系统可以生成所有会员的邮件列表,用于服务信息的群发。

(5)会员退出

会员退出系统后,系统自动注销会员的用户名和密码及其他个人信息。

4)后台管理功能

(1)商品管理

商品管理包括编制商品列表,添加新产品以及其信息,将产品进行分类,并且将不再售卖的产品撤掉。

(2)订单管理

订单管理包括订单信息的统计、订单的查询、订单的更新、订单处理、订单存储等功能。

(3)用户信息管理

用户信息管理包括对用户信息的存储、更新、修改等。

(4)管理员权限

管理员权限是对商品、用户以及订单等信息的修改、管理,对广告信息的发布,对网站系统的维护。

(5)数据库管理

数据库管理是对信息、产品、用户分别创建数据库,通过数据库对前台的功能进行控制。

10.4 网站性能管理

10.4.1 网络响应问题

伴随着我国互联网行业激烈的竞争以及各网站对用户体验的日益重视,现今的网民对网站的响应速度几乎达到了零容忍程度。互联网行业数据显示,网民等待网页打开时间如果超过 7 s,就会不耐烦的关闭该页面然后开始查看其他搜索结果页面。因此,网站的响应速度将直接影响用户体验以及网站排名,尤其对于销售类网站将直接影响网站的销售业绩。那么,有哪些因素会导致网络响应速度缓慢呢?

(1)大量数据库操作

如果是中小型网站需要更加注意这方面,中小型网站在对数据库执行大量操作时,ASP+ACCESS 结构的网站尤为明显,如果某个时点网站上有大量用户对数据库提交数据的话就可能会导致网站打不开。

(2)频繁使用 JS 特效

很多网站特别是企业、个人网站为了追求炫酷的视觉效果,在网页上频繁使用鼠标、栏目、状态栏等 JS 特效,殊不知追求繁华视觉效果背后将付出多大的沉重代价,不但妨碍了搜索引擎的正常收录,同时还会增加服务器负担。JS 特效的原理是先由服务器下载到你本地的机器,然后在你本地机器上运行产生,然后返回到页面上,如果网站在主机配置方面也一般的话,那网页的响应速度就更慢了。

(3)网站存在大量未经处理的大尺寸图片和 Flash

众所周知网页上使用没有经过技术处理的大尺寸图片会使得网页打开速度慢,同样 Flash 也是一个道理,一般来说,Flash 的文件较大,完全加载就需要花费一段时间。

(4)过多引用站外资源

过多引用站外资源,其中包括网页上引用其他网站的图片、视频文件等。假如被引用的网站本来的速度就不快,而正好又引用了它上面的资源,再或者被引用的资源已经被删除了,那么网站页面的打开速度就会非常之慢。

(5)网站所在的服务器所带来的负面因素

性能良好的服务器空间对于网站的影响是非常大的,一个稳定的空间可以让网站平稳的不断发展,一个劣质的空间可能会使前面做出的很多努力全部白费,因此选择时应把服务器的稳定性、访问速度、健康状况、功能支持等因素充分考虑进来。

(6)网站域名解析因素

域名解析的不稳定可能导致有时候打不开网页。网站域名解析过程:用户输入网站,由域名解析服务器把对应的域名变成 IP 地址并指向相对应的服务器或虚拟主机,这个过程域名解析服务器速度会影响网站的打开速度,但对网站影响相对较小。

(7)网站服务器配置因素

决定服务器访问速度快慢的因素有很多,主要体现在以下几个方面:

①服务器所在的网络环境与 Internet 骨干网相连的速率,例如,使用独享带宽和共享带宽访问速度就不一样。

②服务器的网站程序优化程度,例如 PHP 或 JSP 就较 ASP 执行效率高多了。

③服务器的硬件配置,包括服务器的类型、CPU、硬盘速度、内存大小、网卡速度等。

④服务器所使用的操作系统的不同也会造成运行效率的不同而影响访问速度等。

(8)提高网站响应速度

为提高网站响应速度,特提出以下若干建议:

①网页设计优化。

②合理放置统计代码。

③提供进度显示。

④避免重定向。

⑤合理运用 JS 特效。

⑥网页代码优化。

10.4.2 机器性能

网站中的安全性、稳定性、兼容性、可维护性、拓展性、耦合性这六大性能是一个网站必须具备的性能。其中对于一个良好的网站来说,运行的机器性能应该良好,才能提升网站的性能。机器性能的管理与维护包括运行服务器的性能管理与创建网站的计算机的性能管理。

1)服务器的性能管理

(1)电力控制

服务器硬件应用最基本的要点就是要实现运行的稳定性与持续性,而要保持硬件系统的运行稳定,电力稳定是基础。因此,在布置机房内部的电力系统时,除了服务器机房市电的足够供应外,还要具备能够应对突发停电事故的情况。

(2)温度控制

市面上绝大多数品牌的服务器运行时,如果没有其他控制设备,CPU 的平均温度都在 60 ℃以上,箱体内部温度也都在 40 ℃以上,而等到了并发处理繁忙时,上面两个标度都可能有 10~20 ℃的提升,这跟说明书上的理论说明可是相差了不少。如果服务器照着并发繁忙时的温度持续运行 1 h,可能会发生一些不可预知的情况。因此,当构建服务器运行环境时,一定不可以忘记的就是要实行温度控制。可以利用空调系统建立起温度控制的环境,把机房温度控制在 15~23 ℃。此外,如果是大型机房,最好配备温度感应器进行监测。

(3)湿度控制

假定服务器放在一个比较干燥的环境里照常运行,这样在周围特别是金属器械周围进行接触和摩擦时,很容易就产生静电。静电对于服务器的影响很严重,万一不慎,很容易造成电流击穿电容或者CPU等重要部件,引起的后果不仅是系统的崩溃,对于操作人员的人身安全也有极大的威胁。

我国的地理条件是南方比较潮湿而北方比较干燥。在北方,尽量在机房内放置一个加湿器;在南方,特别是在一楼的机房,除了大型机房在地板下铺设防潮材料外,最好还要放置一些石灰沙包等吸水的基础设施,防止机房过于潮湿。南北方机房内湿度都应控制在45%~55%。

(4)防尘

服务器是一个高性能的机器,同时也是一个很容易表现脆弱的机体。有些机房的服务器,由于长时间裸露在空气外,当混杂在空气中的尘土进入其中到一定量时,机器里的风扇等可能会不堪重负,开始罢工了;另外,灰尘的进入,对于主机里大多数设备包括主板、CPU的寿命是有很大损耗的。因此,在机房内,有条件的情况下,最好购置专业的服务器机柜;管理人员进入机房前,在脚上最好套上一次性的防尘罩或者个人专用的干净拖鞋;机房内原则上不接受外人的拜访。

(5)避光

直射的阳光可以使得服务器温度增高,但是服务器温度越高,越容易出问题,对于服务器系统的稳定性来说是非常不利的。另外,直射的阳光对于机房内的显示器是很有攻击性的,由于阳光的直射,显示器的寿命很容易减半甚至更短。所以要保证机房的环境是干爽避光的。

(6)压力控制

每台服务器对于压力的承受都有一定的限制,虽然都是全金属机身,但是总有一个承压最高值。塔式服务器一般都是单独机体的立式,就算是采用卧式层叠,因为单机空间占据太多,堆起的服务器数量也不会太多,在此涉及的外部环境的压力问题不大。

一般好一点的服务器机箱,以1U机架式机箱为例,一部1U实际能够承受的压力大致是同规格质量(即1U)在5~7部;一些强度比较好的机架托盘,对于服务器的承压基本也在6~8部。因此在设置机柜摆放的规格时一定要做好预算,不要单个隔层放置太多服务器。

2)计算机外部硬件设备的维护与管理

计算机外部硬件设备包括显示器、键盘和鼠标,因此,对外部硬件的管理与维护可以从这3个方面进行。

(1)显示器

显示器是计算机硬件的一个必要的设备,如果操作不当,不仅会使得其功能大大地下降,而且寿命也会受到影响,甚至会使计算机报废。因此,要做好显示器的维护工作。首先,显示器要平稳放置,并且要做好防潮、防灰尘以及防磁的措施,避免显示器受到外部的侵害。其次,在使用计算机时,要注意开关顺序,防止电流脉冲突然发生影响计算机的主机,同时,还要注意避免频繁的开关显示器。最后,要经常地对显示器进行除尘工作,在进行除尘时,一定要拔下电源和信号线,并且使用专业的清洁设备进行清洁,不能使用酒精类的东西进行

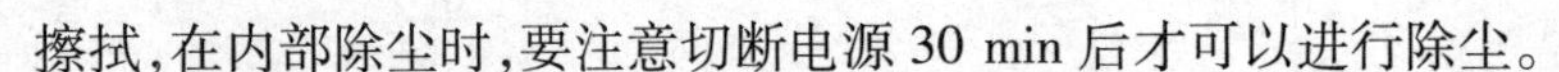

擦拭,在内部除尘时,要注意切断电源 30 min 后才可以进行除尘。

(2)键盘

对键盘的管理与维护工作要做到以下几点:首先,在使用键盘时,不要对键盘用力或是恶意的敲击,防止键盘的人为损坏。其次,在平时使用中,要避免将液体、碎屑等的东西撒到键盘上,防止键盘发生短路或腐蚀现象。再次,如果更换新键盘时,要先将计算机关闭,然后再进行更换,否则可能会损坏键盘或者是其他设备。最后,还要定期对键盘进行清洗,做好键盘的维护工作。

(3)鼠标

鼠标是计算机的外部设备,也是很容易出现问题的硬件设备,当前,人们使用较多的是光标鼠标或者是无线鼠标,因此,要做好以下的管理与维护工作。首先,在使用鼠标时,要轻轻地点击,防止鼠标的弹性开关受到不必要的损坏。其次,还要注意鼠标的除尘工作,而这一点是很容易忽视的,如果灰尘过多,会将光头遮挡,那么鼠标的灵敏度会大大地降低。最后,还要注意鼠标上保持感光板的清洁,可以使用一个鼠标垫,这样可以避免鼠标与电脑桌之间的摩擦,还可减少灰尘对感光器的影响。

3)计算机内部硬件的维护与管理

计算机内部硬件设备有 CPU、内存以及硬盘,因此,对其的管理与维护工作要从这 3 个方面进行。

(1)CPU

CPU 被称为中央处理器,是计算机的心脏与核心部分,在计算机的运行中承担着数据处理的工作,对计算机的正常、稳定的运行起着很重要的作用,因此,要重点做好其管理与维护工作。首先,要保证 CPU 可以在正常的频率下进行工作,而实际的使用中,有些人往往会为了使计算机的性能得到最大的发挥,会采用超频的措施,这不仅会使得 CPU 受到损害,也会影响计算机的稳定运行,还大大缩短了 CPU 的使用寿命。其次,还要做好 CPU 的减压工作,定期的清理灰尘,避免出现短路现象将其烧毁。再次,CPU 的一个很重要的维护手段是散热的问题,如果其散热性能不好,就会出现系统的非正常运转,甚至是死机现象,因此,要保证机箱的空气流通,可以配备好的 CPU 风扇(散热器),并经常对其散热片与风扇进行清洁。

(2)内存

内存是计算机组成部分中一个很重要的部件,因为计算机的程序都是在内存中实现运行的,所以内存的正常运行对计算机的性能有很大的影响。因此,内存的管理与维护工作非常重要。首先,不要频繁的插拔内存条,以防止内存条上的金条氧化。其次,内存条在经过很长时间的使用后会发生氧化现象,内存条与适配卡之间的铜箔,可以使用橡皮擦进行擦拭,避免氧化现象的出现。最后,内存条升级时,要尽量选用与原来相同的品牌和外频,以避免不兼容的现象发生。

(3)硬盘

硬盘是计算机存储数据的设备,对其管理与维护工作要做到以下几点。首先,要做好内存的适当读取工作,从而减少硬盘的读盘次数,以确保硬盘的使用时间。其次,要对硬盘进行加固,以做好防震工作,在计算机使用过程中,尽量不要移动,也要避免在震动的情况下使用计算机,此外,最好在硬盘移动时使用海绵或者是泡沫将其包装好,以减少震动。最后,不要频繁地使用磁盘清理工作,以防止硬盘的老化。此外,还要尽量避免将硬盘靠近电视、手机、音响等磁场,避免受到电磁波的干扰,还要注意保证硬盘的清洁。

10.4.3 页面性能

1) 网站要有好的导航功能,以便读者浏览

譬如,每一网页都应能链接到网站的主页,和逻辑上的前页后页、上页下页,当网站网页数目超过 100 页时,考虑提供搜索引擎服务。

2) 网站网页要有好的被检索设计

大型网站要提供检索功能,为了让检索出来的结果真切地反映网页内容的相关性,应该用简洁明了的文字来撰写网页的题目和标题。同时注意用好网页最前面的二三十个文字,以期最精华地反映网页的内容。因为,搜索引擎也将摘录网页的这部分再现给用户。除此之外,应定义好网页的关键词,以增大被检索到的概率。

3) 网页要有可读性

网页需要有结构,尤其是长篇的网页,可以考虑把长篇的网页分开成多幅,或者提供网页之内的捷径链接,使用户可以很快地跳跃过部分篇幅。有节制地使用网页上的动感画面和动感标题,因为过度使用将影响用户阅读。

4) 注意网页的整体效果

注意图像编辑、色调、色彩与剪裁,使其与总体相称。

5) 留意网页的下载速度

再好的网页,如果需要超过 10 s 下载时间,也将会失去观众。网页的下载速度将涉及下面要谈论的网站高性能问题,但在网站容量恒定的情况下,注意网页图像文件的多少和大小是控制网页下载速度最有效的办法。

本章小结

本章阐述了网站维护管理的内容,包括网站测试、网站的发布、网站的主机方案、网站日常管理和网站性能管理。网站测试的内容包括功能测试、性能测试、用户界面测试、兼容性测试、安全性测试。IP 地址由两部分组成:一部分为网络地址;另一部分为主机地址。IP 协议就是使用这个地址在主机之间传递信息,这是 Internet 能够运行的基础。域名是由一串用点分隔的名字组成的,通常包括组织名,而且始终包括 2~3 个字母的后缀以指明组织的类型或该域名所在的国家或地区。域名注册的过程包括:准备申请资料;寻找域名注册商;查询域名;正式申请;申请成功。

网站管理需要遵循以下原则:网站内容管理原则、目录有序原则、安全性原则。服务器硬件性能影响服务器的存储容量和运行速度,由此做好服务器的硬件维护十分重要,其包括硬件升级、除尘等工作。服务器操作系统的安全增加数据库存取控制的安全可信性,提高网络系统、应用软件信息处理的安全性。操作系统的安全是信息系统安全的基础,由此加强操作系统维护尤为重要。服务器应用软件的维护，主要通过安装软件防火墙、安装网络杀毒软件、安装防篡改系统、安装入侵检测系统、数据库服务的维护等。页面性能管理包括：网站要有好的导航功能，以便读者浏览；网站网页要有好的被检索设计；网页要有可读性；注意图像编辑、色调、色彩与剪裁，使其与总体相称；留意网页的下载速度。

复习思考题

1.简述网站测试的内容。

2.什么是 IP 地址以及域名的含义？

3.简述 ASP 外包方式及其优点。

4.网站的后台内容管理主要包括哪几个方面？

5.网站管理的目标和原则有哪些？

第11章 网站的运营管理

🕮 学习要求

- 了解电子商务网站的推广方式，能对推广效果进行一定的预测和评估。
- 了解客户服务的内涵，以及一般网站客户关系管理的流程。
- 了解网站营销的内容及技巧。
- 了解一般的网站盈利模式以及新兴的网站盈利模式。

🕮 学习指导

本章从4个方面入手介绍了网站的运营管理相关知识。首先，在了解传统网站推广方式的基础上学习网络推广方式，并尝试对推广效果进行预测；然后，从两个方面学习如何进行网站的客户关系管理，即网站的内容与服务管理；接着，在了解网站营销优势的基础上，学习网站营销的内容和技巧；最后，通过对传统的网站盈利模式分类和新兴网站盈利模式分类的学习，更好地掌握网站的运营管理技巧。

案例导入

奶牛选口味①

Litago是来自挪威的牛奶品牌，其主打产品是多种口味的调味牛奶。为了扩大品牌和产品的影响力，Litago举行了一个网站活动，通过征询大众的意见，选出一种人们最喜爱的口味作为新品。

在这个叫作“Kuene Bestemmer”的活动中，Litago一改之前让消费者来票选最佳口味的手段，而是让“奶牛”成为最终的决策者。他们将市场调研变成了一种好玩的互动游戏，用新鲜创意为传统市场调研注入极大的吸引力。当然，活动并不仅仅是为了搞怪而设，其中的各种元素都与产品紧密相关。

Litago把一块农田分成25个区块，分别代表25种不一样的口味，这25种口味是网友投

---

① 资料来源：http://www.domarketing.org/html/2012/interact_0502/4179.html.

票选出来的。然后找来10只“奶牛”当选民,这些牛在这25个区块中走来走去,5天之后,最多牛驻足的草地,Litago就会推出那一块草地所代表的口味。

不过,牛奶的口味也不是完全让奶牛来决定的,网友可以通过和奶牛的“互动”来影响他们的选择。这也正是这个游戏最为巧妙的地方。消费者可以用香蕉来吸引它们走向自己想要选择的口味区域。这种精妙的互动进一步拉近了消费者与厂家之间的距离。

这些奶牛都带有GPS定位,活动进行期间,有“实时摄像头”对准这些奶牛,网友们可以在线观赏目前奶牛在哪里、在干什么。奶牛还会随时不断地发Facebook或Twitter讯息给观众,告诉观众它们现在的位置。

活动吸引了超过5万名网友的参与,并最终通过奶牛们选出了一种独特的口味——挪威传统布丁口味。

问题:1.结合案例分析,相比传统营销方式,这种营销方式的特点和优势有哪些?

2.分析这种营销方式的优点,并对其他网站的营销提出自己的建议或意见。

根据中国互联网络信息中心《第36次中国互联网络发展状况统计报告》(以下简称“统计报告”)中的数据统计,截至2015年6月,我国网民规模达6.68亿,域名总数增至2 231万个,网站数量为357万个,我国网络购物用户规模达到3.74亿人,网络购物使用率提升至56%。当然,在已有的357万个网站中,可能不足10%的网站具备真正的网络营销价值,套用统计报告中的一段话:“网络营销以其成本可控,门槛减低,精准性高的特点,受到中小企业的青睐。从中小企业的角度看,普遍存在投放方式不够精细,网站建设水平不足,运营机制与网络营销难以整合等问题。”由此可见,绝大部分企业虽然知道网络营销的重要性,也知道网站建设是网络营销中不可或缺的一部分,但有自己官方网站的企业并不多,在已经建设网站的企业中,真正能将互联网这个工具使用得当,让自己的企业在网络营销中如鱼得水、得心应手的更少之又少。另外,很多企业都清楚地知道,互联网一定是未来企业不可或缺的市场,是不可错失的商业机会。那么,企业将如何更好地把自己的网站在互联网的阵地中做出真正的价值?

11.1 网站的推广

网站的推广,顾名思义,就是采取一定的策略和手段,把你的网站推广到你的受众目标。其目的是让更多的客户知道你的网站在什么位置,你的网站提供哪些产品和服务等信息。

随着电子商务的飞速发展,许多企业纷纷建立了自己的电子商务网站。网站的建立并不困难,但如何能让自己的网站脱颖而出,让更多的客户知道其网址,了解其服务,从而提高网站知名度,获得更高的网站访问量,并能更好地获得新客户,留住老客户,赢得更多的商业机会,这就需要制定并应用适当的网站推广策略。

11.1.1 传统推广方式

在如今的信息化时代里,虽然互联网是一个非常理想的网站推广载体,但是网下一些传统广告媒体仍然有着不可替代的作用,通常的方式有:报纸、杂志、电视、广播、户外广告、印刷品等。由于这些传统的媒介多年来已成为人们生活中不可缺少的一部分,因此用它们来宣传自己的网站是必要的。但是,在实践中发现,通过传统的媒介,我们看到或听到的一个网站地址或网站名称通常不容易被记住。针对这样的问题,如何让人们能较长时间地记住网址及企业的名称就显得尤其重要。我们通过实践总结出以下几种方法,可以让线下的网站推广更有效。

1)多种手段并用的方式

根据自己的经济情况选择多种网下的推广方式,让人们能通过多种渠道接触到你的网址和你的企业。

2)一个好的网站域名

为自己的网站取一个容易记忆的域名。

3)将网址印在信纸、名片、明信片上

当你的网址成为客户随身带的物品时,你的产品及服务就将更快地走进人们的生活。

4)发展网站地址的营销人员

招收一批网站的推广人员,给营销人员每人一个账号,要求推广人员发展的客户都必须在网站中有效地注册、访问一次企业的网站。这样做主要是让客户能够记住网址并了解网站的服务项目,从而达到推广网站的目的。在具体的管理中,可以用相关的技术对推广人员进行管理,用适当的免费服务或有偿服务等方式吸引客户来访问网站。

11.1.2 网络推广方式

网络推广是指通过互联网的种种手段进行的宣传推广等活动。从广义上讲企业从开始申请域名、租用空间、网站备案、建立网站到网站正式上线开始就算是介入了网络推广活动。网络推广的方法有很多,通常较为常见的是展示广告、电子邮件推广、社区营销、网站推广、搜索引擎推广。其中搜索引擎推广是指企业付费将推广信息放在搜索结果页面进行展现的一种推广方式。在几种推广方法中,搜索引擎推广的精准、按效果付费、效果可控等优点都是较之其他方法对企业来说更为有效的一种方法。

1)搜索引擎推广

随着互联网的发展和普及,越来越多企业的营销手段从传统的方法开始转向网络营销,企业纷纷在互联网上建立自己的网站,那么如何引导网民进入自己的网站,了解企业的产品和服务,作为新兴的搜索引擎推广在网络营销推广中占据着重要的地位。

搜索引擎优化(Search Engine Optimization,SEO),是指以搜索引擎的搜索原理为基础,合理的编辑网页文字内容、部署站点间互动外交策略和优化网站结构等,提高网站在搜索引擎的搜索排名,从而来增加客户发现并访问网站的可能性。

近年来,互联网的快速发展及普及,使得百度、雅虎、谷歌等各大搜索引擎在网民心中的地位也变得日益重要起来。用户使用搜索引擎搜索自己需要的信息时,一般首先想到的是在各大搜索引擎中输入自己关心的关键词,然后根据各大搜索引擎返回的结果查询自己需要的信息。因此,企业网站若想有好的营销效果,除了网站自身有高质量的内容以外,在各大搜索引擎中有好的排名也至关重要。

(1)搜索引擎优化的基本思想

搜索引擎优化的基本思想是通过合理的设计,把网站结构、功能、内容、布局等关键要素有机的协调利用起来,使网站表现形式和功能等达到最佳。

①实践结果表明,若要达到搜索引擎优化综合效果的最大化,必须对网站基本要素进行结构优化,仅仅获得个别关键词的搜索排名是不够的,还要使网页中出现的大量相关关键词都能有一个较好的搜索排名。大部分用户都是使用关键词组合进行检索,而且他们的搜索行为一般是分散的,因此要想获得比较好的网站推广效果仅仅依靠几个关键词的排名是远远不够的。优化站点结构,为网站的搜索引擎优化奠定基础,后期的网站运营也将会获得较大的收益。

②不能只考虑搜索引擎的排名规则,为用户获取信息和提供方便是更重要的,网站优化的一个重要准则就是提高网站内容的可读性。显然,仅仅依靠可读性好,并不能使站点获得很好的关键词排名,但是一个好的站点必须要以尊重访问者为前提,要让访问者感觉访问该站点是一件很愉快的事。SEO 面临的一个两难选择是:在不降低它对于用户的价值的同时,优化网站,特别是网站的内容。一个典型的例子就是关键词堆叠技术。有些站点为了在搜索中获得更高的排名,在文本中充填了大量关键词,但是这样的文本可读性差,回访率会很低,很难吸引客户。

③网站建设基本要素的专业性设计是搜索引擎优化比较重视的一个内容,让用户获取信息的同时,也适合搜索引擎检索信息。网站优化包括两个方面:一个是对用户的优化;另一个是对搜索引擎的优化。因为网站优化的目的是让网站更好地向用户传递网络营销信息,对搜索引擎优化恰是达到这一目的的关键。

(2)搜索引擎优化的实施

搜索引擎优化的实施是一个长期的过程,从初期网站的规划设计,到中期编码实现,再到互联网发布、后期的维护阶段,最后是网站的更新、内容的上传,在这一整个网站的生存周期中,搜索引擎优化策略的思想都应该贯穿始终。搜索引擎优化策略体系大致可分为 4 个部分:域名策略、关键词优化策略、网页设计规划策略及链接策略。

①域名优化策略:域名是网站的基础,它的好坏会直接影响企业的形象。建站初期,域名是需要重点考虑的内容,不能盲目选择,要注意质量。

域名选择顺序原则。搜索引擎在抓取域名时也是有顺序的,.edu 和.gov 是两个最优先考虑的域名后缀。但是这些域名都是政府和学校等机构支配的,企业是没有资格申请的。再往后就是.org 和.net,最后是.com,所以.org 和.net 域名要比.com 域名的权重高。中文网站中,.cn 和.com.cn 又比.com 要高。因此,在选择域名时,不能盲目选择,一定要有目的地进行选择,根据自己的战略和优化策略,结合自身的实际情况,再参照域名权重的排序。

域名中的字符原则。域名中的字符涉及了关键词的问题,因此这些字符对于企业来说也是非常重要的。为了更有利于搜索引擎的抓取,企业网站的域名要尽量使用本企业的核心关键词。

②网页设计规划优化策略:在网站建设初期,一般都是从创意、实用、美观、简洁的角度出发,这些从实用性上来说已经够了。但是,如果企业网站想要追求搜索引擎排名,这些因素就远远不够了。对于企业网站来说,网页设计规划策略是非常重要的,它贯穿于企业网站

整个生存周期中,适当优化可以达到事半功倍的效果。网站的结构、网站导航的设置以及页面静态化这几个方面是页面设计策略应该考虑的因素。

网站的结构就是指网站中网页与网页之间的层次关系,这种层次关系在搜索引擎进行抓取数据时非常重要,扁平化结构最有利。扁平化结构就是尽量简单化网站的纵向结构,使用户用最少的点击次数就可以到达想访问的页面。越少的点击次数就说明此网站的纵向结构越好,离扁平化结构越近,对搜索引擎 robot 的抓取就越有利。一般最多 4 次点击达到用户想到的网站就可以算得上是扁平化结构了。

网站导航是指在网站的大量网页中对用户进行引导的"导游",它可以帮助和引导用户访问网站。网站导航的设计一般包括网站地图、栏目条导航、主导航与辅导航等。网站导航不仅仅是为了引导用户访问网站,更重要的是在搜索引擎的 robot 抓取网页数据时可以起到引导作用,使搜索引擎的 robot 进行抓取时能够更加准确和容易。网站导航的优化策略体现在以下几个方面:主导航一定要清晰;添加"面包屑式"路径("面包屑式"路径是指在网站中常常看到的用户访问中留下来的一连串的链接路径提示);加入网站地图(网站地图是用来描述网站栏目、内容说明、结构等信息的网页)。

页面静态化。当页面的 URL 中出现"%""&""*""=""?"等符号时,该页面是动态页面。动态页面可以进行数据交互,因此很多企业网站都采用动态页面建站。但是"%""&"这些符号搜索引擎是无法解读的,所以这些动态页面很难被搜索引擎的 robot 抓取到,网页也不会被搜索引擎收录。因此,在搜索引擎优化中,一定要尽量使用静态,重要页面一定要用静态。即使建站时使用了动态,也应该采用技术使动态页面转化静态页面,使 URL 不再包括"%""&"等符号,以便于搜索引擎的 robot 能够抓取。

③关键词优化策略:关键词就是指用户在使用搜索引擎搜寻信息时,在搜索框中输入的与自己想要查找的相关词语。一般用户在查找信息时,由于输入的主题不明确等原因会使得查询不是一次就能完成,用户总是要不断调整输入的关键词,直到搜索引擎返回的结果与自己需要的信息匹配时才会终止。

关键词优化策略的思想是,在页面的主题内容中提取出来与内容相关度最高的词作为关键词,并将这些关键词放到网页的合适位置中,以达到提高在搜索结果页面中排名的目的。

④链接优化策略:搜索引擎优化策略的灵魂是链接策略,搜索引擎的 robot 抓取数据时的路径都是链接。链接一般分为内部链接、导入链接和导出链接。导出链接的作用在企业网站中很小,下面讨论导入链接优化策略和内部链接优化策略。

导入链接优化策略。对于企业网站来说,高质量的外部链接非常重要。搜索引擎的 robot 的优先抓取对象一般都是一些重要网站,如果该企业网站的链接在重要网站上,搜索引擎的 robot 就会沿着重要网站的链接找到该企业的网站,就能很快的抓取到该企业网站,也会获得满意的排名,这就是高质量外链的功劳,这里所说的高质量外链就是指导入链接。

内部链接是指在同一个网站域名之下,各个页面之间相互链接。内部链接非常重要,它可以直接链接到网页内部或者深层次网页搜索。在企业网站的内部应该尽量增加内部链接,这样不仅方便了用户,同时也有利于搜索引擎的 robot 抓取。

(3)搜索引擎的广告策略

竞价排名的基本特点是按点击付费,广告出现在搜索结果中(一般是靠前的位置)如果没有被用户点击,不收取广告费。在同一关键词的广告中,支付每次点击的价格最高的广告排列在第一位,其他位置按照广告主自己设定的广告点击价格来决定排名位置。以百度为例,如图 11.1 所示。

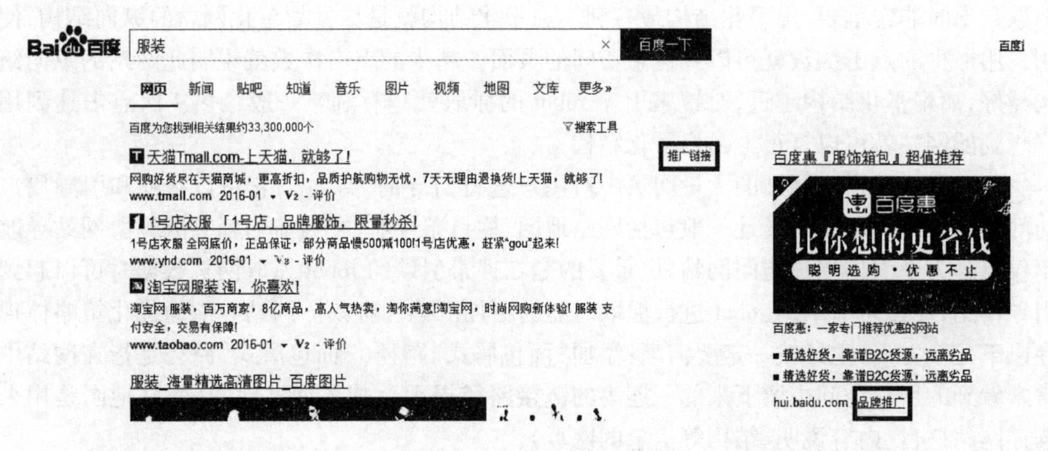

图 11.1　百度的搜索页面

百度火爆地带是一种针对特定关键词的网络推广方式,按时间段固定付费,出现在百度网页搜索结果第一页的右侧,不同位置价格不同。企业购买了火爆地带关键词后,就会被主动查找这些关键词的用户找到。企业购买百度火爆地带时可以指定希望出现的位置,上线时会根据企业意愿和排名优先的原则来处理。

所谓排名优先,是指在相同价格区间内如果企业指定位置的前一位是空的,则该企业会出现在前一位。例如,如果企业指定购买"培训"这个关键词的百度火爆地带是右侧 3 号位置,而该关键词的 2 号位置未售出,则该企业会自动出现在 2 号位置。等到 2 位置售出后,企业则会显示在 3 号位置。前三位企业的位置是固定的,而 4~10 号位置,会按顺序轮换显示。例如,今天出现在第 4 位的企业,明天会在第 5 位显示;今天出现在第 10 位的,明天则会在第 4 位显示。在同一天中,企业显示的位置是相对固定的。同一位置在同一时间段只显示一个企业,如果企业希望购买的位置已售出,则需要等到该位置的原企业到期后,而且不再购买的情况下,才能购买该位置。

百度火爆地带以年为购买和发布单位。实行先付先得的原则,如果两个企业都订购了同一个关键词的同一位置,先付款的企业可得到该位置。代理商必须是百度竞价排名的核心代理,并需要付一定金额预付金和保证金。每个位置,一次最长购买时间为 1 年,百度和代理商均不接受超过 1 年的购买需求。老客户在已购买位置到期前 3 个月(含)以内有优先续约权,且最长续费时间为已购位置到期后 1 年;如果老客户在已购词位到期前 1 个月(含)以内还没进行续约,则所有客户均可以预定该位置。

2)电子邮件(E-mail)推广

电子邮件推广是指以电子邮件为主要的网站推广手段,常用的方法包括电子刊物、会员通信、专业服务商的电子邮件广告等。

(1)如何获得邮件地址

从网站注册用户中得到:很早之前网站的用户注册都是自己报用户名,自从邮件普遍使用后，网站注册用户名就是E-mail地址。在用户成功注册后，都是进入自己的邮箱，然后点击相关的链接来激活所注册的用户名。换另一个说法就是，每一个用户的用户名就是一个很好的邮件列表，使用很真实、优质。

从目标论坛上获取：目标论坛上的用户都是公司的潜在优质客户。其中一个方法就是通过发放样品、产品目录等形式获得许可的E-mail地址。

从目标QQ群获得邮件地址：当加入目标QQ群后，群内所有QQ账户都会是潜在用户，QQ号就是相应的QQ邮件，而且QQ群还有群发功能。如果不怕邮件发送时变垃圾邮件，可直接将用户QQ号加个@qq.com当地址发送邮件。

从邮件营销商数据库得到：邮件营销服务商都会有一个很大型的数据库，收集了各种各样的用户邮件地址。邮件地址质量较高。还有一些较为偏激的方法就是大批购买，从第三方商家的数据库中购买。这一种方法可以一次性买到大量的地址，但真实性有待考证，所以营销质量无法保证。

还有一种技术含量高点的方法，就是通过抓取工具来抓取邮件地址。具体细分成3种类型：

①敲门抓取：这种方法有点像问路，不断地问不断地收录，比如利用编写的工具向邮件服务商不断地询问有没有这个邮件地址。例如，利用编写的工具向sohu.com问abc@sohu.com这个地址有没有，有就收录，没有就再问下一个。

②搜索引擎反查抓取：这一方法，就是利用搜索引擎固有的特性，抓取查询页面中的E-mail。其实就是收录了搜索引擎页面数据库的地址，因此这一方式也是很不错的选择。

③针对网站抓取：这是一种技术活，邮件地址中一定有一个@字符，通过编写好的程序抓取@前后字符组成的一段字符就是邮件地址。例如，要发送的对象为怀孕妈妈，那么我们就可以在广州妈妈网进行抓取邮箱地址。但有一点要注意的是有很多网站要求用户填邮件地址时将@改成#号。

(2)邮件的编写

①邮件标题。邮件到达目标客人的邮箱，只是成功的第一步。接着就是关键的一步，即让用户能打开E-mail。这时E-mail的标题就起到了很重要的作用。在中国垃圾邮件充斥网络的情况下，很多用户直接就删除E-mail。因此设定一个好标题并能让用户点击并阅读邮件内容是一件技术活。数据显示，影响邮件打开率的第二个重要因素是邮件主题(标题)。E-mail标题的设定还是不能偏离E-mail内容。标题的类型有很多种，跟营销性的软文标题差不多，有团购式、承诺式、劝导式等。常用邮件标题有以下几种：

a.团购式标题。团购网站基本上每天早上都会给注册用户发送一封当天团购信息的邮件。这类E-mail的标题有较为统一的格式。标题中有团购平台的名称、项目名称、打折的信息等。例如，杏苑美食时尚餐厅双人套餐、朝天门双人美味套餐、谷屋代金券、炸弹烧单人套餐、糖果量贩式KTV酒水套餐。

b.承诺式标题。承诺给受众带来一定的物价或保证。常用词语：跳楼价、逢百减二十、加量不加价、包邮、七天包退。若使用这种标题，就一定要有实现的保证，不能夸大效果。不然欺骗了用户的感情，最后对公司或产品造成不利影响。

c.悬念式标题。这一方式就是抓住网民好奇的心理特点，从而促使其点击打开邮件。

悬念式标题对非传统的产品、服务效果更好。

d.数字式标题。数字代表精准,如果邮件的标题有数字可以更明确标题的意思,不会产生误解。其中大部分数字用于商品的价格、产品的使用时间、服务时间的说明。如 3 344 只杯子来就送!

e.故事情节式标题。一个简单而完整的故事情节,引起关注,是关于受众在情感方面的主题。这种标题主要体现产品在情感方面的因素。如老婆说,如果家里有这些就嫁给我!

(3)邮件内容

普通格式邮件。纯文字格式的营销邮件现在使用较少,至少都会加上相关链接。主要因为用户在网站注册后,确认的邮件及垃圾邮件居多。

HTML 格式邮件。现在的邮件通常都是 HTML 格式。从编写的技术上看,是与网页一样的,但着重点有所区别。在设计过程中比单纯做网页要求更高,色彩搭配协调、创意独特、视觉冲击力强、简洁美观。

(4)发送过程的控制和管理

①固定发送类。固定发送类的有团购网站、电子杂志月刊(周刊)等。这一类公司已有优质固定的客户,所以各项指标数值都很高。只要风格及服务质量没有太大的改变,营销的效果就不会下降。

②不定期发送。不定期发送是要按需发送的,不同的客户有不同的习惯,所以要遵守相关的法律规定进行发送。务求发送的邮件最大限度地到达用户手中,而实现最大的转化率。不定期发送主要是短期性及独立性的项目。

3)网站互助推广——交换链接

网站交换链接,也称为友情链接、互惠链接、互换链接等,是具有一定资源互补优势的网站之间的简单合作形式。即分别在自己的网站上放置对方的 Logo 或网站名,并设置对方网站的超级链接,使得用户可以从合作网站中发现自己的网站,达到互相推广的目的。因此常作为一种网站推广手段。

交换链接,英文为 Link exchange,主要作用有以下几点:从合作网站上带来直接访问者;获得搜索引擎排名优势;增加网站的可信度;获得合作伙伴的认可;为用户提供延伸服务。

交换链接的意义实际上已经超出了是否可以增加访问量这一具体效果,获得合作伙伴的认可,同样是一个网站品牌价值的体现。但交换链接的价值能否体现,最终还是通过网站访问量等指标实现。交换链接还起到了 SEO(搜索引擎优化)的作用。

在交换链接时,还有几点可以参考:

①PR(PageRank,网页级别)值很重要。大家在交换链接时,往往对对方的流量有要求,其实比流量更重要的是 PR 值,要找 PR 值高的网站做链接。

②关于网站类别的问题。做交换链接时,一定要找和自己同类的网站,这样有利于搜索引擎的收录和排名。

③注意交换链接的质量。例如,对方的网站虽然 PR 值很高,但是链接很多,平均到每个网站上的 PR 值就很少了。

④不要和作弊网站交换链接。

4) 利用网络社区推广

网络社区是由有共同兴趣、目的的单位或个体，以虚拟的网络世界为载体所组成的一种团体。在网络社区中，社区成员具有同质性的特点，他们拥有相同的兴趣、相似的年龄、相当的教育背景和收入情况、相同的爱好及共同关心的问题等。同时，网络社区成员具有忠诚度高的特点。因而网络社区就像一个大家庭一样，使每一位成员都有一种归属感和亲近感。而这又使得社区能很快形成一种自有的、易被社区成员认同的社区文化。例如，创办于 1999 年 3 月的天涯社区，以其开放、包容、充满人文关怀的特色受到了全球华人网民的推崇，在经过近十年的发展之后，已成为以论坛、博客为基础交流方式，综合提供个人空间、相册、音乐盒子、分类信息、站内消息、虚拟商店、企业品牌家园等一系列功能服务，并以人文情感为核心的综合性虚拟社区和大型网络社交平台。天涯社区拥有数百万高忠诚度、高质量用户群所产生的超强人气、人文体验和互动原创内容，天涯社区一直以网民为中心，满足个人沟通、创造、表现等多重需求，并形成了全球华人范围内的线上线下信任交往文化。

网络社区作为广大普通网民言论传播的有效载体和平台，代表着草根文化潜在的巨大价值和影响力，因此发展极其迅速，在我国每年都有相当可观的增长率。据艾瑞咨询的调研数据显示，2007 年成立的网络社区所占比重最大，为 45.3%，其次为 2006 年，这两年成立的社区比重达 70%以上。另据不完全统计，目前全国有二百多万家独立网站，80%以上拥有独立的社区。

(1) 网络社区市场特点分析

目标受众细分化。目前，网络社区分类呈现出不断细化的趋势，不同社区影响的人群也有所变化，逐渐实现了目标受众的细分。我们知道，在很多情况下，大量广告浪费并非因为广告创意不再产生作用，真正的问题在于投放的广告没有锁定目标受众。因而随着社区分类的不断细分，企业的营销模式逐渐从大众行销转向精确行销，当品牌、产品或服务一旦向匹配相关人群推出，就能将信息更准确地传达到有相应需求的用户中去。

分享+信任，口碑营销价值大。互联网正在从“一对多”的信息传递模式，转变为“多对多”的信息传递模式。社区中的人群在一定时空内有着共同的志趣和目的，并形成了相对稳定的社会关系，因此，在社区之间引发的人际传播与群体传播在可信度和影响力上大大优于传统广告的宣传方式，也更容易产生有效的口碑效应。曾有专家指出，随着互联网成熟度的提高，网民更乐意主动获取信息，年龄成熟、受教育程度高、网龄越长的互联网用户，更乐意通过社区获取信息。

传统广告价值逐渐降低，给社区广告带来机会。互联网的发展形态在发生变化的同时，价值也在产生着深刻的转移。具体而言，传统互联网媒体的广告投资回报率正在逐渐降低，广告效果已经大不如前。网络社区的快速发展以及社区搜索、社区广告等话题成为目前业界关注的热点，加上传统媒体的劣势凸显，无疑给互联网社区媒体带来了很多的发展机会。

(2) 网络社区推广策略

①“第一印象”法。中国有句老话：先入为主。要想成功地进行推广，最直接、最有效的方法就是设法使消费者对该品牌形成深刻的“第一印象”。或者是第一个进入某个市场，第一个在这个市场上做广告；或者进行铺天盖地的广告宣传；或者利用新鲜、独特的创意吸引消费者的注意力等等。历史表明，第一个进入人们头脑的品牌所占据的长期市场份额通常

是第二个品牌的两倍、第三个品牌的3倍。而且,这种比例关系不会轻易改变。具体到网络社区来说,当一个新品牌建立时,首先要依据目标受众的细分市场做好品牌定位,继而围绕"第一印象"法则,充分利用社区内的网络资源——论坛、博客、分类信息等通道发布推广信息,从而激发用户对该品牌产品的兴趣,再通过网络社区强大的口碑传播效应,以期达到较好的品牌推广效果。

②"无限创意"法。据了解,目前国内在网络社区开展的营销行为,主要包括创意互动事件营销、普通品牌广告、效果联盟推广等类型。其中,普通品牌广告和效果联盟推广是比较普通的广告模式,和门户网站上的"push式"广告并未有本质区别,都属于硬性的广告贩卖,推广效果一般。而创意互动事件营销则能体现出社区的媒体特性,它巧妙地运用各种方式将品牌信息包装成具备话题性和自发传播性的"病毒",让用户自愿深受其"毒"而不能自拔。有位网友在论坛上发布了一个图片剧,讲述了自己和狗狗由于太胖以至于很难找到"对象",后来他通过锻炼、狗狗通过吃雀巢康多乐狗粮纷纷成功减肥,并相继解决了终身大事。无厘头的文字和搞笑的图片,受到网友的热烈追捧,形成"病毒式"的传播。更重要的是网友在欢快的笑声中不知不觉地接受了雀巢康多乐狗粮的品牌信息。此外,Flash幽默小品、另类夸张的图片或文字、奇特的声音元素等都可能成为品牌社区推广的"王牌"之作。

③"互动体验"法。网络社区虽说虚拟的,但参与其中的确是实实在在的真人。而且正是由于社区拥有虚拟的网络平台,使得社区用户可以充分体验不同于现实生活、又与现实生活联系紧密的人生。猫扑在和百事合作推广Fido形象的过程中,根据Fido自己的个性、行为准则设计了一个FIDO空间,作为时尚青年的榜样进行传播和制造认同。虽然Fido是7UP独有的虚拟形象,也是传播7UP品牌文化的使者,但是在FIDO空间中他俨然变成了一个活生生的人,而不仅仅是一个汽水的品牌代言人,他可以邀请很多人到他的小圈子里面跟他互动,也可以号召大家跟他去参加活动。

5)病毒式营销

所谓"病毒式营销",并非真的以传播病毒的方式开展营销,而是一种信息传递战略,通过利用公众的积极性和人际网络,让营销信息像病毒一样传播和扩散,营销信息被快速复制传向数以万计、百万计的受众,能够像病毒一样深入人脑,快速复制,广泛传播,将信息短时间内传向更多的受众。

病毒式营销并非新概念,但作为一种营销策略,可追溯到50年前的口碑营销。但是,不能将病毒式营销简单等同于口碑营销。

病毒式营销传播的内容往往是搞笑的、有趣的作品,或者是人们普遍关注的活动或者事件,而"口碑营销"传播的则是产品的信息、促销的信息,或者是企业和商家举办的各种有趣的活动等。

口碑营销是"让消费者主动说你的好话",而病毒式营销描述的是一种信息传递战略,包括任何刺激个体将营销信息向他人传递、为信息的爆炸和影响的指数级增长创造潜力的方式。

(1)病毒式营销的特点

病毒式营销的经典范例出自Hotmail。Hotmail在创建之后的一年半时间里,就有1 200万注册用户,而且还是以每天15万多用户的速度发展。在申请Hotmail邮箱时,每个用户被要求填写详细的人口统计信息，包括职业和收入等，这些用户信息具有不可估量的价值。在网站创建的头一年，Hotmail 花在营销上的费用还不到 50 万美元，而 Hotmail 的直接竞争者 Juno 的广告和产品品牌推广费用则是 2 000 万美元。

相比于传统的营销方式而言，病毒式营销具有以下几大特点：

①几何倍数的传播速度。大众媒体发布广告的营销方式是"一点对多点"的辐射状传播，实际上无法确定广告信息是否真正到达了目标受众。病毒式营销是自发的、扩张性的信息推广，它并非均衡、同时、无分别地传给社会上每一个人，而是通过类似于人际传播和群体传播的渠道，产品和品牌信息被消费者传递给那些与他们有着某种联系的个体。以荣获 2005 年度中国广告创意最高荣誉全场大奖和品牌建设十大案例奖的"百度唐伯虎篇"网络电影为例，该片从一些百度员工发电子邮件给朋友和一些小网站挂出链接开始，仅一个月就在网上出现了超过十万个的下载或观赏链接。

②低廉的营销成本。目标消费者受商家的信息刺激，自愿参与到后续的传播过程中，原本应由商家承担的广告成本转嫁到了目标消费者身上，对于商家而言，只需要承担找准第一批目标消费者的推广成本。在"百度唐伯虎篇"的案例中，百度没有投入一分钱的媒介投放费，也没有发过一篇新闻，却达到了惊人的传播效果。

③传播的亲和力、准确性和需求激发性。消费者作为传播介质，利用人际传播和群体传播的渠道，脱掉了营销信息的商业外衣，降低了下一批受众的提防心理。他们比商家更了解贴近的人群，总是向有需求的对象宣传或激发身边人群的潜在需求。

④信息病毒传播的爆发性。经济学中有一条叫作"荷塘效应"的原理：假如第一天，池塘里有一片荷叶，一天后新长出两片，两天后新长出四片，三天后新长出八片，可能一直到第 47 天，我们也只看到池塘里依然只有不到 1/4 的地方有荷叶，大部分水面还是空的，而令人瞠目结舌的是，第 48 天荷叶就掩盖了半个荷塘，仅仅一天后，荷叶就掩盖了整个池塘。信息传播在"临界点"之前，可能都处于缓慢的滋长期，难以引起人的注意，而一旦到了最后一天，则会瞬间爆发，其影响力大得惊人。正如医学病毒一样，以甲流传播为例，自报告我国首例病例到第 2 000 例，用了差不多 2 个月时间，而从 90 000 例到 120 000 例则只用了 1 个月时间。

⑤信息病毒的变异和衰减。信息在传播过程中，会受到传播者个人需要及喜好的影响，发生过滤、夸张甚至失真现象。随着时间的推移，信息的新鲜感会逐渐丧失，受众的注意力也会发生转移，病毒营销的传播力就会呈现衰减趋势。从消费心理学上讲，这种现象符合感觉的适应性规律。以 QQ 为例，作为一种"病毒"，通常一版 QQ 推出后，QQ 族们会因为新奇而疯狂追逐，但很快他们就会感到厌倦，如果不及时进行版本更新，QQ 族群就会慢慢流失，"病毒"的"乘数效应"就开始衰减。

(2) 实施病毒式营销的步骤

①进行病毒式营销方案的整体规划。

②病毒式营销需要独特的创意。

③信息源和信息传播渠道的设计。企业经常使用的传播媒介有以下几种：虚拟社区、电子邮件、电子图书、即时通信软件、博客、手机等。

④原始信息的发布和推广。

⑤对病毒式营销的效果也需要进行跟踪和管理。

(3)实施病毒式营销应注意的问题

①把握病毒式营销的适用性。病毒式营销的成功案例通常都是大型知名公司的,因为大型公司有实力提供各种免费资源以实现其病毒性传播的目的,其中很多病毒式营销方法对于小型网站可能并不适用,如免费邮箱、即时通信服务等,但病毒式营销的基本思想是可以借鉴的,对于小型网站,虽然难以在很大范围内造成病毒式营销的传播,但在小的范围内获得一定的效果是完全可以做到的。

②灵活运用病毒传播的生命周期。病毒式营销信息往往具有自己独特的生命周期,因此在病毒信息传播生命周期的各个阶段要适时地把握节奏。在病毒式营销中,目标受众在病毒信息刺激下产生的参与热情而转化为后续传播者的过程,是逐渐累计并逐渐加速的。但是这种加速不是无限的,随着时间的推移,病毒信息的新鲜感逐渐丧失,受众的注意力也会发生转移,病毒式营销的传播力就会呈现衰减趋势。一般而言,病毒传播的生命周期可以用5个阶段来表示:病源(产生阶段)、传染(发展阶段)、爆炸(高潮阶段)、抗体和免疫(结束阶段)。

一般病毒营销信息的传播过程呈现S形曲线,在传播开始速度相对较慢,而当其扩大至受众的一半时,也就是口碑效果突现的时候,传播速度会急剧加快并爆发式蔓延,这也就是常说的网络上信息越热的时候其传播得也越快越广。此时应趁热打铁,彻底迅速地占领目标受众市场。

③创新是病毒式营销的生命线。根据广告传播的心理原理,可知创新是传播的生命线,“新”就是避免雷同,具有个性化。在今天这个信息爆炸、媒体泛滥的年代,消费者对广告,甚至新闻,都具有极强的免疫能力,只有制造新颖的病毒信息才能吸引大众的眼球。大家只对新奇、偶发、第一次发生的事情感兴趣。因此,病毒信息要有创新性。

④真实是病毒信息传播的前提。病毒式营销的前提是真实。真正的病毒式营销不是广告主去操控,而是去创造机会,让消费者在体验中主动去转载、讨论、传播。病毒式营销是基于传播者和接收者的互动和体验。传播过程中各个角色都在发生变化,传者是受者,受者即是传者。信息接受者在体验中得到各种满足和获利是其向传播者发生转变的关键。如果信息接受者体验到的是愚弄、欺骗,而不是满足他们获得快乐、友情、教育、信息、研究等方面的需求,他们就不会去传播。这也符合以消费者需求为导向的4C理论。

6)网站排名和品牌推广

企业参与各种排名是一种常见的宣传方式。通常依据一定的规则,例如专家推荐、用户评选等,在网站排名中常常用基于网站流量分析的方法。合理利用网站排名也是一种有效的品牌推广手段。

(1)网站排名的价值

作为一种推广手段,传统的排名也受到企业的普遍重视和认同,例如各种产品的质量评比、市场占有率、驰名商标评比等。

综合来讲,网站排名评比的作用主要有以下几个方面:

①扩大知名度。

②吸引新客户。

③增加保持力和忠诚度。

④了解行业竞争状况。

(2)网站评比的主要模式

①网站流量指标排名模式。利用网站流量进行的排名是一种常见的网站评比形式。国外著名的咨询调查机构都采用独立用户访问量指标来确定网站流量,并据此发布网站排名。国际上对独立用户通用的定义是:在一定统计周期内(一般为一个月),对于一个用户来说,访问一个网站一次或多次都按一个用户数计算。

②比较购物模式。比较购物的出发点,是让顾客根据自己的需要迅速发现适合自己要求的最好的网站。Deja.com 是出现得最早的比较购物网站,对商品和网上购物网站的评价结果完全由顾客决定。顾客不仅可以根据自己的需要对网站进行排名,还有机会获得特殊服务(包括最高 25%的折扣)。对于商家来说,可以获得有价值的信息:顾客的意见;详细的网站市场研究;热点问题研究报告等。

③专家评比模式。具有集思广益的优点,可以对各候选网站进行综合评价,但也有局限性,那就是专家人数有限,代表性不够全面;难以避免部分先还价的倾向性;个别权威人物左右结果;有些专家出于情面原因不便说出不同于他人的观点等,从而影响公正性。

④问卷调查模式。问卷调查是一种常见的调查方式,包括抽样调查和在线调查。

⑤综合评价模式。鉴于以上各种评价模式都有一定的局限性,最理想的是一种综合的评价模式。集动态监测、市场调查、专家评估为一体的综合评价模式。这需要科学的分析评价方法,全面、客观、公正的评价体系,权威、公正的专家团队还有科学、合理和足量的样本做基础。

7)应用导航网站进行推广

对于知名度不高,流量不大的网站来说,应用导航网站进行网站推广是一个有效的方式,例如,将你的网址在网址之家登录,每天至少能获得几百位客户的流量。通过统计,对这样的网站如果应用导航网站进行推广,其效果往往超过应用搜索引擎等其他方法。

8)提供免费服务

在自己的网站中提供一些免费的服务,例如,免费留言板,免费域名,免费邮件列表,免费新闻,免费计数器等,然后在这些服务中加入自己的广告或者链接。由于这些免费服务通常都很有吸引力,因此通过这种方式可以迅速地让你的网站得到推广。

9)问答式广告

问答式广告是一种采用一问一答提问方式的网络广告。广告中的问题应根据网站、产品及服务的内容来设计,广告者可以直接将答案附在广告中,方便广告收阅者了解你的网站。为了吸引客户来完成你的问卷,可以用少量的费用作为奖励。例如,当客户正确回答了广告中所提出的问题时,客户就可以获得一定的收入。

在互联网上进行网站推广的方法有很多,在这些方法的应用中,需要注意推广技巧、注意网络礼仪,要让潜在的客户欣然接受我们的推广形式。

11.1.3 网站推广效果的监测

电子商务网站的推广是一个长期的过程,其中既有连续的、长期的推广活动,如网站上的信息发布、在线服务、搜索引擎、邮件列表等，也有临时的、短期的手段，如网络广告、网上调查、在线优惠券等。每一种网络推广方法都有一种具体的评价方法，如网络广告的效果评价方法、E-mail 营销的效果评价方法等。网络推广整体效果是通过各种方法综合作用产生的，整体效果如何，是否实现了推广目标，除了对各种具体方法进行评估之外，还需要对推广效果进行综合评价。

1）四步评测法

（1）确定营销目标

如果是直接销售产品的电子商务网站，网站目标就是产生销售。但网站的类型多种多样，很多网站并不直接销售产品，网站运营者就需要根据情况制订出可测量的网站目标。如果网站是吸引用户订阅电子杂志，然后进行后续销售，那么用户留下 E-mail 地址，订阅电子杂志，就是网站的目标。网站目标也可能是吸引用户填写联系表格，或者打电话给网站运营者，也可能是以某种形式索要免费样品，也可能是下载白皮书或产品目录。

这些网站目标都应在网站页面上有一个明确的目标达成标志，也就是说，用户一旦访问到某个页面，说明已经完成一次网站目标。

对电子商务网站来说，目标达成页面就是付款完成后所显示的感谢页面。电子杂志注册系统目标达成页面就是用户填写姓名及电子邮件，提交表格后所看到的确认页面或表示感谢的页面。如果是填写在线联系表格，和订阅电子杂志类似，完成目标页面也是提交表格后的确认页面。如果是下载产品目录或白皮书，文件被下载则标志着完成一次目标。

（2）计算网站目标的价值

如果是电子商务网站，计算非常简单，目标价值也就是每一次销售产品所产生的利润。其他情况可能需要站长下一番工夫才能确定。

如果网站目标是吸引用户订阅电子杂志，那么站长就要根据以往统计数字计算出电子杂志订阅者。有多大比例会成为付费用户？这些用户平均带来的利润是多少？假设每 100 个电子杂志用户中有 5 个会成为付费用户，平均每个付费用户会带来 100 元利润，那么这 100 个电子杂志用户将产生 500 元利润，也就是说，每获得一个电子杂志订阅者的价值是5 元。

类似地，如果网站目标是促使用户打电话直接联系企业或站长，营销人员就要统计有多少电话会最终转化为销售，平均销售利润又是多少，从而计算出平均每次电话的相应价值。

（3）记录网站目标达成次数

这个部分就是网站流量统计分析软件发挥功能的地方。沿用上面的例子，一个电子商务网站，每当有用户来到订单确认完成网页，流量分析系统都会记录网站目标达成一次。有用户访问到电子杂志订阅确认页面或感谢页面，流量系统也会相应记录网站目标达成一次。有用户打电话联系客服人员，客服人员也应该询问用户是怎样知道电话号码的，如果是来自网站，也应该作相应记录。

网站流量分析系统更重要的是不仅能记录下网站目标达成的次数，还能记录这些达成网站目标的用户是怎样来到网站的，是来自于哪个搜索引擎，搜索的关键词是什么；还是来自于其他网站的链接，来自于哪个网站，或者来自于搜索竞价排名。这些数据都会被网站流量分析系统所记录，并且与产生的相应网站目标相连接。

（4）计算网站目标达成的成本

计算网站目标达成的成本，最容易是在使用竞价排名的情况下。这时候每个点击的价格，某一段时间的点击费用总额，点击次数等数据，都在竞价排名后台有显示，成本非常容易计算。

对其他网络营销手段，则需要按经验进行一定的估算。有的时候比较简单，有的时候则相当复杂。如果网站流量是来自于搜索引擎优化（SEO），那么需要计算出外部 SEO 顾问或服务费用，以及内部配合人员的工资成本。如果是进行论坛营销，则需要计算花费的人力、时间及工资，换算出所花费的费用。

有了上面 4 项数据，就可以比较清楚地计算网络营销的投资回报率。假设网站竞价排名在一天内花费 100 元，网站目标是直接销售。一天内销售额达到 1 000 元，扣除成本 500 元，毛利为 500 元，那么竞价排名推广的投入产出比就是 5。

2）更广泛的网络营销效果

上面讨论的是网络营销效果评测的一般原则和过程，主要适用于以电子商务类网站为目标，或至少以销售为目标的网站。

网络营销方法及目标千变万化，有时候网络营销活动的终极目标与销售没有直接关系，也就无法以销售金额作为衡量指标。在评测网络营销效果的第二步，确定网站目标价值时，也就无法以具体金额数字为依据。

比如说，有时企业的网络营销目标就是建立和推广品牌，使更多用户注意到品牌名称，目的就达到了。这时网络营销效果测量很可能无法以网站流量和销售数字为依据，则可以采用下面的统计数据。

（1）网络广告浏览率

网络广告效率越来越低，因为网民都已经习惯和忽略了网络广告，尤其是旗帜类广告。但在塑造品牌时，以每千次显示为计费基础的网络显示广告还是一种不错的方式。虽然不一定能达成点击和销售，但至少可以把信息传达给网民，起到推广和强化品牌的作用。

（2）文章或新闻被转载率

有时企业通过发布新闻或文章营销达到推广品牌的作用。高质量的文章以及有卖点的新闻经常都可以被多次转载。所以在新闻发布或文章发布之后几个月内，通过搜索引擎搜索文章被转载的次数也可以作为衡量网络营销效果的依据之一。

（3）博客订阅数

博客营销在现代企业中越来越被重视，营销效果在某些情况下也很好。前面提到过，博客营销的本质在于获得话语权，建立权威地位，而不是直接促成销售，博客营销的效果是潜移默化和长期的。博客本身的阅览次数及订阅博客种子的人数就可以成为博客营销效果评测的依据之一。

（4）用户在线参与次数

有时企业营销活动以聚集用户数、鼓励网民参与某项活动为目标。或者有时更简单的，某个网页的浏览次数就是目标。用户浏览某网页内容，或看某段视频，或在线玩某个游戏，在这些活动过程中，就可以把企业的营销信息传达给用户。

典型例子是新电影推出时，电影公司都会建立电影的官方网站。通常在电影上映之前就推出网站,吸引用户到网站上玩游戏、猜题、下载壁纸和看介绍短片等。这些活动参与的人数,就是网络营销效果评测的依据。

上面所说的这几种情况,都难以用具体销售金额来计算营销效果,但是都可以有某种形式的数字作为评估依据。营销人员可以把这些数字当作一个分值,虽然并不是一个金额,但通过这个分值也可以评价网络营销的效果。例如,每次一个用户观看宣传短片计为 5 分,一个人下载壁纸计为 3 分。

在这些不能以销售金额为依据的情况下,重要的是相对的数字统计结果反映的趋势。只要营销人员在确定了评价依据后就要保持一贯性。在一段时间内,以分值或浏览量等数字评价网络营销效果,一样具有相同的参考价值。

11.2 网站客户关系管理

11.2.1 网站内容管理

在电子商务网站运作中,每一项具体的商务活动都会产生输入和输出的信息流。网站的内容管理会针对这些信息流进行管理,内容管理涉及的信息有很多类型,主要可以分为两大类:一类是来自网站内部的业务信息,如产品信息、新闻动态信息和广告信息等;另一类是从外部流入的数据和信息等,包括客户信息、供应商信息和交易信息等。下面对一些常见的信息内容管理进行介绍。

1)网站内部信息管理

(1)产品信息管理

产品信息是企业网站需要为客户提供的首要内容。而产品信息的管理一般需要网站管理员根据不同的分类标准对产品分类,按照不同的层次对商品进行展示,可以随时对产品信息进行更新、修改、添加和删除,从而可以保证客户及时获得最新的产品信息,企业一般还会将最新的、畅销的或特价的商品放在特殊一类进行管理。良好的产品信息管理功能可以方便管理人员对产品信息的维护,同时也极大地提高工作效率,降低人力成本。产品信息管理系统的功能如下:

①方便新产品信息的录入,管理人员可以方便地将企业推出的新产品在企业的网站上进行发布,介绍商品的相关信息。

②能够对产品的分类目录、种类进行添加、查询、修改和删除等操作,以便用户可以通过产品的不同分类标准来检索到自己需要的产品信息。

③可以很容易地对已经发布的产品信息进行更新、查询及删除等操作。对于那些已经停止销售或不再生产的产品,应能及时进行删除。提供查询功能,使得网站管理者可以随时了解到某种产品的现状。

④可以对产品的不同特性进行区别,如最新产品、畅销产品或特价产品等,管理人员需要根据产品的不同特性,设立相应的产品专栏。

(2)企业信息管理

企业信息主要包括以下两种:一种是对企业发展历史、组织结构、经营状况等信息的基本介绍,这部分一般不会频繁地更新;另一种是企业的新闻动态。这是企业向外界介绍、宣传企业的重要窗口。企业需要向投资者、供应商和客户提供企业最新的信息,使之更好地了解企业,感受到企业正在正常运作,增强对企业的信心,进而成为企业的忠实合作伙伴,这部分内容需要随时更新。企业信息管理需要对这些信息进行集中管理,依据信息的某些共性进行分类,最终系统化、标准化地将这些信息在网上发布。企业的这些信息是非常重要的,它可能随时决定投资者的投资方向、客户的购买意愿、供应商的合作情况,因而要求这部分信息可以实时发布,不受时间和空间的限制。

目前,大部分的电子商务网站都拥有企业信息管理系统,它由操作极为方便的页面组成,同数据库相连,网站的管理人员只需要录入相关的文字和图像信息,系统会自动的调用数据库中的数据,再结合相应模板,最终发布网页。这些系统信息的更新采用非常简单的操作流程,不仅极大地提高了网站管理人员的工作效率,提高了信息的传播速度,还使客户感受到了网站的活力以及企业的工作能力,从而使企业很容易得到客户的认可,提高客户的忠诚度。

企业信息管理的内容主要包括在线发布信息、动态更新和维护信息、管理与删除过期冗余信息、建立信息检索系统等。通过网站的企业信息管理,网站管理人员只需要在模板中输入相应的内容,提交后这些信息就会自动发布到互联网上,达到可以随时随地更新的目的。一个企业信息管理系统需要具备以下功能:

①在线管理企业信息。网站管理员凭借分配给自己的管理员名称和密码进入拥有相应权限的管理界面,进行网站的管理操作,如更新页面信息、设置页面上显示信息的数目、修改密码以及添加新闻动态。

②信息检索。管理员可以通过这样的功能轻松检索到所需信息,还可以进行添加、更新和删除等操作。检索的种类有很多种,如按信息类别、关键字或日期等。

③其他功能。企业信息管理系统还有其他功能,例如,当首页显示的重要的动态新闻很多时,需要由管理员筛选出很重要的新闻,有选择地显示。无须将图片上传到数据库,并可防止重复上传。利用样式表统一定制网站的设计风格、编辑类别、专题、最新模板等,还可以保持页面的美观。

2)网站流入信息管理

(1)用户信息管理

企业网站的用户信息管理需要实现企业用户、个人用户、供应商用户的创建、审批、授权和认证等功能。用户信息管理包括用户基本信息管理、身份认证管理和用户反馈信息管理3个部分。

①用户基本信息管理:包括客户注册管理、找回密码等。在电子商务活动中涉及的各类用户资料都必须保存,这将是企业的一笔宝贵财富。此系统主要功能有:把用户所注册的个人信息存入用户信息数据库;了解用户,并与用户取得联系,需要时可直接从资料库中取出,无须用户重复输入资料;管理系统也应提供相应的功能让网站管理者能够简单地管理用户资料,并随时根据需要查询;接受用户的咨询、反馈、建议等相关信息的管理,以便针对这些信息进行处理,同时及时对用户需求作出答复。

②身份认证管理:用户在进入系统时,系统用户的身份验证主要采取权限管理和密码确

认的方式进行登录,以保证信息在传输和存储的过程中不被窃取;确认信息和信息的访问者,防止发送方和接收方身份有误;根据访问者的身份确定其访问相应资源的权限。认证管理包括:认证中心(CA)、数字签名、数字授权、信息加密、公钥体系与密钥管理等。

③用户反馈信息管理:用于管理者从网上获取各种用户反馈信息,用户反馈信息管理几乎是所有网站的必备工具。目前大部分网站的用户反馈功能是以邮件的形式直接发送到管理者信箱中的,这种形式中,反馈的信息是散乱的,无法对反馈信息进行分类存档、管理、查询及统计。因此,拥有一个基于数据库开发设计、提供强大的后台管理功能的用户信息反馈系统是十分必要的。一个比较完善的用户信息反馈系统应具有这样一些功能:设计比较全面的用户信息反馈表,使用户比较容易的填写并提交到数据库中;反馈表应根据不同层次的用户、不同区域的具体情况采取灵活的设计方式;表单提交时,自动发送邮件,提醒管理员有新的反馈信息;管理员查询反馈表中的信息,并把信息汇总,生成反馈信息报告;及时地通过电子邮件的方式对用户的反馈信息进行回复。

(2)在线交易管理

在电子商务网站上,客户进行交易的流程一般是这样的:客户通过电子商务网站进行查找或利用网站提供的检索功能进行搜索,找到自己想要的商品,浏览商品的相关信息,选中自己想要购买的商品,将商品添加到网站的购物车内。当选购完所有的商品后,客户可根据自己的购买情况,对购物车中的商品进行调整,增减或删除商品,确定后提交订单。

在线交易管理可以分为购物车管理、订单管理、系统权限管理等。

①购物车管理:拥有购物车管理权限的管理员可以对正在进行购物的顾客进行跟踪管理,能够看到顾客进行购买、挑选或退货的全过程,对客户的购买行为进行实时监测,处理客户在购买过程中出现的错误或不当操作,及时反馈客户的问题和请求。

②订单管理:这是电子商务网站实现在线交易的重要环节,管理人员通过该功能对在线交易产生的所有订单进行跟踪管理,可以对订单进行浏览、查询和修改等操作,对订单合同进行分析,对订单从发生到完成的全过程进行监控。拥有一个功能完善、安全的订单管理系统是顺利进行电子商务活动的基础。订单管理一般会包括统计当前各项产品的销售情况,以及查询网站中所有订单的交易状态。同时,商业企业的订单管理系统往往和库存管理系统相连接,生产企业的订单管理系统通常和车间系统相连接,因此,订单管理在交易中起到了承上启下的作用。

③系统权限管理:网站的后台管理系统负责整个网站所有的信息和资料的管理。如果管理系统被入侵或信息资料被窃取,后果将不堪设想。因此,管理系统的安全性需要企业格外关注。作为系统安全性管理的一部分,系统的权限管理主要负责为不同等级的用户分配不同的权限,从而可以很好地控制用户对于管理系统的访问和操作。一般系统权限管理会根据用户在企业中部门的不同分配相应的权限,它会给每一个管理用户相应的账号和密码,系统会根据用户登入系统的账号,来确定管理者的真实身份,从而控制用户的使用权限。超级管理员拥有为用户分配权限的权限,可以决定是否将对订单、产品目录、历史信息、用户管理、超级用户管理、次目录管理、购物车管理等的添加、删除和修改等功能分配给用户。

11.2.2 网站服务管理

1)客户服务概述

(1)客户服务的概念

客户服务是指为满足客户的需求,提供的包括售前服务、售中服务、售后服务的一系列服务。客户服务的目的是满足客户的服务需求,客户是否满意是评价网站客户服务成败的唯一指标。只有客户满意才能引发客户对网站的忠诚,才能长期保留客户。

(2)客户服务需求层次

①了解产品和服务信息。网站应提供详细的产品或服务资料,利用网络信息量大、查询方便、不受时空限制的优势,满足客户的个性化需求。

②遇到问题需要在线帮助。客户在进一步研究产品或服务时,可能还会遇到一些问题,例如产品的安装、调试、试用和故障排除等,需要网站的帮助。

③进一步接触企业人员。对于难度更大或网站未能提供答案的问题,客户希望能与企业人员直接接触,寻求更深入的服务,解决更复杂的问题。

④了解产品的全过程信息。客户为了追求更加符合个性需求的产品或服务,还有可能愿意积极参与到产品的设计、制造、配送和服务的整个过程中。

客户服务需求的4个层次之间相互促进,低层次的需求满足得越好,越能促进高一层次的服务需求。客户得到满足的层次越高,满意度就越高,与网站的关系就越密切。客户需求层次的提高过程,正是网站对客户需求层次的理解逐步提高的过程,也是客户对企业关心支持程度逐步提高的过程。

(3)网站客户服务相关指标

①客户满意度,是指客户对网站提供的产品或服务的满意程度。同时,客户满意度也是客户对网站的一种感受状态。统计表明,一个满意的客户,要6倍于一个普通客户更愿意继续在网站上购买产品或服务。

②客户忠诚度,是指客户忠诚于网站的程度,是客户在得到满意后产生的对某种产品品牌或企业的信赖、维护和希望重复购买的一种心理倾向,是一种客户行为的持续性。客户忠诚度表现为两种形式:一种是客户忠诚于企业的意愿;另一种是客户忠诚于企业的行为。前者对企业来说本身并不产生直接的价值,后者对企业来说有价值。推动客户从意愿到行为的转化,企业可通过交叉销售和追加销售等途径进一步提升客户与企业的交易频度。

③客户保留度,是指客户在与企业发生初次交易之后继续购买该企业产品的程度。保留一个老顾客的成本是获取一个新顾客成本的1/5,几乎所有的销售人员都会知道向一个原有的客户销售产品要比不断寻求新客户容易得多。对客户保留价值的认可起源于对忠诚效应的认可,客户保留如今已成为企业网站生存与发展的重要驱动力之一。

2)网站服务管理手段

(1)FAQ

FAQ(frequently asked questions),即常见问题解答。在网站中以客户的角度设置问题、提供答案,形成完整的知识库,同时还应提供检索功能,能够按照关键字快速查找所需内容。

(2)网络社区

网络社区包括论坛、讨论组等形式,客户可以自由发表对产品的评论,与使用该产品的其他客户交流产品的使用和维护方法。营造网上社区,不但可以让现有客户自由参与,同时还可以吸引更多潜在客户参与。

(3)电子邮件

电子邮件是最经济的沟通方式,通过客户登记注册,网站可以建立电子邮件列表,定期向客户发布网站最新信息,加强与客户的联系。

(4)在线表单

在线表单是网站事先设计好的调查表格,通过在线表单可以调查客户需求,还可以征求客户意见。

(5)网上客户服务中心

在网站上开设客户服务中心栏目,可详细介绍企业网站的服务理念、组织机构。通过客户登记、服务热线、产品咨询、在线报修等,为客户提供系统、全面的服务。图 11.2 是海尔集团网站的服务专区首页。

图 11.2 海尔集团网站的服务专区首页

(6)个性化服务

个性化服务(customized service)也称为定制服务,就是按照客户的个性化要求提供的有针对性的服务。网站的个性化服务可以根据受众在需求上存在的差异,将信息或服务化整为零,让受众根据自己的喜好去选择和组配,从而使网站在为大多数受众服务的同时,也能一对一满足受众的特殊需求。

传统的客户服务是"我提供什么,用户接受什么",个性化服务变成了"客户需要什么,我提供什么"。个性化服务包括以下几个方面:

①服务时空的个性化:即在客户希望的时间和希望的地点提供服务。

②服务方式的个性化:即根据客户的个人爱好或特色来进行服务。

③服务内容的个性化:即不再是千篇一律,千人一面,而是各取所需,各得其所。

3)客户关系管理

(1)客户关系管理的概念

CRM(Customer Relationship Management)就是客户关系管理,是指为了赢取新客户,保持老客户,以不断增进企业利润为目的,通过不断的沟通和了解客户,达到影响客户购买行为的方法。CRM的目标是:提高客户满意度,降低客户流失率,在一对一的营销基础上获得并保持客户,最终获得终身价值。通过CRM系统,企业可以集成柜台、电话、E-mail、短信等多种渠道,把客户在接触、采购、送递以及服务方面的信息在各个部门之间共享,并以此为基础,对客户进行分析,把客户的需求进行归纳,把客户的群体进行分类,从而采取个性化的服务,从长期的发展中获得客户价值。

(2)客户关系管理的一般流程

①建立客户资料库:利用网站或传统渠道收集客户信息,包括客户消费偏好、交易历史资料等,储存到客户资料库中。将不同部门或分公司客户资料库整合到统一的客户资料库内,有助于将不同部门的产品销售给客户,也就是交叉销售,这样可以减少重复行政或行销的成本。

②客户分类:利用分析工具与程序,将客户依照不同的指标进行分类,从而反映出每一类消费者的行为模式。如此可以预测在各种行销活动下客户的反映。

③设计活动:依据上述模式为客户设计合适的服务与活动,活动要有针对性和具有个性化的特点。

④活动监控:通过对客户和活动的资料进行分析,即时对活动进行调整。在传统销售活动中,企业只能通过销售成绩来断定活动成果。

⑤绩效分析:分析和衡量客户关系管理,需要对各种活动、销售情况及客户的资料进行总体分析,并建立一套标准化的衡量模式,用来衡量实施成效。目前客户关系管理的技术,已经可以在出差错时,顺着活动资料的模式分析,找出问题出在哪个部门,甚至哪个人员。

11.3 网站营销管理

网站营销也称为网络营销,就是以国际互联网络为基础,利用数字化的信息和网络媒体的交互性来辅助营销目标实现的一种新型的市场营销方式,属于直复营销的一种形式,是企业营销实践与现代信息通信技术、计算机网络技术相结合的产物,是指企业以电子信息技术为基础,以计算机网络为媒介和手段而进行的各种营销活动(网络调研、网络产品开发、网络促销、网络分销、网络服务、网上营销、互联网营销、在线营销、网路行销)的总称。

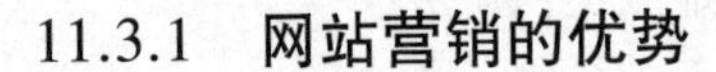

11.3.1　网站营销的优势

1) 传播广泛

在网络经济时代来临之前，任何一种营销方式，不管是传统的纸质媒体还是电视、广播等，都只能在一定的范围内传播产品，进行营销，区域性地打造品牌，在特定的范围内去寻找目标客户。然而，随着网络的崛起，这种限制被彻底打破了。网络的全球互联共享性和开放性，决定了网络信息的无地域、无时间限制的全球传播性，由此也决定了网络营销效果的全球性。网络的全球性传播决定了网络营销是从全球范围内去寻找目标客户。而这一切非常简单，只需根据各国文化的差异性和需求的民族性，在公司网站上通过几种不同国家的语言表达出来即可。

2) 整合性

网络的开放性，决定从业者的广泛性，由此也决定了网络营销资源的整合性。互联网上的营销可由商品信息至收款、售后服务一气呵成，因此，也是一种全程的营销渠道。另一方面，企业可借助互联网将不同的传播营销活动进行统一设计规划和协调实施，以统一的传播咨询向消费者传达信息，避免传播的不一致性产生的消极影响。因此，网络营销是一种全新营销模式的整合，是一次传统与现代，线上与线下的整合。

3) 成本优势

网络的开放性、全球性以及较低的边际成本，都决定了网络营销的低成本性。网络广告相对传统媒介而言更为精准，这将显著提升企业广告的投入产出比，也许有时只需要写一篇博客，就能无成本的带来很多客户等。同时，通过互联网渠道，代替以前的实物交换，既可以减少印刷与邮递成本，又可以无店面销售，免除或减少房租、水电与人工成本。

4) 技术性

网络营销是建立在高技术作为支撑的互联网的基础上的，企业实施网络营销必须有一定的技术投入和技术支持，改变传统的组织形态，提升信息管理部门的功能，引进懂营销与计算机技术的复合型人才，未来才能具备市场的竞争优势。

11.3.2　网站营销管理的内容

1) 营销型网站的布局

(1) 网站头部：告诉访客我是谁，我是做什么的

一般来讲，不建议企业将公司全称放在头部，用简称和品牌 Logo 即可，同时能用一句话概括企业定位和业务类型，这样就能让访客一目了然。如图 11.3 所示，京东的网站头部采用的是 logo+简称+宣传标语的形式，强调了在京东购物多、快、好、省的特点。图 11.4 是齐家网的网站头部，同样采用了这种形式。

(2) 导航：指引访客的方向标

①主导航：用访客思维科学设置顺序。一般企业网站通常按照这样的顺序设置导航：

图 11.3　京东的网站头部

图 11.4　齐家网的网站头部

“关于我们、企业文化、新闻中心、产品中心、客户服务、成功案例、联系我们”。这样的顺序没有错误，但是并不是顾客感兴趣的，大部分顾客第一次到访企业网站时并没有兴趣了解企业文化和公司简介，而是更希望了解有哪些产品和服务是他需要的。因此，提倡站在访客的角度设置导航，访客想要最先看到什么，就排布什么内容给他们看。如图 11.5 所示，在天猫首页上可以看到完善的产品分类，一般情况下访客会选择在搜索栏直接搜索想要的产品。在天猫网上，用户只需要经过首页—商品搜索—商品详情这 3 个页面就可以得到想要的结果。

图 11.5　天猫首页上的产品分类

②下拉式导航：节省访客访问时间，快速定位子级网页。下拉式导航的特点是鼠标指向某一栏时，自动下拉式导航便弹出该栏目下的子栏目，访客可自由选择子栏目内容进行点击。

③产品导航：快速定位访客想要了解的产品。当网站上展示的产品较多时，需要对产品

进行分类，按照某种归类原则将产品分门别类展示，如图 11.6 所示。

图 11.6　宜家网站的产品导航

④底部导航：一种看似多余的导航方式。一般有以下几种：

a.底部导航和主导航一样，这样的底部导航最直接的效果是当访客鼠标拉到底以后，无须再回到顶部选择其他栏目查看，这样的底部导航可有可无。

b.将网页中的重要内容陈列出来，一般陈列企业自认为重要的，同时也是用户感兴趣的内容，这种导航的效果很好，访客拉到页面底部以后，自然会去瞄一眼底部内容，对有兴趣的内容进行访问。

c.在底部只放产品导航，适合于以展示产品为主的网站。

底部导航还有一个好处，就是对搜索引擎优化有一定的帮助。

导航的重要性主要体现在以下几个方面：

a.导航设置好坏的标准在于用户是否快速而准确的到达他想去的页面。

b.导航顺序设置上需要把最重要的放在最前面。

c.把访客最关注的放在最前面。

d.不超过 3 次点击到达访客想去的页面。

e.利用下拉式导航减少访客的页面访问数量，提高访客的访问效率。

(3)广告位：吸引访客的关键位置

①网站首页的主广告位。现在很多企业网站的首页上都会在第一屏的显著位置设置一个大幅的广告位，这是经过无数实践验证的行之有效的方法。需要注意的是，首页第一屏的主广告位具有告诉访客我的核心卖点的功能，如图 11.7 所示。

②用强有力的文案描述留住访客。一般来说，文案设计不能太长，也不能太虚，需要用简短的一句话概括企业的核心卖点，好的文案设计能体现企业的定位。正如前文中讲到的

图 11.7　艾灸技术加盟的网站首页效果

京东商城,“多、快、好、省”短短五个字就把京东的定位准确地反映出来。再有齐家网的“暖暖的新家”,把消费者的理想目标,暖暖的新家作为口号,赢得消费者的心理认同。

成功的主广告位画面都包含这些基本元素:

a.有真实的产品照片或企业场景。

b.有容易理解的、直观的一句广告文案。

c.广告文案都是站在给顾客带来好处的角度引发顾客兴趣。

d.广告文案较突出,画面和广告文案融为一体。

(4)内容表达:有营销力的内容是网站的关键

①新闻信息表达:取一个好的新闻标题;新闻内容编排有序;具有辅助访客阅读的其他功能。新闻正文字体的放大和缩小功能,正文外部链接,新闻具有阅读统计功能,具有新闻推荐功能,具有新闻分享功能。

②产品信息表达:便于用户查找;产品结构完整清晰;产品信息完整充分。

③案例信息表达:案例是建立访客信任的关键。访客上网找供应商时,会特别关注这家供应商曾经为谁提供过服务。案例信息的表达越真实越好,越真实越有说服力。可以描述该案例当时具体的客户困惑和需求,面对这个需求是如何解决客户问题的,问题解决好了之后得到了怎样的效果,当时跟客户签约的照片,给客户提供服务的场景照片,甚至是案例结束时验收单或客户感言这样完整信息的表达,说服力远远大于简单的罗列出案例的客户Logo。

④其他内容表达:企业介绍,企业文化,客户服务。

2)营销型网站的运营管理

(1)营销型网站的三大基本要素

①域名。

a.申请新的域名:从方便访客记忆的角度来申请,一般选用公司名称,如 taobao.com(淘宝网)、dangdang.com(当当网);域名最好选用短一点的字母,若企业的拼音域名已被注册,可以在拼音前后加上数字,如京东早期域名360buy.com;出于域名保护,已经成功注册.com后缀的域名,可以再去注册相应的.net,.cn,.com.cn等不同后缀的域名,这样可以保护这个品牌在网络上专属自身企业;新注册的域名谨慎注册中文域名、通用网址、3G实名等中文的域名,这类中文域名已经淡出网络市场,无须再在此类中文域名中投入费用。

b.已有老域名的维护:按时为域名续费;对于搜索引擎优化而言,域名有着非常重要的作用,搜索引擎会把企业的关键词排名都计入域名下;一个网站可以对应多个域名,但需要注意的是,如果要优化这个网站的搜索引擎排名,只能选择其中一个域名来优化。

c.域名证书:任何在国内注册的域名,都有一张证明域名所属权的域名证书,企业可以通过域名服务商下载此域名证书,通过域名证书上的信息证明此域名的所有者信息。

②服务器空间。空间是网站所放置的服务器位置,任何网站必须放置在某一台服务器中,并进行相应配置后方可通过互联网访问。空间的大小选择为网站文件大小的3~5倍较适宜。

企业的网站做好以后,必须放在正规的机房中,才能使所有网民都能访问,这个放置企业网站的空间俗称服务器空间,服务器空间的好坏决定网页打开的速度和稳定性。

③网站管理后台功能。

a.宣传功能:新闻发布功能,产品发布功能,案例发布功能等。

b.服务功能:下载功能,在线问答功能,常见问题功能,问卷调查功能等。

c.营销功能:广告发布功能,促销功能等。

d.加强粘性功能:会员管理功能,新闻订阅功能等。

e.管理功能:权限管理功能,日志功能,数据备份功能,统计功能等。

(2)营销型网站的管理方法

①良好的运营管理架构是网站运营管理的基本保障。网站运营管理主要由4个部分组成,如图11.8所示。

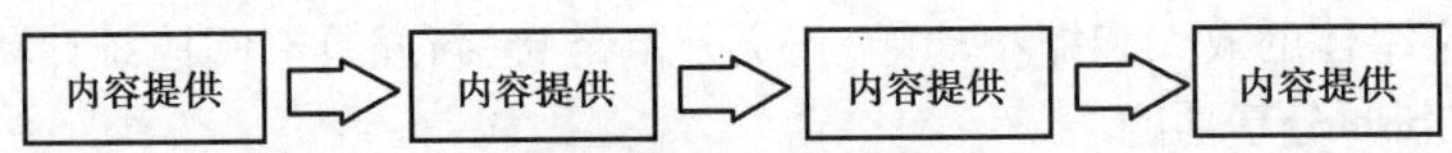

图11.8 网站运营管理

所以,一家企业的网站运营架构应该包括如下几种分工:

a.网站信息内容管理工作——内容管理员:包含网站信息内容提供、编辑、审核及上传这些网站所需要的信息内容提供的工作。

b.网站推广管理工作——网站推广员:包含网站流量提升、网络推广等。

c.网站数据统计分析工作——数据分析员:包含网站数据统计、分析等工作。

②企业必须掌握的五大关键密码。

a.网站域名管理密码。

b.ICP备案密码:在国内任何网站上线前必须通过工信部的ICP备案,获取备案号后方被允许开通。企业需要保管好ICP备案密码,以备后续更换服务器时使用。

c.服务器FTP登录密码:任何开通的网站均可设置登录网站所在服务器的FTP账号密码,它的作用是允许网站管理者随时登录网站修改网站文件。

d.网站后台管理密码。
e.网站访问统计账号密码。
(3)选择有实力的营销型网站服务商
网站服务商的关键能力主要表现在以下几个方面：
①网站建设规划、定位的能力。
②行业经验以及不同类型网站建设的经验。
③完善的售前、售中、售后服务体系。
④规范化的客户服务策略。
⑤项目管理能力。

3)利用微信公众平台打造企业的移动网站

微信对于个人而言是一个极好的社交工具，而对企业而言，微信所开发的公众平台业是一个可以很好的服务客户的平台。在微信公众平台里，企业可以建立自己的移动网站(为更好地理解微信中的移动网站，以下把在微信中建立的移动网站称为“微网站”)，如图 11.9 所示。

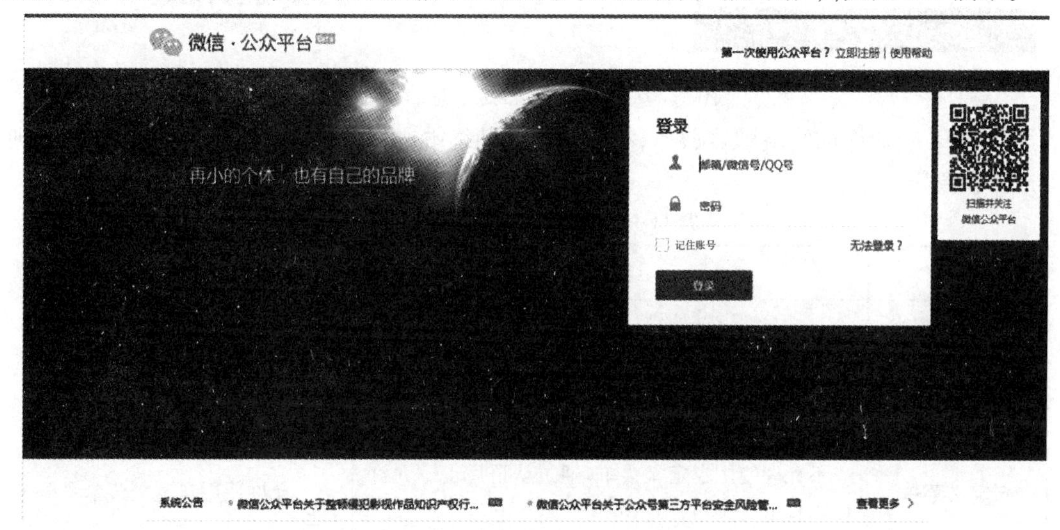

图 11.9　微信公众平台的登录入口界面

在微信公众平台中建设的微网站，可以借助微信的庞大用户基数进行营销推广，还可直接在微信中给用户提供良好的服务。

(1)认识公众平台

简单地说，公众平台就是微信给企业做展示、服务、宣传的阵地，任何企业都可以免费申请自身的公众平台。企业申请公众平台就像企业申请新浪微博或者网易邮箱一样简单，按照提示完成注册即可，如图 11.9 所示。

完成注册后，公众平台可以管理自己的用户，可以将编辑好的信息推送给所有关注你的用户(见图 11.10)，还可设置简单的用户互动，例如，可以设置用户输入“1”，获取企业介绍信息；输入“2”，获取企业产品介绍；输入“3”，获取企业服务信息；输入“4”，获取企业联络方式。

公众平台目前分为订阅号和服务号两种，企业申请时首先默认的都是订阅号，可升级为服务号。两者差别见表 11.1。若企业的营销终端比较单一，单纯想要宣传企业的话，建议申

图 11.10　公众平台推送信息的界面

请订阅号；若企业面向终端顾客服务，有较多的营销终端，可面向终端顾客提供较多服务，则可选择服务号。

表 11.1　订阅号与服务号的区别

项目	订阅号	服务号
推送信息限制	每天一条	每周一条
显示限制	企业所推送的信息被统一折叠在用户关注的所有订阅号中，不会在消息中单独显示	单独显示在用户的微信消息中
自定义菜单	不允许使用自定义菜单（通过认证后也不允许使用自定义菜单）	允许使用自定义菜单

公众平台还可以提供开发接口，企业可通过专业移动网站服务商给自己的公众平台建立微网站。微网站的最大价值在于用户不需要离开微信，就可以通过微网站全面了解企业信息。

（2）微网站的打造

在公众平台中，企业还可以打造自己的微网站、微网站可以理解为在微信中的 WAP 网站，在 WAP 网站中能实现的功能都可以在微网站中实现。当然，也可把已经建好的 WAP 网站嵌入微网站中，合二为一。

微网站所在的公众平台有自己独特的好处，其中之一是利用微信中的"位置服务"功能，比如说，一家连锁经营企业申请了公众平台，那么它可以设置用户在它的公众账号中输入自己的位置信息，然后把离该用户距离最近的连锁店面地址、电话展示出来。

好处之二是可以借用微信庞大的用户流量，为自己的微网站获取更广泛的流量群体。

在公众平台中微信允许企业向自己的用户推送信息,针对推送的信息进行活动宣传、企业信息发布以及产品价值传递等。

当然,企业在利用公众平台进行信息推送时,一定要注意推送信息的内容,一般来说,原创性的内容能使用户产生兴趣,有价值的内容能引起用户的关注和阅读,还能吸引用户主动在他的朋友圈中分享,帮助企业宣传。

11.3.3 网站营销的技巧

1)聚焦重点,形成核心竞争力

营销中一个非常重要的策略就是"聚焦策略",我们只有聚焦力量,选择在一个点上发力,才会收到最好的效果。就像纳鞋底时,一根针穿着线,只有把顶针套在手指上,聚焦整个手的力量在针尖上,才可以穿透厚厚的鞋底。网络营销同样如此,能聚焦重点,才能在网站上形成核心竞争力。

2)懂得取舍,聚焦目标客户群

懂得取舍,根据自身的优势,结合市场的竞争态势取一部分,舍一部分。同时,也并非所有的访客都是企业的目标客户,企业只需聚焦一部分客户,让这一部分客户了解企业的优势特长,其他客户则舍弃。

3)做好差异化,表达自身与别人不同的优势

企业应提炼出自身的能力和资源当中独特的、不一样的优势,然后再根据这些独特的优势,形成自己的标准化和差异化。如图 11.11 所示是寻找差异化的策略,可以把客户的需求与自己的优势进行结合,看自身具备的优势客户是否需求,竞争对手是否不具备。若客户有需求,恰恰是自己的优势并且竞争对手不具备,那就说明找到了自己的差异化竞争优势;若客户有需求,而自己不具备,正好是竞争对手的优势,则说明这是竞争对手的差异化竞争优势;若客户有需求,自己具备,同时竞争对手也具备,则说明属于中间区域的竞争红海。

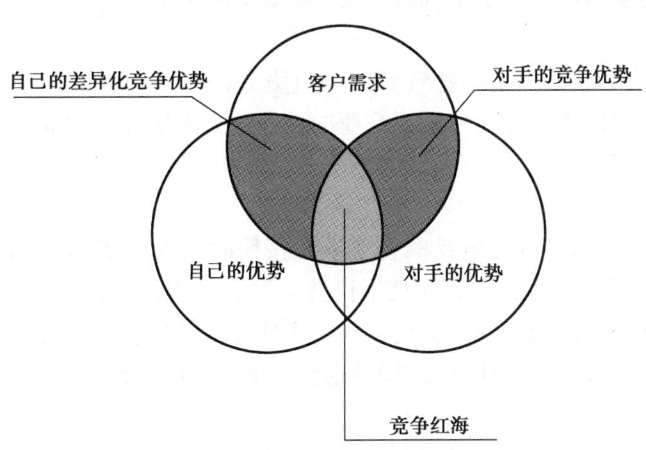

图 11.11　竞争优势比较

11.4 网站盈利模式管理

11.4.1 网站盈利模式的分类

1)B2B

B2B(Business to Business)是指企业与企业之间通过互联网进行产品、服务及信息交换的交易模式。

(1)会员制收费模式

工商企业通过第三方 B2B 电子商务平台参与电子商务交易,必须注册为 B2B 网站的会员,并每年需要交纳一定的会员费,才能享受网站提供的各种服务。

(2)网络广告收费模式

"网络广告收费"是 B2B 企业的又一个主要收入来源。网络广告是指广告主利用一些受众密集或有特征的网站以图片、文字、动画、视频或者与网站内容相结合的方式传播自身的商业信息,并设置连接到某网页的过程。

(3)竞价排名

企业为了促进产品的销售,都希望在 B2B 网站的信息搜索中将自己的排名靠前。B2B 网站在确保信息准确的基础上,根据会员交费的不同对排名顺序作相应的调整。关键字搜索和点击推广(竞价排名)收费模式将成为 B2B 企业网站未来的主要利润来源渠道。

(4)关键词搜索与黄金展位

黄金展位是 2007 年阿里巴巴专为诚信通会员提供的企业品牌展示平台,购买黄金展位的企业,可在指定关键词的搜索结果页面的右侧显著位置获得优先展示。

(5)"企业建站"有偿服务

"企业建站"已成为 B2B 企业作为有偿服务和盈利的重要渠道之一。例如,网盛生意宝推出的"企业建站"服务称为"企业生意网",它拥有独立的域名和可控制的内容体系,可实现会员管理,发布商品以及强大的搜索功能,拥有在线客服等功能,按提供的不同服务标准收费。

(6)增值服务

B2B 网站通常会为企业提供一些独特的增值服务,包括企业认证、独立域名、提供行业数据分析报告、搜索引擎优化等。可根据行业的特殊性去深挖客户的需求,然后提供具有针对性的增值服务。

(7)询盘付费

询盘付费模式是指从事国际贸易的企业不是按照时间来付费,而是按照海外推广带来的实际效果,即海外买家实际的有效询盘来付费。询盘付费模式让企业零投入就可享受免费全球推广,成功获得有效询盘并辨认询盘的真实性和有效性后,只需在线支付单条询盘价格,就可以获得与海外买家直接谈判成单的机会,主动权完全掌握在供应商手里。

(8)佣金

企业可以采取佣金的方式,只在买卖双方交易成功后收取费用。例如敦煌网,它采取佣金制,免注册费,佣金比例为 2%~7%。

随着 B2B 电子商务渗透率的提升和各企业需求的差异化发展,未来 B2B 电子商务的发展模式和服务类型将更加多元化。首先,大数据应用是 B2B 电子商务市场发展的方向之一,也是平台发展的基础。运营商可通过挖掘、整合平台用户的信息资源,提供更加精准化、智能化和个性化的服务,满足用户多元化需求。其次,供应链融资担保服务是各运营商的重点发力方向。许多中小企业卖家都有融资需求,平台融资担保服务或将成为运营商最具有竞争力的资源之一。

2) B2C

B2C(Business to Customer)是指企业通过互联网向个人网络消费者直接销售产品和提供服务的经营模式。

(1)电子商店

①综合类电子商店。也称网上百货商店,这种商店一般自备仓库,会在库存中准备产品以便更快的物流配送和客户服务。目前,这种模式最受关注的当属美国亚马逊公司。

②专门类电子商店。

a.轻型品牌网店:这类网店一般仅销售单一的某个品牌的商品。代表性网站:梦芭莎、VANCL 等。

b.垂直商店:主要服务于某些特定的人群或某种特定的需求,提供有关这个领域或需求的全面产品及更专业的服务体现。代表性网站:麦考林(定位于 18~25 岁的年轻女性群体)、京东商城(电器/3C 产品)等。

c.复合品牌店:一般拥有多家线下实体店铺,如佐丹奴(Giordano)是一个传统的服装品牌,自己有多家直属、加盟店,在淘宝商城、正佳商城上佐丹奴都有自己的店铺入驻。根据线上线下消费者不同的特点,实施不同价格的运营策略,收到了良好的效果。

③服务型网店。目前服务型的网店越来越多,满足人们不同的个性需求。如亦得代购网,可以帮助客户到全世界各地去购买想要的产品,并收取服务费盈利。

(2)网上综合商城

综合商城如同现实生活中的实体大商城一样,里面有许多店铺。代表性网站:天猫商城。

(3)信息中介

①导购引擎型网站:以爱比网(aibiwang.com)为例,它是一个选购工具,主要从消费者的角度去做服务,给商家们带去客户,为消费者提供一个良好的产品体验口碑分享平台。

②旅游服务网站:目前旅游网站繁多,服务内容也多种多样,除提供各类丰富、实用的旅游咨询,完善的会员注册、升级、打折制度外,有些还能为游客及时地提供旅游景点的气象、提供注册 E-mail 信箱的服务或趣闻信息栏、友好活泼 BBS 论坛等特色服务。代表性网站:携程旅行网、elong 商务旅游网等。

3) C2C

C2C(Customer to Customer)是指个人与个人之间的交易模式。

(1) C2C 网上拍卖

所谓网上拍卖(auction online),是指网络服务商利用互联网通信传输技术,向商品所有者或某些权益所有人提供有偿或无偿使用的互联网技术平台,让商品所有者或某些权益所有人在其平台上独立开展以竞价、议价方式为主的在线交易模式。代表性网站:eBay.com,taobao.com 等。

(2)网店导购服务

为客户提供专业的导购信息服务,从事网店导购服务的人被称为“淘客”。网店导购不需要投入很大的资金,主要是利用收集的产品信息资源帮人导购,如果交易成功就能拿到一定的提成。

(3)网络团购

所谓网络团购,是指一定数量的消费者通过互联网渠道组织成团,以折扣购买同一种商品。其主要特征是借助互联网的力量来聚集资金,加大与商家的谈判能力,取得价格上的优惠。

(4)网上拍卖

网上拍卖也称反拍卖或标价求购,由卖方出价,竞争向消费者提供服务的机会,消费者提供一个价格范围,最终与出价最低的卖家成交。

(5)虚拟资产出卖

近年来,网络虚拟财产已无处不在且快速膨胀,例如,游戏装备、网游账号、电子邮箱、虚拟货币、QQ 账号、微博和微信账户、淘宝网店等,在亚洲尤其是中国,成百万的网络游戏玩家正在买卖网络虚拟资产。当然这是有风险的,黑客可能会窃取物品,甚至市场管理组织也可以卖掉它们,还有不诚信的买家可能会拒不支付的风险。

(6)C2C 的支持性服务

①第三方支付服务:常用工具如“支付宝”“财付通”等,主要是为了解决 C2C 电子商务交易中有关支付与欺骗预防等问题,由第三方中介公司提供的支持性服务。

②网店装修服务:主要是利用所掌握的网店设计技术,帮助开设 C2C 网店的人设计漂亮的店铺,同时收取一定的服务费。

③其他支持服务:如网货摄影师、为网店服务的模特等,更专业更细化的市场带来了更多新商机。

11.4.2 网站的新兴盈利模式

1)新兴二维盈利模式

新兴二维模式是指对基本 B2B,B2C 或 C2C 模式从参与交易的买、卖双方两个维度对其应用和运营方式进行创新和延伸拓展所形成的衍生商业模式。

(1)C2B

C2B 即 Consumer to Business,是指消费者为享受到以大批发商的价格买单件商品的优惠利益或个性化需求的最大满足,借助互联网主动地聚合为数庞大的用户,形成一个强大的采购集团,通过集体议价、联合购买等方式与企业群体之间开展的商务活动。

(2)B4C

B4C 即 Business for Consumer,B4C 模式是 B2C 模式的升华,倡导在线服务的提升,如果 B2C 是企业的产品面对客户,那么 B4C 就是企业的服务去面向客户,也就是说,B4C 是一种以服务为主的崭新的模式。

(3)B2F

B2F 即 Business to Family,是指企业与家庭之间的交易,是企业以家庭为中心所开展的一系列商业活动,包括各种商品及服务的零售。B2F 的实质是 B2C 的一种延伸拓展模式,与 B2C 同属于一种销售类型,但是 B2F 所针对的主要是特定的顾客群体——家庭消费者,其经营理念与具体营销方式也与经典 B2C 有所不同。

(4)B2E

B2E 即 Business to Employee,是指企业与员工之间的交易,企业或组织将产品或服务交付给员工的内部商务活动。B2E 既可用于增加员工生产率也可为员工个人使用。思科公司、可口可乐公司等已经效仿 B2B 和 B2C 模型建立 B2E 系统。

2)新兴三维盈利模式

三维模式与二维模式最大的不同在于它已经不是单一的网站运营模式,也不是双方的互动协作模式,而是多方联营的复合型或混合型的模式。

(1)O2O

O2O 即 Online to Offline,是指在线支付购买线下的商品或服务,再到线下去享受服务,即把线上的消费者带到现实的商店中去。O2O 分为两种:一种是把消费者从线上带到线下消费,如团购 O2O 模式;另一种是把线下的群体带到线上消费,如实体店中对二维码的应用。

(2)B2B2C

B2B2C 即 Business to Business to Consumer,第一个 B 是指一种逻辑上的买卖关系中广义的卖方,包括即成品、半成品、材料供应商等;第二个 B 是指交易平台,即为买方与卖方建立联系、同时提供优质的附加服务的渠道机构,是一种拥有客户管理、信息反馈、数据库管理、决策支持等功能的综合性服务平台;C 是指买方,同样是逻辑上的关系,可以是内部的也可以是外部的。

①平台化 B2B2C 的网络中间商只是为生产商或供应商提供一个平台,收取交易的佣金。

②实体化 B2B2C 模式中的网络中间商不仅仅提供网络交易平台,还整合了整个产业链。

本章小结

本章学习了网站运营管理的相关知识,然而网站的运营是一个操作性很强的事情,理论的学习并不能完全满足管理网站的需求,还需同学们多多参与到实践中去,以理论结合实际,培养自己运营网站的能力。

复习思考题

1.选择一个典型的电子商务网站,分析其网络推广如何与传统推广方式相结合,共同促进网站的知名度?

2.客户所需服务按顺序划分有哪4个层次?什么是客户保留度?

3.网站营销管理包括哪几个方面?

4.试述新兴的网站盈利模式中二维模式与三维模式的区别?

第 12 章

网站的安全管理

📖 学习要求

- 电子商务网站面临的安全问题。
- 网站的安全技术概念及具体分类。
- 电子商务网站系统安全技术及防范入侵措施。
- 网站的安全管理制度和应急响应措施。

📖 学习指导

熟悉电子商务网站面临的主要安全问题,可使学生掌握未来电子商务安全发展的瓶颈,让学生能够抓住主要矛盾并思考解决这些问题。掌握网站的安全技术,包括网站安全技术概念及具体分类能让学生横向比较技术方法并进一步融会贯通,有助于在相应的情境下能够运用合适的技术解决问题。通过了解网站系统安全技术及防范措施,能够在网站建设之初考虑到未来的风险,防患于未然。掌握网站的安全管理制度和应急响应措施以便于处理突发状况。

案例导入

黑客窃取 30 家购物网站订单数据兜售客户信息①

日前,上海市一家奢侈品购物网站接到数以百计的客户投诉,称诈骗人员可以准确报出自己的相关信息,怀疑网站遭遇黑客攻击导致信息泄露。黄浦公安循线追踪,在海南、湖南、广东、江苏等地分别抓获制作攻击程序、负责网站攻击、贩卖数据、电信诈骗等 5 名犯罪嫌疑人。在这起非法获取公民信息并实施诈骗案中,共有多达 30 余家购物、票务网站遭到黑客攻击,大量客户资料被盗。

① 资料来源:解放日报,董德海,简工博,2015 年 11 月 26 日。

2015年7月3日,某奢侈时尚品购物网站的客户投诉称,接到一名网站客服的来电,对方能准确报出客户信息、电话、收货地址、已购买的商品和价格等。对方借口商品有质量问题或无法发货等理由,安排退款事宜,企图对客户进行诈骗。

7月3日—5日,网站方面陆续接到200多个客户电话,投诉内容大致相同。此时,网站方面意识到公司计算机系统可能被入侵,大量客户资料和订单信息遭窃取。于是,公司负责人单女士来到黄浦公安分局报案。

接报后,黄浦公安迅速成立专案组。办案民警经过数据分析和IP碰撞,迅速锁定涉嫌攻击计算机信息系统的张某。8月27日,专案组远赴广东深圳将张某擒获。张某交代,一次网络购物时偶然发现网站存在安全漏洞,于是找到一个网名为"等待时间"的人购买黑客程序,对购物网站进行黑客攻击,非法获取大量网站数据。之后,他将这些数据以每条0.3~3元不等的价格出售。

经调查,被张某入侵的网站多达30余个,相关数据主要卖给一个网名为"飞彩政洪"的人。由此,一条犯罪链条清晰地浮现在办案民警眼前。张某在网上寻找有安全漏洞的购物或票务网站,向"等待时间"购买黑客程序,对目标网站进行攻击,盗取数据并向"飞彩政洪"等人售卖得利。

那么,"飞彩政洪"会是这一犯罪链条的终端,即实施电话诈骗的嫌疑人吗?民警兵分两路在湖南衡阳和江苏宿迁将"等待时间"眭某和"飞彩政洪"姚某抓获。眭某对自己的所作所为供认不讳。

据姚某交代,从张某处购买的数据信息又被其转卖给其他人。通过对姚某计算机数据的分析,民警发现网名为"时间""给我时间""统一冰红茶""闪电侠"等人,都从姚某处购买过相关信息资料。

专案组意识到,数据被盗后可能经过多次转售,形成一个如树杈一样的复杂结构。于是果断转换思路,从资金交易这条线入手开展侦查。经过对被骗客户的大量走访调查以及调阅相关账户资金交易记录,民警发现与案件相关的两个账号。9月15日,专案组远赴海南临高将正在宾馆实施电话诈骗的嫌疑人劳某和黄某抓获。

至此,一条制作和利用黑客软件入侵购物、票务网站非法获取公民信息并实施诈骗的犯罪链条被成功摧毁。目前,相关嫌疑人已被刑事拘留,等待他们的将是法律的制裁。

问题:1.结合案例分析,此电子商务网站对于黑客的入侵攻击有哪些防范不足的地方?
2.分析为了应对将来的网站安全问题,可以采用哪些网站安全技术并予以合理说明。

网站的安全问题是指在网站设计者开发网站应用过程中所涉及的一些漏洞,由于相当一部分网站设计开发人员、网站维护者对网站的攻防技术知之甚少,所以并未对其给予足够的重视。而在网站正常使用的过程中,就会存在网络安全漏洞,往往一般的使用者不会注意到这些问题。而网站的安全管理就是指采用一定的网络安全技术来防止外来网络入侵者对本网站进行木马种植,篡改本网页信息等行为作出一系列的防御措施。

12.1 网站面临的安全问题

当今互联网正以迅雷不及掩耳之势迅速发展,伴随而来的网络安全问题也随之浮出水面。网络安全问题已成为制约互联网发展的重要因素。作为网络发展的重要内容,明确网络安全概念,提高网络安全性必不可少。以当下网络发展来看,网络安全对于互联网用户具有重要意义,如果不能有效保证其安全性和有效性,不但会影响互联网的进步,也会给用户造成难以预计的灾难。基于这一观念,我们必须高度重视网络安全,从实际出发,认真分析网络安全存在的四大问题:网络操作系统的安全问题、网站数据库的安全设计问题、传输线路安全与质量问题、网站安全管理问题,并根据这些问题制定相应的对策,提高网络安全性。

12.1.1 网络操作系统的安全问题

操作系统的安全是整个网络系统安全的基础,没有操作系统安全,就不可能真正解决数据库安全、网络安全和其他应用软件的安全问题。网络操作系统安全的具体含义会随着使用者的变化而变化,使用者不同,对操作系统安全的认识和要求也就不同。例如,从普通使用者的角度来说,可能仅仅希望个人隐私或机密信息在网络上传输时受到保护;而网络提供商除了关心这些网络信息安全外,还要考虑如何应付突发的自然灾害、军事打击等对计算机硬件的破坏,以及在网络出现异常时如何恢复网络通信、保持网络通信的连续性。

从本质上讲,网络操作系统安全包括组成计算机系统的硬件、软件及其在网络上传输信息的安全性,使其不致因偶然的或者恶意的攻击遭到破坏,网络操作系统安全既有技术方面的问题,也有管理方面的问题,两方面相互补充,缺一不可。网络操作系统安全主要包括3个方面的内容:

1)安全性

安全性主要是指内部与外部安全。内部安全是在系统的软件、硬件及周围的设施中实现的。外部安全主要是人事安全,是对某人参与计算机网络系统工作和这位工作人员接触到的敏感信息是否值得信赖的一种审查过程。

2)保密性

加密是对传输过程中的数据进行保护的重要方法,又是对存储在各种媒体上的数据加以保护的一种有效的手段。系统安全是我们的最终目标,而加密是实现这一目标的有效的手段。

3)完整性

完整性是保护计算机网络系统内软件(程序)与数据不被非法删改的一种技术手段,它可分为数据完整性和软件完整性。

从系统安全的内容出发,一个安全的操作系统应该具有以下的功能:

①有选择的访问控制:对计算机的访问可以通过用户名和密码组合及物理限制来控制;对目录或文件级的访问则可以由用户和组策略来控制。

②内存管理与对象重用:系统中的内存管理器必须能够隔离每个不同进程所使用的内

存。在进程终止且内存将被重用之前,必须在再次访问它之前,将其中的内容清除。

③审计能力:安全系统应该具备审计能力,以便测试其完整性,并可追踪任何可能的安全破坏活动。审计功能至少包括事件跟踪能力、事件浏览和报表功能、审计事件、审计日志访问等。

④加密数据传送:数据传送加密保证了在网络传送时所截获的信息不能被未经身份认证代理所访问。针对窃听和篡改,加密数据具有很强的保护作用。

目前,网络操作系统面临的安全威胁有:恶意用户;恶意破坏系统资源或系统的正常运行,危害计算机系统的可用性;破坏系统完成指定的功能;在多用户操作系统中,各用户程序执行过程中相互间会产生不良影响,用户之间会相互干扰。

12.1.2 网站数据库的安全设计问题

随着互联网的高速发展,门户网站和各种专业网站如雨后春笋迅速发展建立起来,基于应有的定位,为广大用户提供各种信息以及电子商务服务。

网站数据库的安全设计问题指的是对网站可能遭受到的入侵攻击所预先做的安全设计,避免不合法或者未授权使用的出现导致数据泄密、被恶意更改或者破坏;确保数据能够避免合法用户的无意或者由于误操作而导致的数据破坏。数据库作为信息系统的核心,其含有数量较多的重要信息。在正常运行的数据库系统中,数据库自身不断地被用户使用,这就导致在使用过程中应面临较多的安全隐患。

从网站开发的层面来看,网站信息的更新、基本业务的进行以及网站与用户的互动的需求的实现,都要求开发人员把网站中所存在的各类信息通过数据库来实现组织与管理。网站数据库是信息聚集体,也是网站正常运营的基础与必备条件,数据库中保存着网站包括商业伙伴与客户信息在内的各类信息,如交易记录、账号数据以及市场计划等诸多的重要内容。在实际操作中,企业通过网站提高自身经营管理有效性的同时,也面临着自身所使用的网站数据库中的商业数据与商业信息被攻击者窃取而被恶意利用或者公布于众导致的威胁,如一些商业性的产品交易价格被恶意修改等。也就是说,数据的安全性与企业利益有着密不可分的联系。

网站数据库存在的安全设计问题:

1)软件资源与硬件资源不能协调同步

网站数据库的建设离不开硬件资源的支持,企业和个人也在购买高性能服务器上花费颇多。然而,当网站建设完成之后,后期的管理却没有得到相应的重视,这就导致了软件资源与硬件资源的失调。对于大多数企业而言,后期的管理人员都是经过临时培训的,当遭遇突发情况时,并不能及时作出正确有效地反应。这就给了网站入侵者一些可乘之机,致使企业网站遭到攻击而蒙受损失。

2)单一的操作系统

目前,Windows 系统对常用的操作系统使用较多,主要是因为常用操作系统操作简单而且容易掌握。但 Windows 系统也有其不好的一方面,Windows 系统使用的是非开源代码。这样一来,当系统的漏洞暴露出来之后,可能就会被利用而受到攻击。从发现漏洞到官方补丁的公布通常会有一个时间差,在这个时间差内,系统数据库最容易出现问题。因此在设计网站数据库时,要考虑系统漏洞问题,争取将风险遏制在萌芽之中。

3)登录数据库的隐藏风险

在开发和设计网站数据库时,一般有两种主要的网站数据库登录方式,即数据库访问验证方式和 Windows 验证方式。那么,如果我们要对数据库中的对象进行某种操作时,应更好地采取第一种登录方式进行认证。但是,数据库中有些账号是默认状态的,很多人都可以对数据库资源进行各种访问,它还不可以更改或删除。一旦对该类账户不加强保护或在必要的情况下禁用,将在给用户带来使用便利的同时,带来较为严重的安全隐患问题。

4)后台管理系统网页设计中的安全问题

大多数情况下,网站数据库的访问及管理都是通过 Web 方式进行,并且在具体操作中通过后台管理系统来实现。然而,在网站数据库设计过程中,设计人员为了后期维护方便往往忽视了后台管理系统首页的安全隐患。这样一来,后台管理系统的首页地址就可能会暴露,从而使网站数据库的安全管理面临了更大的挑战。例如,我国大多数校园网站都会有两个管理入口,一个是普通用户权限窗口;另一个是管理员权限窗口。

12.1.3　传输线路安全与质量问题

尽管在同轴电缆、微波或卫星通信中要窃听其中指定线路的信息是很困难的,但是从安全的角度来说,当然不存在有绝对安全的通信线路。同时无论采用何种传输线路,当线路的通信质量不能保证时,将直接影响联网效果,严重时甚至导致网站中断。当通信线路中断时,计算机网站也就随之中断,而当线路时通时断、线路衰耗大或串杂音严重时,对通信网站的影响相当大,可能会严重地危害通信数据的完整性。为保证好的通信质量和网站效果,就必须要有合格的传输线路,以得到最佳的效果。

1)传输线路中所存在的安全问题

(1)光缆结构、构成缺乏合理性

现阶段,我国各个城市绝大多数的光缆基本上均是普通架空光缆,而特种光缆则比较少,无法将电力系统所具备的杆路优势充分发挥出来。主环光缆未切实达到有着较高可靠性的 OPGW 光缆或者管道,有些光缆安全性及可靠性较低,光缆通道路径单一。

(2)外力破坏

大部分的通信光缆线路使用年限均相对较长,普遍存在部分接头盒老化和线路光纤老化,老鼠咬伤光缆线路次数较多,经常性的遭受施工方违规作业和破坏等状况,造成光缆传输能力降低,通信线路有着较大的损耗。

(3)企业自身情况

就企业自身情况而言,企业近年来改革精简机构,大幅度的裁减了基层线路人员,有些地方的维护体制改革及线路施工后带来一系列的后遗症,再加上企业新旧体制的不断更换、交替,企业中有些员工的责任意识削减也是不容忽视的重要因素。

(4)社会原因

各个城市近年来通信光缆经常性地发生被盗状况,并且此类状况越演越烈,对通信服务质量带来了非常严重的影响,在很大程度上对企业正常的工作还秩序造成极大干扰,其原因主要是社会治安环境有待完善,地方治安机构缺乏人力财力,并且不重视通信线路安全所导致的。

2)传输线路建设的质量问题

(1)忽视材料的质量

随着通信行业得到迅猛的发展,很多通信器材提供商在获取巨额利润的同时,基本上也忽视了对于通信器材质量的保障。很多通信器材提供商的产品质量参差不齐,给消费者带来了很大的经济损失。因此在这样的大的环境下,利用高效的方式减少材料的价格,从而降低通信整体工程的投入,是非常有必要的。一旦使用假冒伪劣通信器材,不单单给消费者带来不便,而且还给后期通信线路的维护埋下了祸根。

(2)建设传输线路工程的次序紊乱

很多建设单位,为了能够图方便和节省资金,竟然违背正常的程序,先施工,然后再进行设计,以期能够减少整体工程的费用。但是一般情况下,这些工程非但无法节省成本,反而会带来非常多的烦琐的问题,给通信工程后期的质量埋下祸根。

(3)施工部门对通信工程质量的影响

当前,各大通信运营商之间的竞争激烈,都在加快各自的通信线路的发展和扩延,于是很多通信线路工程被外包给施工队进行。但是,由于在施工招标过程中,以及施工队伍自身综合素质等一系列的问题,导致施工队伍出现了严重的问题,在很大程度上制约了整体的通信工程建设的质量,也干扰了正常的通信线路建设秩序。

(4)工程监督部门监管强度不足

随着通信线路工程规模的不断扩大,这几年来也参考国外启用了监督体系。其主要的作用在于,对通信线路工程的进行全程的监督,保证通信线路工程的工期和质量。但是随着监督体系的不断发展,也存在了非常多的问题。譬如一些建设单位将工程进行外包给其他施工单位,以期来避免受到监督体系的监测;还有就是监督体系下,一些监督部门自身人员综合素质具有非常大的问题,而且监督部门自身的机构设置安排比较紊乱,有些监督部门的人员甚至都是临时雇佣的,完全没有这方面的能力。最终的结果就使得建设工程质量得不到保证。

12.1.4 网站安全管理问题

随着信息时代的不断发展,网络已经渗透到了人们的日常生产生活的方方面面。当前,计算机互联网正在以惊人的速度发展,各行各业都在采用建立网站来实现信息的及业务的发表与对接。网站已经成为了各个企业、部门或行业信息的发布中心,因此在信息数据库中就存放着许多有关各行各业的机密资料。故而,保证网站的安全正常运行已经成为网站建设及运行中的最为重大问题。

网站安全性管理是指对网站进行管理和控制,并采取一定的技术措施,确保在一个网站环境里信息数据的机密化、完整性及可使用性受到有效的保护。网站的安全管理可分为网站外部安全管理与网站自身安全管理两个部分。

1)网站的外部安全管理

(1)使用防火墙

防火墙是指一种将内部网和公众访问网(Intemet)分开的方法,实际上是一种隔离技术。防火墙是在两个网络通信时执行的一种访问控制尺度,它能允许你同意的人和数据进入你的网络,同时将你不同意的人和数据拒之门外,最大限度地阻止网络中的黑客来访问你的网络,防止他们更改、拷贝、毁坏你的重要信息。使用最多、效率最高的网络安全产品自然有它自身的优势。因此,防火墙在整个网络安全中的地位将是无可替代的。

(2)增设入侵检测系统

入侵检测就是发觉入侵行为,而入侵检测系统就是执行入侵检测工作的产品。其主要由数据获取系统、管理控制系统、数据分析系统、响应系统以及存储系统等部分组成。相对于防火墙技术来说,入侵检测技术是一种主动防御体系,其采用主动监听的方式,对所有进出网络的代码、数据等进行实时的监控与记录,并能够按照已经制定的响应策略,进行报警、阻断等手段从而防止对网络攻击行为。因此,增设入侵检测系统有助于网站的安全性提升。

根据国际相关的标准,各个国家与地区使用的检测方法、数据来源、响应机制都是不同的,因此,根据检测分析的办法可以分为误用检测与异常检测两种;根据数据的来源可以分为基于网络、基于主机、基于内核检测等。

2)网站的自身安全管理

(1)账号与密码管理

利用账号和密码来保护网站安全。是一种最为传统、最为实用的方式,而且应用范围相当广,几乎所有的系统与网站,都有不同权限的账号与密码,其作用就是分配权限,预防违法、违规的操作。如果有黑客想要入侵网站,它需要做的就是对账号与密码进行破解,获得操作权限,才能破坏网站,或是窃取网站的数据信息。用户就必须要对网站的账号和密码进行有效的管理,防止其泄露或是被破解。所有账户的密码最好都要不断地变化。通过动态更新的方式,来防止密码被轻易破解,而且不同账户使用者的密码都只能自己知道,工作人员不能相互操作对方的账号,因为这可能带来账号和密码方面的漏洞。

(2)数据备份

在网站的安全管理工作中,尤其要注意对数据安全的保护。因为网站数据可能涉及用户的个人性隐秘资料,更可能涉及网站自身的商业性隐秘资料,一旦发生泄漏或丢失。就可能带来非常严重的后果。要确保网站数据的完整性和安全性,除了应防止外部的侵入与攻击外,还应做好对数据的备份,因为网站数据库中的数据很可能因为各种各样的原因而发生丢失与破坏,在这种情况下,就必须依靠数据备份来还原最初的数据。备份的频率根据数据的重要性而定,一般非常重要的数据应每天备份一次,而且最好是异地备份,其他的数据可以选择一周或是一个月备份一次。

(3)对服务器系统的日志进行监测

系统日志记录着系统的运行情况,这是网站安全管理的一项重要参考依据,例如,在系统日志当中会记录有所有用户对系统的操作情况,什么时候登录、什么时候退出以及进行了哪些活动等。通过对日志的分析,可以发现违规操作或是安全漏洞。能够找准网站在运行与管理过程当中存在的各种不安全因素。以便于采取针对性的措施,消除不安全因素,确保网站的安全。

(4)定期对网站服务器进行安全检查

由于网站服务器是对外开放的,容易受到病毒的攻击,所以应为服务器建立例行安全审核机制。利用漏洞扫描工具和 IDS 工具,加大对服务器的安全管理和检查。另外,随着新漏洞的出现,要及时为服务器安装各类新漏洞的补丁程序,从而避免服务器受到攻击和发生其他异常情况。

12.2 网站的安全技术

计算机网络技术的发展给人们日常生活、工作等方方面面都带来了极大的方便。但事物都有其两面性,计算机网络技术在给我们带来方便的同时也随之产生了一系列安全问题。针对可能出现的隐患,我们介绍几种主流网络安全技术以便于制定相应的防范措施。

12.2.1 信息加密技术

信息加密技术是指采取一定的手段或者措施将明文加密后发送出去,接收方在收到密文之后,用相应的解密算法将密文解密还原。如果传输中有人窃取,也只能得到无法理解的密文,从而实现对信息的保护。

信息加密技术是电子商务通信过程中的一项非常重要的安全技术。目前主要有 3 种加密方式:链路加密、节点加密及端对端加密。

1)链路加密方式

链路加密是传输信息仅在物理层前的信息链路层进行加密,不考虑信源和信宿,它用于保护通信节点间的信息,接收方是传送路径上的各台节点机,信息在每台节点机内都要被解密和再加密,依次进行,直至到达目的地。

其主要优点在于:链路加密掩盖了被传输信号的初始点与结束,从而可以防止对通信业务进行分析。

其主要缺点在于:链路加密要求对链路两端的加密设备同步才能对传输的数据进行加密,这样便给网络的性能和可管理性带来了不利;如果节点在物理上不安全,也有可能造成泄密。

2)节点加密方式

节点加密方法与链路加密方法有些类似。其在节点处采用一个密码装置与节点机相连,密文在该密码装置中被解密后重新加密。这样一来,明文不需要通过节点机,避免了链路加密节点处易受到攻击的缺点,能给网络数据提供较高的安全性。

其主要优点在于:消息明文不出现在网络节点中,故而能给网络数据更高的安全保护。

其主要缺点在于:需要目前的公共网络提供者配合,修改他们的交换节点,增加安全单元或保护装置。

3)端到端加密方式

端对端加密方式又称为面向协议加密方式。信息在发送端进行加密,在传输过程中不进行解密，最后在接收端解密还原信息。在此情况下，信息在整个传输过程中均受到保护，即使有节点破坏也不会泄露信息。端到端加密是在应用层完成的。在端到端加密中，除报头外的报文均以密文的形式贯穿于全部传输过程，只是在发送端和接收端才有加、解密设备，而在中间任何节点报文均不解密，因此，不需要有密码设备。端到端加密同链路加密相比，可减少密码设备的数量。

其主要优点在于：加密系统价格更便宜，更容易设计、实现和维护，避免了其他加密系统所固有的同步问题。

其主要缺点在于：所经过的节点都要用此地址来确定如何传输信息，不能掩盖被传输信息的源点与终点，因此，它对于防止攻击者分析通信业务是脆弱的。

12.2.2 身份认证技术

身份认证是指计算机及网络系统确认操作者身份的过程。计算机系统以及计算机网络都是一个虚拟的数字世界。在这个数字世界中，一切信息包括用户的身份信息都是用一组特定的数据进行表示的，计算机只能识别用户的数字身份，所有对用户的授权也是针对用户数字身份的授权。而我们生活的现实世界是一个真实的物理世界，每个人都拥有独一无二的物理身份。怎样才可以确保这个以数字身份进行操作的操作者就是这个数字身份合法拥有者，也就是说，保证操作者的物理身份与数字身份相对应，就成为一个很重要的问题。身份认证就是为了解决这个问题。目前，主要的身份认证技术有 6 种，分别为用户名/口令认证、智能卡认证、动态口令认证、USB Key 认证、生物技术认证、密码技术认证。

1）用户名/口令认证

用户名/口令认证技术是日常生活中使用最多的认证方式。例如，银行卡取款密码、QQ 账号密码、网络邮箱密码等。然而，在某种程度上，用户名/口令认证是一种极不安全的身份认证技术。这是因为，当设置静态密码时为了防止遗忘或一些其他特殊原因往往采用生日、学号、家庭门牌号等作为密码创作因子，这就极其容易被别人猜测到而造成口令泄露。所以说，用户名/口令认证技术存在较大的安全隐患。

2）智能卡认证

智能卡认证又可以称为 IC 卡认证。它是一种内置集成电路的芯片，芯片中存有与用户身份相关的数据，智能卡由专门的厂商通过专门的设备生产，是不可复制的硬件。智能卡由合法用户随身携带，登录时必须将智能卡插入专用的读卡器读取其中的信息，以验证用户的身份。智能卡认证是基于“你拥有什么”的手段，通过智能卡硬件不可复制来保证用户身份不会被仿冒。然而由于每次从智能卡中读取的数据是静态的，通过内存扫描或网络监听等技术还是很容易截取到用户的身份验证信息，因此还是存在安全隐患。

3）动态口令认证

动态口令认证技术是一种让用户的密码按照时间或使用次数不断动态变化，每个密码只使用一次的技术。用于支持认证“某人拥有某东西”的认证。它采用一种称为动态令牌的专用硬件，内置电源、密码生成芯片和显示屏，密码生成芯片运行专门的密码算法，根据当前时间或使用次数生成当前密码并显示在显示屏上。认证服务器采用相同的算法计算当前的有效密码。用户使用时只需要将动态令牌上显示的当前密码输入客户端计算机,即可实现身份的确认。由于每次使用的密码必须由动态令牌来产生,只有合法用户才持有该硬件,因此只要密码验证通过就可以认为该用户的身份是可靠的。而用户每次使用的密码都不相同,即使黑客截获了一次密码,也无法利用这个密码来仿冒合法用户的身份。动态口令认证相比静态口令认证安全性方面提高了不少。但是动态口令技术也不能满足可信网络的需要。动态口令技术采用一次一密的方法,有效地保证了用户身份的安全性。但是如果客户端硬件与服务器端程序的时间或次数不能保持良好的同步,就可能发生合法用户无法登录的问题。并且用户每次登录时还需要通过键盘输入一长串无规律的密码,一旦看错或输错就要重新输入,为用户使用带来不便。

4) USB Key 认证

基于 USB Key 的身份认证方式是近几年发展起来的一种方便、安全的身份认证技术。它采用软硬件相结合、一次一密的强双因子认证模式,很好地解决了安全性与易用性之间的矛盾。USB Key 是一种 USB 接口的硬件设备,它内置单片机或智能卡芯片,可存储用户的密钥或数字证书,利用 USB Key 内置的密码算法实现对用户身份的认证。基于 USB Key 身份认证系统主要有两种应用模式:一是基于冲击/响应的认证模式;二是基于 PKI 体系的认证模式。

5) 生物技术认证

生物技术认证是指采用每个人独一无二的生物特征来验证用户身份的技术。常见的有指纹识别、声音识别、虹膜识别等。从理论上说,生物特征认证是最可靠的身份认证方式,因为它直接使用人的物理特征来表示每一个人的数字身份,不同的人具有相同生物特征的可能性可以忽略不计,因此几乎不可能被仿冒。然而,生物技术认证也有一些缺点。首先,生物特征识别的准确性和稳定性还有待提高,特别是如果用户身体受到伤病或污渍的影响,往往导致无法正常识别,造成合法用户无法登录的情况。其次,由于研发投入较大和产量较小的原因,生物特征认证系统的成本非常高,目前只适合于一些安全性要求非常高的场合(如银行、部队等)使用,还无法做到大面积推广。

6) 密码技术认证

基于密码技术的身份认证是指通过采用密码技术设计安全的身份认证协议实现身份认证的技术,这种技术比基于口令或者基于主机地址的认证方法更加安全可靠,而且能够提供更多的安全服务。各种密码算法,如单钥密码算法、公钥密码算法和哈希函数算法都可以用来构造身份认证协议,各自具有不同的特点。

12.2.3 数字证书技术

数字证书是一段包含用户身份信息、用户公钥信息以及身份验证机构数字签名的数据。身份验证机构的数字签名可以确保证书信息的真实性,用户公钥信息可以保证数字信息传输的完整性,用户的数字签名可以保证数字信息的不可否认性。数字证书是各类终端实体和最终用户在网上进行信息交流及商务活动的身份证明,在电子交易的各个环节,交易的各方都需验证对方数字证书的有效性,从而解决相互间的信任问题。

数字证书是一个经证书认证中心(CA)数字签名的包含公开密钥拥有者信息以及公开密钥的文件。认证中心(CA)作为权威的、可信赖的、公正的第三方机构,专门负责为各种认证需求提供数字证书服务。认证中心颁发的数字证书均遵循 X.509 V3 标准。X.509 标准在编排公共密钥密码格式方面已被广为接受。X.509 证书已应用于许多网络安全,其中包括 IPSec(IP 安全)、SSL、SET、S/MIME。

数字信息安全主要的范围:身份验证(Authentication)、信息传输安全、信息保密性(存储与交易)(Confidentiality)、信息完整性(Integrity)、交易的不可否认性(Non-repudiation)。

对于数字信息的安全需求,通过以下手段加以解决:数据保密性—加密、数据的完整性—数字签名、身份鉴别—数字证书与数字签名、不可否认性—数字签名。

为了保证网上信息传输双方的身份验证和信息传输安全,目前采用数字证书技术来实现,从而实现对传输信息的机密性、真实性、完整性和不可否认性。

12.2.4 防火墙技术

防火墙技术属于一种隔离技术,是网络与网络之间安全的一道屏障,同时也是保证网络信息安全的基本手段。防火墙不仅能够对网络信息流进行控制,增强网络间的访问控制和安全性,还能够抵抗攻击,阻止其他用户非法获取网络信息资源。防火墙除了能够保护数据不被窃取和复制等,还能保护内在的设备不被破坏,同时还能确定服务器是否被访问、被什么人访问、什么时候访问等。

目前,防火墙的主要技术类型有 3 种:包过滤型的防火墙、NAT 和应用型的防火墙、状态检测型的防火墙。

1)包过滤型的防火墙

包过滤的防火墙是一种比较古老的安全技术,这种技术也有一个关键的技术点就是网络的分包传输,在网络中进行信息传递时,就会用包为单位,每个数据包代表的含义是不同的、相对的。不同内容的信息就会被分配到不同的外包里,数据包的不同可以这样来划分:信息数据的大小、来源、性质或者是某种特殊的信息、目标端口、目标地址或者是源地址不同等。防火墙技术就是对这些数据包中的信息进行对应后,然后判断这个数据包是否安全合法,是否能够被信任然后允许访问其他的用户,被允许访问的就会很顺利地通过检验,没有被允许访问的则表示网址有问题或者是信息不安全。

包过滤的防火墙最主要的是包过滤的技术,包过滤的技术有很多的优点:简单方便、适应环境能力比较强、实用性比较强,成本费用比较低廉,能够在简单的环境中确保网络计算机的安全,但是包过滤的防火墙技术还有个很重要的缺点,就是只能针对端口、目标或者是数据包来源来判断是否被允许放行,是否属于安全数据包的范畴,一些恶意性的程序或者是数据信息就不会被准确地识别。

2)NAT 和应用型的防火墙

前者是将 IP 地址转换成临时注册的 IP 地址,当内部网络对外部网络进行访问时,如果是通过安全网卡,防火墙就会自动将源地址与端口伪装,然后与外部相连。相反,如果是通过非安全网卡,那么访问是经过一个开放的 IP 与端口。防火墙对访问安全的判断是依照已经预设好的映射规则进行;而后者是运行在 OSI 的应用层。它不仅阻止网络的通信流,还能够实时监控,其安全性非常高。但是该防火墙影响系统的性能,使管理更加复杂。

3)状态检测型的防火墙

该防火墙与其他防火墙相比较,不仅具有高安全和高效性,还具有很好的可扩展和伸缩性。该防火墙将相同连接的包看成整体数据流,并对连接状态表中的状态因素进行辨别和区分。虽然这种防火墙性能很好,但是容易造成网络连接的延缓滞留。

12.3 网站安全的技术管理

12.3.1 操作系统安全技术

1)操作系统概述

操作系统是一切软件运行的基础,而操作系统安全的含义则是在操作系统的工作范围内,提供尽可能强的访问控制和审计机制,在用户应用程序和系统硬件资源之间进行符合安全策略的调度,限制非法的访问,在整个软件信息系统的最底层进行安全保护。

一个安全的操作系统通常应具有这几个特征:最小特权原则,即每个特权用户只拥有能进行他工作的权力;访问控制,包括机密性访问控制和完整性访问控制;安全审计;安全域隔离等。

2)操作系统主要安全技术

通常,信息系统安全是指信息在存取、处理、集散和传输中保持其机密性、完整性、可用性、可审计性和抗抵赖性。为实现这些信息安全目标,操作系统需要采取多项安全机制和措施,阻止各项威胁和攻击,主要安全技术有以下几个方面:

(1)用户鉴别

鉴别机制是操作系统安全机制的根基,分为内部鉴别和外部鉴别。内部鉴别主要用于系统进程的安全,实现进程间数据的访问控制。外部鉴别用于对一个登录系统的用户进行认证。操作系统通常采用用户鉴别机制验证登录进入一台计算机的用户,确认是哪一个用户登录进入,以便系统进行权限管理,实施系统的访问控制,这个对想登录进入系统的用户进行验证的过程称作用户鉴别。

(2)访问控制

访问控制是指系统中的主体(如进程)对系统中的客体(如文件、目录等)的访问(如读、写和执行等)。用户只能根据自己的权限大小来访问系统资源,不得越权访问。通常分为自主访问控制(DAC)和强制访问控制(MAC)。

(3)最小特权原则

降低超级用户的权力,设立系统管理员、安全管理员、安全审计员,防止攻击者利用一个特权用户的身份获得对整个系统的控制。系统管理员的职责是系统的日常运行维护,安全管理员管理安全属性等信息,安全审计员进行审计的配置和审计信息维护。3 种特权角色的权力互不交叉,不允许同一用户充当两种以上的特权角色。

(4)审计跟踪

审计是检测安全违规行为和入侵检测的辅助手段。以事件为驱动,记录有关信息安全的各种行为。允许审计管理员灵活设定需审计的事件和范围,提供方便的审计记录检索和查看功能。

(5)安全域隔离

通过安全域的划分制约可执行程序的可作用范围,限制恶意代码和错误操作等对系统造成破坏,确保操作系统的正常运行服务。

(6)可信通路机制

该机制只能由有关终端操作人员或可信计算机启动,并且不能被不可信软件模仿。例如,系统实现可信通路机制时,预定义一组"安全注意键"(如 Liunx 的 Alt+SysRq+k, Windows 2000平台的 Ctrl+Alt+Delete)。当用户键入这组"安全注意键"时,系统内核就关闭当前所有的用户进程(包括特洛伊木马),重新激活登录界面。这样用户就可以放心登录,防止诸如特洛伊木马等的欺诈行为。当前操作系统主要通过使用上述安全技术保障数据的机密性、完整性和可用性。防止未经授权的访问及对信息的修改,并防止对授权用户服务的拒绝或对未经授权用户服务的允许,实现对信息系统的保护。

12.3.2 数据库系统安全技术

数据库系统的安全是指保证数据库系统内容的保密性、完整性、一致性和可用性。其中,保密性是指数据库中的信息不被泄漏和非授权人员的获取;完整性是保证数据库中的数据不被破坏和删除;一致性是指为确保数据库中的数据满足参照完整性、实体完整性和用户自定义的完整性要求;可用性是指数据库中的信息不会因为人为的或是自然原因对授权用户不可用。

由于数据库系统存在着来自各个方面的有时甚至是无法预测的威胁,使得保护数据库的安全不受侵犯已成为了人们关注的热点。目前,保护数据库系统安全的技术主要包括身份认证、存取控制、数据加密。

1)标识和鉴别

用户标识和鉴别是系统提供的最外层安全保护措施。系统内部记录着所有合法用户的用户名和口令,每次要求进入系统时,用户需标识自己的名字或身份,系统根据用户的输入,鉴别此用户是否有权进入此系统。身份鉴别能有效地防止非法用户侵入数据库系统,可以采用账号和密码的验证或者是指纹识别加上随机数据校验等多种形式。它可以具有两种级别:一种是系统登录时,由操作系统来实现,在用户启动计算机时进行验证;另一种是在连接数据库时,由数据库系统管理员实现,在用户启动运用程序或是其他工具对数据库进行访问时进行验证。目前,已较为普遍使用的指纹鉴别、口令验证、声音标识验证和虹膜验证技术等身份标识和鉴别技术,能在很大程度上降低对数据库系统安全的威胁。

2)访问控制

访问控制是数据库系统内部对已经进入系统的用户的访问控制,是安全数据保护的前沿屏障。访问控制技术是数据库安全系统中的核心技术,也是最有效的手段。

访问控制主要分为3类：自主访问控制(DAC)、强制访问控制(MAC)和基于角色的访问控制(RBAC)。

3)数据加密

数据加密是对信息存储和传输过程中的保护手段，并使之具有一定的抗攻击能力强度。加密的主要思想就是将明文根据某种规则变换成不易被识别的密文的过程。加密变换不仅可用于数据保密性的保护，也可用于数据的完整性检测。

数据加密的优点：数据加密是数据库的基本措施，可以有效地防止数据库中的数据泄露。数据库加密系统能够有效地保证数据的安全，即使数据内容被泄露，它仍然难以得到所需的信息，还有，数据库加密后，不需要了解数据库内容的系统管理员不能见到明文，大大提高了关键核心数据的安全性。

12.3.3 服务器的安全配置

现在网络攻击的目的已不单纯的为了展示攻击者在计算机及网络方面超人的技术，很多是为了通过攻击目标服务器以获取非法利益，因此攻击技术与手段越来越隐蔽，发现的难度越来越大，对服务器的安全性要求也越来越高。下面介绍服务器安全配置的几种规则，以增强服务器的安全性。

1)限制用户数量

在对用户账号进行测试时，要在用户组策略设置一定的权限，另外，还要对账号进行检查，对已经废弃或者不再使用的账号进行删除。必须要限制用户数量，因为如果用户太多了，会给管理带来一定的难度，同时也会给入侵者带来可乘之机。

2)限制管理员的账号

管理员账号有一定的缺陷，容易被入侵者盗取进程中的密码，或者是查看到运行情况。因此，管理者应建立一个普通的账号，而非管理员账号，这样才不会很容易被盗取信息和数据。因为入侵者一旦盗取了管理员账号，就有权限对系统和数据、信息进行篡改，因此也为系统带来了一定的危险。

3)陷阱账号

一些入侵者会建立一个类似于普通用户的假账号，进入系统内部，对数据、信息进行盗取。因此，为了防止这一现象发生，可将其权限设置为最低。或者也可以使用户的密码复杂化，密码至少是8位数以上，还要用字母和数字组合的方式。这样可以减少被侵入的概率。

4)安装杀毒软件

操作系统必须要安装杀毒软件，如果没有杀毒软件，就会给病毒和非法者提供入侵的机会。选择一款合适的杀毒软件，不但能够杀掉一些病毒程序，还可以揪出隐藏在系统中的病毒。此外，通过安装杀毒软件，还能够将入侵者发来的不明文件、危险程序阻挡在服务器以外。

5)禁止采用 Guest 账号

Guest 账号是不能够使用的，同时也是不符合规范的。如果一定要使用 Guest 账号，则必须给其加上一个复杂的密码,另外,还要对 Guest 账号的属性进行修改,从而防止外来的不明用户的访问。

12.3.4 SSL 的安全加密机制

SSL 是 Security Socket Layer 的缩写,翻译成中文是“安全套接字协议层”的意思。SSL 其实是一种安全通信协议,具有 RSA 和保密密匙,位于 HTTP 协议层和 TCP 协议层之间。通过在客户和服务器之间建立加密通道的方式,取保用户的信息不在传输过程中被非法窃取。由此可以看出,这种协议可以很好地保护个人的信息。从本质上来说,SSL 的安全加密机制功能的实现,主要依靠的是数字证书的安全性。

SSL 安全系统运行是一系列加密、解密及认证的过程。加密技术是保障信息安全最基本、最核心的技术措施和理论基础。加密技术的基本思想是,通过某种变换的规则,将明文编码变成密文编码,防止信息被窃取。在加密技术中,存在两大加密体制。根据所用密钥个数的不同,分为对称加密体制和公钥加密体制。

1)对称加密体制

根据对明文的加密方式的不同,又可将对称加密体制中的算法分为两类:一是分组密码;二是流密码。分组密码是先将明文分组,每组含有多个字符,逐组进行加密。流密码是将明文按字符逐位加密。常见的分组密码算法有 DES 标准、3DES、AES、DEA、RCZ、RCS 等,流密码算法是 RC4 算法。在对称加密体制中,由于加解密时的密钥是共享的,加解密的算法是相同的,因此在运算时速度较快,这种方法最适合于对大量的明文信息进行加密处理。但这种方法有一个致命缺点,对密钥的需求量较大,而且在网络上传密钥很不方便、缺少安全性。对称加密原理图如图 12.1 所示。

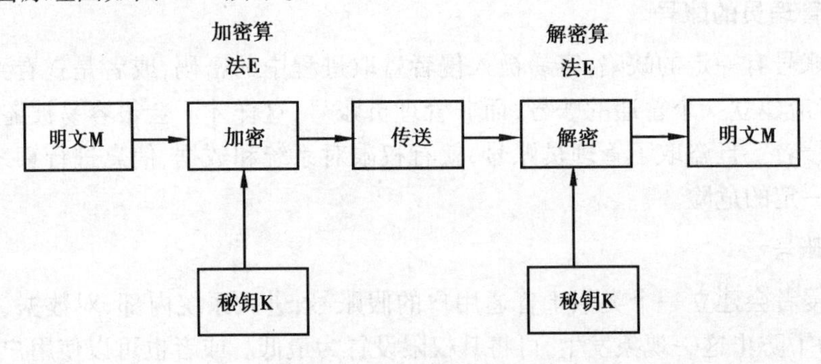

图 12.1　对称加密原理图

2)公钥加密体制

对称加密法在加密速度上具有明显的优势,但缺点是对共享密钥的数量需求大,同时,在网络上传递不方便。公钥加密体制以其高安全性的优点,在解决密钥分配问题上略胜一筹。公钥密码体制凭借密钥对:向所有人公开的公钥,用户自己保密持有的私钥,可让通信双方不用事前交换共享密钥,就可以建立保密通信机制。这是因为公钥信息被保存在各用户的数字证书中,大家只要传数字证书,就可以传递公钥。公钥加密用在密钥分配时,由于加密的对象是共享密钥,涉及的信息量较小,即使用公钥密码体制分配密钥,也不会对系统的性能产生较大影响。公钥密码体制的另一个重要功能是解决了网络上的认证问题,被应用于数字签名文件的制作中。

在公钥密码体制中对密钥对的构建有各种不同的算法。最常见的有 RSA 算法、ECC 算法、DH 算法、DSA 算法等。利用数学难题来构建密钥对,让密钥对之间存在一定关系,但互相之间在推导时具有较大困难性。根据公钥的用途不同,公钥加密体制有两种模式;当公钥作为加密密钥时,称为公钥密码体制的加密模式;当公钥作为解密密钥时,称为公钥密码体制的验证模式。

12.3.5　网络入侵者攻击的防范

网络入侵是指使用相关计算机和网络技术来获得非法或未授权的网络或文件访问入侵内部网或计算机的行为。目前,网络入侵攻击已成为网络信息安全最大威胁,它包括系统漏洞攻击、网络报文嗅探、系统口令破解、拒绝服务(dos)攻击、缓冲区溢出攻击、IIS 溢出、格式化字符串攻击、SQL Injection 攻击。如何抵御网络入侵者攻击使我们的个人财产不受侵犯?在这里,给出几种计算机网络入侵科学防范措施。

1)强化网络安全管理,构建完善规章体制

基于计算机网络安全固有的脆弱性,在网络设计层面应引入并强化安全服务功能,构建并严格实施计算机网络安全管理体制与操作规范策略,从基础层面巩固计算机网络安全,将安全管理技术手段同安全管理规章体制紧密结合,确保计算机网络整体的安全、高效与畅通。同时,应切实强化计算机网络管理工作人员、操作人员的安全防范意识,通过定期专业培训、大力宣传教育,令操作管理人员合理设置多变组合口令,严把网络登录关,合理依据自身权限职责对口令进行不同选择,就系统应用数据、程序、文件进行分层级、秩序性、合法性操作管理,严格杜绝网络用户无资格、无权限非法登录网络窃取资源数据。

2)合理应用计算机网络防火墙技术,实施入侵防控

防火墙技术属于一种计算机系统保护措施,可通过有效的监测、关闭、阻挡、过滤、反监控、预警功能实现对非法用户、越权手段的入侵抑制,在内外网之间形成一道良好的屏障,将各类不安全因素阻挡于系统之外,在网内构建一种相对安全的操作环境。该技术通过计算机软件与硬件系统的良好结合,从而在局域网与互联网之间构建起安全网关,其主要包含验证类工具、访问服务政策、应用网关与过滤等子模块。防火墙安全防护技术是当前确保计算机网络避免被黑客攻击入侵的一种有效防护手段,因此应对其进行合理配置应用以发挥其安全防护的优势功能。

3)采用加密技术确保网络安全

加密技术通过乱码化重要信息数据实现加密目标,同时通过还原化解析还以数据的本来性面目。现行加密技术具有多元化应用服务性能,包含密钥与算法两类基本元素,基于字串与普通信息文本的结合便产生了相应的密文步骤,即算法,而针对数据的乱码化与还原化则产生了密钥。在网络安全入侵防范管理中可适应性采用加密密钥技术配合相应管理机制,以营造安全、有序、可靠的信息网络通信环境,实施软件加密、网络计算机数据加密以及促进加密技术同 VPN 技术的有效结合等手段,确保网络入侵无法对加密数据进行解密,进而促进计算机网络的安全有序运行。

12.4 网站安全的制度管理

很多网站管理人员认为在网站被黑这件事上,网站方面只能被动挨打。其实这种想法有其片面性,在网站安全运维工作中,制度安全也是重要一环。即网站从日常管理层面出发,设计一套用于防范恶意行为、最大限度地降低人为风险的安全管理制度,以保证数据和网站安全。

12.4.1 网站日常维护制度

1)网站日常维护的重要性

对于访客来讲,网站第一印象的好坏由运营网站信息量的多少、内容的丰富程度以及信息更新的快慢和数据的更新速度来决定。如果这些表面的问题没能满足访客的要求,那么,该网站在网民心目中的形象将大打折扣,从而网站的可信度和信誉度降低,直接损害到网站运营商的企业声誉和经济利益,因此网站正常运行维护的工作对于网站来说至关重要。

2)网站日常维护制度

(1)定期日常维护

网站的日常维护管理包括了对网站性能优化、网页垃圾信息定期清理以及网站内容的及时快速更新等基本操作,同时对系统日常维护和基本操作进行日志记录,从而保障了网站的基本性能和基本功能,并且为网站的回滚机制和故障查询提供了最基本的依据。此外,网站的日常维护管理工作不仅包括了外链和内容的推广,还要对网站的重要数据在网站访问量最低时进行定期的备份和杀毒,同时对于重要的管理目录应该外套一层目录,从而保护了管理目录的信息安全,又能防止搜索引擎的索引爬行。对于网站备份数据的管理,应有专门的备份硬盘进行二次备份,从而避免重要数据的丢失。对于网站内容更新要及时有效,针对网页中图形和文字等格式和布局不断调整,以保证访客能够快速有效地获取最新的信息和支持。对于网站的基本操作,要严格进行日志记录,并对日志进行习惯性分析,通过对日志分析,从而分析网站是否出现过状况,是否存在外来的恶意攻击,从而根据记录日志找出网站漏洞,进而进行更新维护,保障网站的安全和稳定运行。

(2)保证故障恢复

网站的资料需要全面备份,防止故障,同时要有详尽的恢复计划,做到在遇到突发故障造成网络瘫痪时,能保证及时恢复,在数据丢失或病毒及黑客攻击时,能有效地通过技术手段,保证网站的尽早恢复。

(3)对网站进行优化

网站的优化包括企业的产品、新闻、最新动态、招聘事宜做及时更新;网站设计风格不断变换,如改版;重要页面进行独特的设计,对重大时间或重要活动有详尽的信息及合理的设计制作;网站的系统维护,如域名维护及续费、E-mail 账号维护、DNS 设计等各项服务。

(4)实时对内容进行更新

网站维护要做到网站内容的及时快速更新,针对页面、图形或者文章撰写等内容不断调整,以保证客户快速有效地了解最新的信息,并得到反馈,及时作出合理反应。

12.4.2 病毒防范制度

随着计算机及计算机网络的发展,伴随而来的计算机病毒传播问题越来越引起人们的关注。有些计算机病毒借助网络爆发流行,给广大计算机用户带来了极大的损失。

计算机病毒防范,是指通过建立合理的计算机病毒防范体系和制度,及时发现计算机病毒侵入,并采取有效的手段阻止计算机病毒的传播和破坏,恢复受影响的计算机系统和数据。

1)计算机病毒的特性

(1)隐蔽性

隐蔽性是指病毒的存在、传染和对数据的破坏过程不易为计算机操作人员发现;寄生性计算机病毒通常是依附于其他文件而存在的。

(2)传染性

传染性是指计算机病毒在一定条件下可以自我复制,能对其他文件或系统进行一系列非法操作,并使之成为一个新的传染源。

(3)触发性

触发性是指病毒的发作一般都需要一个激发条件,可以是日期、时间、特定程序的运行或程序的运行次数等。

(4)破坏性

破坏性是指病毒在触发条件满足时,立即对计算机系统的文件、资源等运行进行干扰破坏。

(5)不可预见性

不可预见性是指病毒相对于防毒软件永远是超前的,理论上讲,没有任何杀毒软件能将所有的病毒杀除。

2)计算机病毒防范制度

①终端计算机要有安全防护措施,安装必要的杀毒软件。

②网络管理人员应有较强的病毒防范意识定期进行病毒检测(特别是邮件服务器),发现病毒立即处理并通知管理部门或专职人员。

③采用国家许可的正版防病毒软件并及时更新软件版本。

④未经上级管理人员许可当班人员不得在服务器上安装新软件若确为需要安装,安装前应进行病毒例行检测。

⑤经远程通信传送的程序或数据必须经过检测确认无病毒后方可使用。

⑥新软件系统安装前应进行病毒例行检测。

⑦及时检查防病毒软件以及病毒库的升级更新情况,病毒库的升级频率应不低于每 3 天 1 次,重大安全漏洞发布后应在 1 个工作日内完成病毒库的升级更新。每月进行一次全网的病毒综合分析报告填写,全网病毒情况月报告作为病毒防护策略调整的依据。

12.4.3 人员管理制度

通过网络进行的电子商务活动具有很强的隐蔽性。同时，进行电子商务交易的人员既要具有传统市场营销的知识和手段，还必须具备计算机知识，熟悉计算机网络。因此他们是一群具有高技术性的专业人员，所以加强对这部分人员的管理是维护电子商务安全的重要一环。

首先，在人员录用时，要严格遵守选拔制度，要选择有责任心、守纪律、品德好，同时具有市场营销知识和计算机知识的人员。有时和专业知识相比，人员的品质更为重要。

其次，要与录用人员签订保密协议，规定其应当承担的责任和义务，规范其行为。定期组织对人员业务能力的培训和安全保密培训，对人员违规行为要坚决按照相关规定进行严肃处理，绝不姑息。

最后，坚决执行网上交易安全运作基本原则。包括双人负责原则：重要业务安全不能一个人单独管理，应由两人或两人以上相互制约管理。任期有限原则：任何人员不允许长期担任和安全有关的职务。最小权限原则：明确规定只有网络管理人员才能进行物理访问和软件安装工作。

参与网上交易的经营管理人员在很大程度上支配着企业的命运，他们面临着防范严重的网络犯罪的任务。而计算机网络犯罪同一般犯罪不同的是，他们具有智能型、隐蔽性、连续性、高效性的特点，因而，加强对有关人员的管理变得十分重要。人员管理制度的制定可参照下列已有制度。

①每天早晚两次检查网站运行情况，如网站出现问题，经检查如非本中心问题，应及时和网络公司联系，并尽快解决。

②根据网站更新要求，确定与安全文化相关内容的文章、图片、视频等，进行网上上传并保存到硬盘，并对上传内容进行时间、标题等登记备案。将资料上传的栏目有中心动态、安全文化、政治经济、政策法规、教育培训，按需要添加合作单位、修改专家资料及添加更换相关图片等。

③根据每日工作安排上传文件，每天上传数量根据中心要求进行上传。

④负责网站后台管理工作，协调并加强与网络公司的交流联系和信息沟通。

⑤中心内部资料、文章、新闻需要自己编写的，经领导审查后，及时上传到网站并标明上传时间。

⑥下班时应及时关计算机，并监督、检查其他人员的计算机关闭情况，要担当起对办公室计算机和其他电器的保护工作。

⑦不得擅自修改网站不允许修改的内容，不许添加任何关于违反国家法律及影响国家形象的言论及信息，不得添加宣传不良反动信息，不得发布任何影响本中心发展的言论及信息。

⑧内部网站上的信息发布需经各部门领导确认，内部网站的信息未经授权，禁止对外披露、转载、发布。

12.4.4 保密制度

保密制度一般是指防止网站核心机密泄露而制定的一些安全保密条例。电子商务涉及企业的市场、生产、财务、供应等多方面的机密，信息的安全级别又可分为绝密级、机密级和秘密级 3 级，因此，安全管理需要很好地划分信息的安全防范重点，提出相应的保密措施。保密制度制定的主要依据是《保密法》和《中华人民共和国计算机信息系统安全保护条例》。下面介绍一些常用的网站保密制度。

①计算机操作人员必须遵守国家有关法律，任何人不得利用计算机从事违法活动。

②接入互联网的计算机不得处理涉密资料，存有涉密文件的计算机要有专人管理、专人负责。

③凡涉密数据的传输和存储均应采取相应的保密措施；录有文件的移动存储设备要妥善保管，严防丢失。

④严禁私自将存有涉密文件的移动存储设备带出机关，因工作需要必须带出机关的要经领导批准，并有专人保管。

⑤使用电子文件进行网上信息交流，要遵守国家有关保密规定，不得利用电子文件传递、转发或抄送涉密信息。

⑥各部门凡接入互联网的计算机必须安装防病毒工具，进行实时监控和定期杀毒。并指定专人定期对其部门计算机系统进行维护以加强防护措施。

⑦存有涉密文件的计算机如需送到公司外维修时，要将涉密文件拷贝后，对硬盘上的有关内容进行必要的技术处理，外请人员到公司维修存有涉密文件的计算机，要事先征求有关领导批准，并作相应的技术处理，采取严格的保密措施，以防泄密。

⑧专用于存储财务、人事、纪检、监察、办案等资料和内部文件的计算机由专人使用，并设置密码，禁止访问互联网及其他外部网络系统。

⑨对重要数据要定期备份，防止因存储介质损坏造成数据丢失，备份介质可用光盘、硬盘等方式，要妥善保存。

⑩计算机操作人员调离时要将有关资料、档案、软件移交有关人员，调离后对应该保密的内容要严格保密。

12.4.5 跟踪、审计、稽核制度

跟踪制度要求企业对网络交易情况进行日志式管理，用来记录网上交易过程中系统运行的数据。日志式管理要求记录包括交易操作时间、操作方式、操作设备号码、登录次数、运行时间、交易内容等数据。同时，这些记录生成的文件必须是系统自动生成且不可修改的。日志文件对以后系统的升级、故障恢复、运行监督等方面都有帮助。

审计制度是指企业内部对系统日志的审查。这种审查是定期进行的，以便及时发现系统存在的异常情况，对各种违反安全管理制度的操作进行记录、监控、保存数据、维护和管理系统日志。

稽核制度是指国家相关部门，通过稽核业务系统软件对企业电子商务业务经营活动的情况进行调阅、查询、审查的制度。通过稽核制度，相关部门可以监督企业电子商务活动的情况，及时发现漏洞和问题，警示企业，并对发现的违规行为进行处罚。

12.4.6 应急措施制度

应急措施是指在计算机灾难事件发生时，利用应急计划、辅助软件和应急设施，排除灾

难和故障,保障信息系统继续运行或紧急恢复。灾难事件:自然灾害、电力或服务提供商的问题、系统自身问题。

灾难恢复包括许多工作。一方面是硬件的恢复,使计算机系统重新运转起来;另一方面是数据的恢复。一般来讲,数据的恢复更为重要,难度也更大。数据恢复技术是指通过技术手段,将保存在存储介质等设备上损坏或丢失的电子数据进行抢救和恢复的技术。

根据恢复的方式可将数据恢复分为硬恢复(硬件问题)、软恢复(文件系统问题)、大型数据库系统、异型系统数据恢复、数据覆盖后数据恢复5类。

本章小结

本章从网站面临的安全问题、网站的安全技术、网站安全的技术管理及网站安全的制度管理4个方面深度剖析了网站安全管理的具体内容。其中,通过网站面临的安全问题的学习可以帮助学生尽快掌握建设网站可能遇到的风险,并通过相应的网站安全技术去解决这些建站风险。网络的安全技术主要有:信息加密技术、身份认证技术、数字证书技术和防火墙技术。通过对服务器安全配置以及网站入侵者防范的了解,能使学生充分认识到服务器安全性的重要程度,并通过相应的措施提升服务器安全性。最后分析总结了网站安全的管理制度,分别为网站日常维护制度;病毒防范制度;人员管理制度;保密制度;跟踪、审计、稽核制度;应急措施制度。

复习思考题

1.试述建设网站面临的主要安全问题。

2.试述网站自身安全管理的主要内容。

3.试述信息加密技术的几种方式。

4.试述保护数据系统安全的主要技术。

5.试述计算机灾难事件发生时的处理措施。

参考文献

一、文献资料

[1] 卜文斌,候洪涛,尹启天.网站开发技术[M].北京:清华大学出版社,2011.
[2] 丁士峰.网页制作与网站建设实战大全[M].北京:清华大学出版社,2013.
[3] 万璞,马子睿,张金柱.网页制作与网站建设技术详解[M].北京:清华大学出版社,2015.
[4] 王江伟. Apache服务器配置与使用工作笔记[M].北京:电子工业出版社,2012.
[5] 王玉洁.网站建设与维护[M].南京:东南大学出版社,2005.
[6] 刘继山.商务网站页面设计技术[M].大连:东北财经大学出版社,2007.
[7] 刘继山. 电子商务网站建设[M].北京:对外经济贸易大学出版社,2008.
[8] 刘杰克. 网络营销实战:传统企业如何借网络营销实现战略突围[M].北京:电子工业出版社,2014.
[9] 孙伟,焦述艳.网站建设与管理[M].北京:人民邮电出版社,2014.
[10] 许宝良,王欣. 网站建设与维护[M].高等教育出版社,2012.
[11] 陈联刚,甄小虎,邬兴慧. 电子商务网站建设与管理[M]. 北京:北京理工大学出版社,2010.
[12] 陈晴光. 电子商务:基础与应用[M]. 2版. 北京:清华大学出版社,2015.
[13] 陈月波.电子商务网站建设.杭州:浙江大学出版社,2003.
[14] 何新起. 网页制作与网站建设从入门到精通[M]. 北京:人民邮电出版社,2013.
[15] 李智慧.大型网站技术架构核心原理与案例分析.北京:电子工业出版社,2013.
[16] 李洪心.电子商务概论[M]. 4版.大连:东北财经大学出版社,2014.
[17] 李洪心.电子商务导论[M]. 2版.北京:机械工业出版社,2011.
[18] 李洪心.电子商务概论[M]. 2版.北京:北京大学出版社,2015.
[19] 李洪心,杨莉,刘继山. 电子商务网站建设[M]. 北京:机械工业出版社,2009.
[20] 李洪心,刘继山. 电子商务网站建设[M]. 2版. 北京:机械工业出版社,2013.
[21] 李玉清,方成民. 网络营销[M]. 2版. 大连:东北财经大学出版社,2011.
[22] 李建忠,牟凤瑞,安刚.电子商务网站建设与维护[M]. 北京:清华大学出版社,2014.

[23] 严富昌.网站策划与设计[M].北京:北京大学出版社,2004.
[24] 张兵义,于丽娟,姜保庆.网站规划与网页设计[M].北京:电子工业出版社,2006.
[25] 张李义,罗琳,黄晓梅.网站开发与管理[M].北京:中国物资出版社,2004.
[26] 张义忠.自己动手建商务网站[M].北京:清华大学出版社,2002.
[27] 张强,高建华,温谦. 网页制作与开发教程[M]. 北京:人民邮电出版社,2008.
[28] 张浩军,张凤玲,等. 数据库设计开发技术案例教程[M]. 北京:清华大学出版社,2012.
[29] 邹茂扬,田洪川. 大话数据库[M]. 北京:清华大学出版社,2013.
[30] 林龙. JSP + Servlet + Tomcat 应用开发从零开始学[M]. 北京:清华大学出版社,2015.
[31] 杨小平,尤小东. 数据库技术与应用习题与实验指导[M]. 北京:中国人民大学出版社,2011.
[32] 杨桦. 数据库原理与实务[M]. 大连:东北财经大学出版社,2012.
[33] 周爱武,汪海威,等. 数据库课程设计[M]. 北京:机械工业出版社,2012.
[34] 周一鹿.电子商务网站建设与管理[M].重庆:重庆大学出版社,2011.
[35] 周学毛,等. 网站规划建设与管理维护[M]. 北京:电子工业出版社,2001.
[36] 卓文华讯,陈彬. 互联网服务器攻防秘笈[M]. 北京:化学工业出版社,2011.
[37] 施志君. 电子客户关系管理与实训[M]. 北京:化学工业出版社,2009.
[38] 赵耀,叶强生.商务网站建设与管理[M].北京:中国商业出版社,2004.
[39] 高怡新. 电子商务网站建设[M]. 北京:人民邮电出版社,2005.
[40] 耿祥义,张跃平.JSP 实用教程[M].2 版. 北京:清华大学出版社,2007.
[41] 唐清安.网站建设与维护[M].北京: 国防工业出版社,2012.
[42] 徐大伟、杨丽萍. 数据库技术及应用[M]. 北京:清华大学出版社,2012.
[43] 梁露,等. 电子商务网站建设与实践[M].北京:人民邮电出版社,2005.
[44] 梁建武.ASP 程序设计[M]. 北京:中国水利水电出版社,2001.
[45] 梅绍祖,陈信祥,等.电子商务网站建设[M].北京:清华大学出版社,2001.
[46] 温浩宇,李慧.Web 网站设计与开发教程[M].西安:西安电子科技大学出版社,2014.
[47] 谢菲尔(Schaefer K),Jeff Cochran,等. IIS 7 开发与管理完全参考手册[M].北京:清华大学出版社,2009.
[48] 蔡大鹏. 网站规划建设与管理维护[M]. 北京:人民邮电出版社,2012.
[49] 廖咸真. 电子商务网站建设[M]. 重庆:重庆大学出版社,2004.
[50] 臧良运,催连和.电子商务网站建设[M]. 北京:北京大学出版社,2009.
[51] 黎长鑫. 网站营销全攻略[M]. 北京:北京理工大学出版社,2015.
[52] Steve Souders. 高性能网站建设进阶指南:Web 开发者性能优化最佳实践[M].北京:电子工业出版社,2015.
[53] 王志毅、陈宁. 基于信息化建设的企业数据库设计[J]. 商业时代,2010(2).
[54] 王册广. 浅析计算机硬件的维护与管理[J] . 大科技 · 科技天地,2010(1).

[55] 韦杰. 浅析服务器的管理与维护[J]. 广西轻工业,2011(6):64-66.
[56] 代月. 关于营销型网站首页设计的探讨[J]. 东方企业文化,2010(3).
[57] 刘增,陈炳发. 以用户为中心的网站可用性设计和评估[J].中国制造业信息化,2009(3).
[58] 刘扬,郑曼. 利用网络社区推广品牌的策略研究[J]. 大家,2010(19):183-184.
[59] 李燕燕. 浅谈网络营销推广中的搜索引擎推广[J]. 时代金融,2014(9):29,31.
[60] 宋林林. 电子商务网站的推广策略解析[J]. 辽宁经济管理干部学院:辽宁经济职业技术学院学报,2011(2):32-33.
[61] 李凤丽,吴姗. 剖析网站首页形象设计[J]. 电脑知识与技术,2015(5).
[62] 范爱红,邵敏,赵阳. 大学图书馆网站设计理念的探析与实践——清华大学图书馆网站改版案例研究[J]. 大学图书馆学报,2006(5).
[63] 季芳. 病毒式营销在企业中的应用研究[J]. 重庆邮电大学学报:社会科学版,2010(5):69-73,79.
[64] 陆志良. 电子邮件营销推广原理与策划探析[J]. 中国商贸,2015(1):14-16.
[65] 岳珍,赖茂生. 基于信息构建的网站设计理念研究[J]. 情报科学,2006(11).
[66] 贺冬梅,浅谈网站设计的风格色彩与美化[J]. 中国科技信息,2008(3).
[67] 昝辉. 网络营销效果监测入门(一)[J]. 电子商务世界,2008(8):58-59.
[68] 赵静,付阳,赵培. 浅析网站的维护与安全性管理[J]. 电脑知识与技术,2009(5):1237-1238.
[69] 晏玲. 电子商务中网站推广方法的研究与实践[J]. 电子商务,2010(3):51-53.
[70] 焦亮. 电子商务网站的管理与维护[J]. 网友世界,2014(15):50.
[71] 蔡舒. 电子商务网站设计应重视的几个问题[J].沿海企业与科技,2008(4).
[72] 车爽. 搜索引擎优化技术在旅游电子商务网络营销中的应用研究[D].大连:大连海事大学,2012.

二、网站资源

[1] 1313 中国互联网络信息中心　http://www.cnnic.net
[2] W3school.http://www.w3school.com.cn/
[3] 百度火爆地带_百度百科　http://baike.baidu.com/view/11167.htm
[4] 电子邮件推广方法　http://abc.wm23.com/yzx2010/208976.html
[5] 网站营销_好搜百科　http://baike.haosou.com/doc/5350118-5585574.html
[6] http://www.wangqi.com/html/2006-04/5645.html
[7] http://www.qingquv.com
[8] http://www.doc88.com/p-295946926211.html
[9] http://wenku.baidu.com/view/390e245f71fe910ef02df841